普通高等教育"十三五"规划教材

中国石油和石化工程教材出版基金资助项目

化工仪表及自动化

（第二版）

主　编　刘　美

副主编　杨昌群　李广超　禹柳飞

中国石化出版社

内 容 提 要

本书概述了仪表与自动化的基本原理和实用技术。主要介绍工业生产过程中温度、压力、流量、液位、成分等工业参数的检测技术及仪表、过程控制仪表、过程控制系统、监督控制系统及生产过程自动化的基本知识,并结合石油化工、油气储运、热工、轻工、机械等领域分析其典型控制系统的原理、设计及应用实例。

本书可作为大中专院校和职业技术学院化学工程与工艺、油气储运工程、高分子材料与工程、过程装备与控制工程、测控技术与仪器等专业教材及企业培训教材,还可供石油化工、油气储运、热工、轻工、机械等领域技术人员、管理人员和操作人员参考。

化工仪表及自动化课程是广东省精品资源共享课。

课程网站: http://210.38.241.2/hgybzdh/index.php,本书有配套教学课件。

图书在版编目(CIP)数据

化工仪表及自动化 / 刘美主编 . —2 版 . —北京:
中国石化出版社,2019.9(2024.1 重印)
普通高等教育"十三五"规划教材
ISBN 978-7-5114-5351-8

Ⅰ.①化… Ⅱ.①刘… Ⅲ.①化工仪表-高等学校-
教材 ②化工过程-自动控制系统-高等学校-教材
Ⅳ.①TQ056

中国版本图书馆 CIP 数据核字(2019)第 185417 号

中国石化出版社出版发行

地址:北京市东城区安定门外大街 58 号
邮编:100011 电话:(010)57512500
发行部电话:(010)57512575
http://www.sinopec-press.com
E-mail:press@sinopec.com
北京科信印刷有限公司印刷
全国各地新华书店经销

*

787 毫米×1092 毫米 16 开本 17.5 印张 435 千字
2024 年 1 月第 2 版第 4 次印刷
定价:48.00 元

第二版前言

本书从工程应用及技术管理型人才的要求出发，较系统全面地介绍了检测技术及仪表、过程控制仪表、过程控制系统、监督控制系统及生产过程自动化的基本知识。书中融合了编者多年教学、科研和生产经验，从实际适应角度出发，内容实用、新颖，充分反映了该领域的最新进展。本书可作为石油化工、油气储运、热工、轻工、机械等领域化学工程与工艺、油气储运工程、高分子材料与工程、过程装备与控制工程、测控技术与仪器等相关专业学习仪表及自动化知识的教材，还可作为高职高专、函授、电大等成人教育相关专业教材使用，也可作为企业职工培训和科技人员及管理人员的参考书。

本书共 10 章。第 1、2 章介绍自动控制系统基础及过程特性和数学模型，第 3、4、5 章介绍检测仪表与传感器、控制器、执行器原理及应用，第 6、7 章介绍各种简单和复杂控制系统，新增第 8 章介绍数据采集与监督控制系统，第 9 章介绍新兴人工智能控制技术与计算机控制系统，第 10 章结合相关专业介绍其典型单元的自动控制系统应用实例和最新控制方法。各章后附有习题和思考题可供读者参考。

第二版在编写方法上除了保持第一版从点到面，由部分到整体，对仪表知识和自动化技术进行了全面阐述的特色外，更加注重从实例出发，引出问题，进而分析问题和解决问题。第二版在内容上，第 3 章增加了压力、流量、物位和温度等常用检测仪表的故障分析与处理，第 4 章删除了模拟式控制器，增加了数字式控制器实例，第 6 章增加了实验教学系统、控制系统的投运和系统故障分析与处理，第 7 章增加一些简明易懂的控制系统案例，新增第 8 章介绍目前广泛应用的数据采集与监督控制系统，第 9 章增加最新人工智能神经网络控制，其他章节根据教学和本书使用情况进行了一些细节上的修订，增强了可读性、工程应用性和实用性。

本书由广东石油化工学院、中国石化销售有限公司华南分公司和广东茂化建集团有限公司联合修订，广东石油化工学院刘美教授担任主编，中国石化销售有限公司华南分公司杨昌群高级专家、广东茂化建集团有限公司惠州分公司李广超高级工程师和广东石油化工学院禹柳飞担任副主编，广东石油化工学院司徒莹、康珏、伍林和卢均治参与修订。绪论、第 1 章和第 2 章由刘美编写，第 3 章由康珏编写，第 4 章、第 6 章和第 7 章由禹柳飞、李广超编写，第 5 章由伍林编写，第 8 章由杨昌群编写，第 9 章由卢均治编写，第 10 章由司徒莹编写。

本书修订过程中，中国石化销售有限公司华南分公司、中国石化茂名分公司、广东茂化建集团有限公司提供了大量资料，给予了大力支持和帮助，在此表示衷心感谢。

由于作者水平有限，书中错误、不妥之处在所难免，恳请读者批评指正。

编　者

目　录

绪　　论

　　自动化是一门有着广泛社会需求和技术基础的综合性技术学科，是当今世界各国重点发展的高科技领域，其研究开发和应用水平是衡量一个国家发达程度的重要标志，是一个国家技术先进程度、生产力发达程度与生产关系相适应程度的标志之一。

　　工业自动化技术是当代发展最迅速、应用最广泛、效益最显著的技术密集型与智力密集型技术之一，是推动新的技术革命、走新型工业化道路的关键技术之一。工业自动化技术是综合运用控制理论、仪器仪表、电子装备、计算机和相关工艺技术，对工业生产过程实现检测、控制、优化、调度、管理和决策，达到增加产量、提高质量、节省能耗、降低消耗、减少污染、确保安全等目的的一种综合性技术。

　　化工仪表及自动化是工业自动化的重要组成部分。化工自动化是化工、炼油、储运、热工、机械、食品、轻工等化工类型生产过程自动化的简称；是在化工设备上，配备上一些自动化装置，代替操作人员的部分直接劳动，使生产在不同程度上自动地进行；是化工仪器设备与自动化控制技术的有机结合。具体地，化工自动化就是在生产设备上配备自动化仪表和计算机系统，来检测、显示或记录生产过程中的重要工艺参数，无论是否受到外界干扰的影响，整个生产过程都能自动地维持在正常状态，所有工艺参数都能控制在规定的数值范围内。而仪表作为自动化的"核心"，其主要作用是：在生产过程中，对工艺参数进行检测、显示、记录或控制，或在无人操作的情况下自动地完成测量、记录和控制等工作，有些还可实现信息远距离传送和数据处理。

　　生产过程自动化是提高社会经济效益的有力工具。通过化工生产过程自动化，使化工生产保持在最佳生产状况下，节约原材料和能源，降低生产成本；减轻劳动强度，改善工作环境；延长设备使用寿命，提高设备利用率；提高产品质量和数量；实现优质高产低耗安全生产。同时，通过生产过程自动化，获得最高的技术经济指标，从根本上改变传统的劳动方式，提高劳动者的科学文化素质和技术素质。

　　化工生产过程自动化技术是伴随社会经济发展需求和科学技术革新进步而不断发展的。纵观化工生产过程自动化技术发展，在20世纪40年代以前，开始应用自动检测仪表检测工业过程的主要参数，操作工人根据自动检测仪表指示的情况，结合操作工平时积累的经验，通过人工来改变操作条件和调节生产过程。

　　50年代到60年代，化工生产过程朝着大规模、高效率、连续生产、综合利用方向发展。但在实际生产中，自动控制系统主要是温度、压力、流量和液位四大参数的简单控制；自动化技术工具主要是基地式电动、气动仪表及单元组合式仪表；电动仪表主要元件为电子管，体积大、可靠性差、控制精度低。

　　70年代到80年代，应用的仪表主要为气动仪表及电动单元组合式仪表，其中电动仪表主要元件由晶体管过渡为集成电路，仪表控制精度、稳定性、可靠性、整体性能有较大提高。基本控制和复杂控制可以实现，主要工艺参数集中监控，自动化水平有较大提高。尤其在 1975 年，出现了以微处理器为基础的过程控制仪表集中分散型控制系统（Distributed Control System，DCS），极大推动了自动化技术的发展，石油和化工行业从下至上都积极推进 DCS 的应用。到了 20 世纪 80 年代，新上大型石油和化工装置基本都采用 DCS，先进控制、优化控制开始引入应用。

90 年代，DCS 不断发展和完善，进入成熟期，新建和改造大中型石油和化工装置基本都采用 DCS、PLC；20 世纪末，计算机、信息技术的飞速发展，促进了自动化系统结构的变革，仪器仪表向数字化、智能化、网络化、现场化、微型化方向飞速发展：智能测控仪表以专用微处理器为核心，固化智能算法，具有远程通信功能；采用双绞线等作为通信总线，把多个测控仪表连成网络系统，并按开放、标准的通信协议，在多个现场智能测控仪器设备之间以及与远程监控计算机之间实现数据传输与信息交换，构成现场总线控制系统（Fieldbus Control System，FCS）。

自动化及相关学科技术的飞速发展，使自动化仪表、可编程序控制器、集散控制系统和现场总线控制系统技术相互交叉融合，现代自动化技术已经向信息技术、自动化技术、管理科学等相结合的控制与管理一体化现代综合自动化高技术发展，企业资源计划（Enterprise Resource Planning，ERP）、计算机集成制造系统（Computer Integrated Manufacturing Systems，CIMS）开始在部分大型石油和化工装置上应用，并取得初步效果。大型石油和化工企业在不断总结 ERP、CIMS 应用经验基础上稳步地向集控、管理、经营一体化的企业综合自动化方向推进。目前，石油化工企业控制、管理、经营一体化系统所需要的仪表自动化新技术主要有信息综合处理技术、现场总线及现场总线控制系统（FCS）、现代智能控制技术、预测预报技术、快速仿真技术、多媒体技术等。

由上述化工生产过程自动化技术发展状况可见，化工生产过程自动化是一门覆盖面很广的综合性技术学科，它应用自动控制学科、仪器仪表学科及计算机学科的理论与技术服务于化学工程学科。石油化工企业生产工艺、仪器设备、控制与管理通过现代自动化技术连结成一个有机整体。因此，从事石油化工、油气储运、热工等相关领域的技术人员、管理人员和操作人员必须适应现代科学发展需求，学习和掌握化工生产过程自动化方面的知识。通过对化工仪表及自动化课程的学习，了解化工生产过程自动化的主要内容，掌握自动控制系统的组成、原理及作用；根据工艺要求，与自控设计人员共同讨论和提出合理的自动控制方案；在工艺设计或技术改造中，与自控设计人员密切合作，综合考虑工艺与控制两个方面，为自控设计人员提供正确的工艺条件与数据；了解化工对象的基本特性及其对控制过程的影响；了解基本控制规律及其控制器参数与被控过程的控制质量之间的关系；了解主要工艺参数（温度、压力、流量、物位及成分）的基本测量方法和仪表的工作原理及特点；在生产控制、管理和调度中，正确选用和使用常见的测量仪表和控制装置；在生产开停车过程中，了解自动控制系统的投运及控制器的参数整定；在自动控制系统运行过程中，发现和分析出现的问题和现象，提出正确的处理意见；在处理各类技术问题时，应用控制论、系统论、信息论的观点来分析思考，寻求考虑整体条件、考虑事物间相互关联的综合解决方法。

因此，作为从事石油化工、油气储运、热工等相关领域的技术人员、管理人员和操作人员，学习自动化及仪表方面的知识，对管理、从事和开发现代化化工生产过程，提高企业经济社会效益是十分重要的。

第1章 自动控制系统基本概念

§1.1 概　述

1.1.1 化工自动化的含义

在化工、石油化工的生产过程装置上配上一些自动化装置以及合适的自动控制系统来代替操作人员的部分或全部直接劳动，使生产过程在一定程度上自动地进行，这种利用自动化装置来管理生产过程的方法就是化工自动化。

化工自动化是提高化工生产力的有力工具之一，它在确保生产正常运行、提高产品质量、降低能耗、降低生产成本和改善劳动强度等方面发挥着巨大的作用。随着自动控制理论和计算机技术的发展，生产过程自动化技术也得到了飞速的发展，自动化技术的应用程度已逐步成为衡量化工企业现代化水平的一个重要标志。

1.1.2 工艺与仪表的关系

化工、石油化工企业工艺是基础，仪表也是必不可少，化工、石油化工生产装置运行时一般处在高温、高压、有毒的工况之中，为使生产过程保持最佳工况，节约原材料和能源，保证生产稳定安全运行，装置使用了大量过程仪表和过程控制系统，工艺技术人员与仪表技术人员必须相互配合，才能使生产装置处于最优的工作状态，从而保证企业产生更好的经济效益；化工装置控制系统的设计是在工艺设计基础上进行的，工艺技术人员有向仪表设计人员提供工艺参数的义务，才能使所设计的控制系统达到工艺要求，因此工艺与仪表密不可分。

1.1.3 化工自动化的目的

生产过程中，对各个工艺过程的物理量(或称工艺变量)都有一定的控制要求。有些工艺变量直接表征生产过程，对产品的数量和质量起着决定性的作用。例如，精馏塔的塔顶或塔釜温度，一般在操作压力不变的情况下必须保持一定，才能得到合格的产品；加热炉出口温度的波动不能超出允许范围，否则将影响后一工段的效果；化学反应器的反应温度必须保持平稳，才能使效率达到指标。有些工艺变量虽不直接影响产品的质量和数量，然而保持其平稳却是使生产获得良好控制的前提。例如，用蒸汽加热反应器或再沸器，如果在蒸汽总压波动剧烈的情况下，要把反应温度或塔釜温度控制好将极为困难。一个液体储槽，在生产中常用来作为一般的中间容器或成品罐。从前一个工序来的物料连续不断地流入槽中，而槽中的液体又送至下一工序进行加工或包装。当流入量(或流出量)波动时会引起槽内液位的波动,严重时会溢出或抽空,因此必须将槽内液位维持在允许的范围之内,才能使物料平衡,保持连续的均衡生产。有些工艺变量是决定安全生产的因素。例如,锅炉汽包的水位、受压容器的压力等,不允许超出规定的限度,否则将威胁生产安全。还有一些工艺变量直接用来衡量产品的质量。例如,某些混合气体的组成、溶液的酸碱度等。近二十几年来,工业生产规模的迅猛发展,加剧了对人类生存环境的污染,因此,减少工业生产对环境的影响,保证可持续发展也成为化工自动化的目标之一。

综上所述,化工自动化的主要目标应包括以下几个方面:

① 保障化工生产过程的安全和平稳;

② 达到预期的产量和质量;

③ 尽可能地减少原材料和能源的消耗;

④ 把生产对环境的危害降低到最小程度。

§1.2 化工自动化的主要内容

化工自动化一般包括自动检测、自动保护、自动操纵和自动控制等四个方面的内容。

1.2.1 自动检测系统

利用各种检测仪表对主要工艺参数进行测量、指示或记录的系统,称为自动检测系统,它代替了操作人员对工艺参数的不断观察与记录,起到人的眼睛的作用。

图1-1是利用蒸汽来加热冷物料的热交换器,冷液经加热后的温度是否达到要求,可用测温元件配上显示仪表平衡电桥来进行测量、指示和记录;冷液的流量可用流量计进行检测;蒸汽压力可用压力表来指示。上述这些构成检测温度、流量、压力参数的自动检测系统。

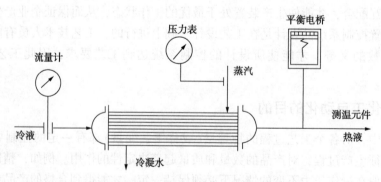

图1-1 热交换器自动检测系统原理图

1.2.2 自动信号和联锁保护系统

生产过程中,有时由于一些偶然因素的影响,导致工艺参数超出允许的变化范围而出现不正常情况时,就有引起事故的可能。为此,常对某些关键性参数设有自动信号联锁装置,当工艺参数超过了允许范围,在事故即将发生以前,信号系统就自动地发出声光信号,提醒操作人员注意，并及时采取措施。如工况已到达危险状态时，联锁系统立即自动采取紧急措施，打开安全阀或切断某些通路，必要时紧急停车，以防止事故的发生和扩大。自动信号和联锁保护系统是生产过程中的一种安全装置。例如，如图 1-2 所示的液位自动报警系统，当液位超过了允许极限值时，自动报警信号系统就会发出声光信号，提醒工艺操作人员及时处理生产事故；当液位进入危险极限值时，联锁系统立即采取应急措施，打开出液阀门或关闭进液阀门，从而避免引起液体溢出的生产事故。

1.2.3　自动操纵及自动开停车系统

自动操纵系统可根据预先规定的步骤自动地对生产设备进行某种周期性操作。例如，某自动加料系统如图 1-3 所示，工艺要求需要将 A 原料和 B 原料按一定比例在容器中混合后排出，利用自动操纵机可代替人工自动地按照加料、混合、排出等步骤周期性地打开加料阀门、搅拌器及出料阀门，从而减轻操作工人的重复性体力劳动。自动开停车系统可按照预先规定好的步骤，将生产过程自动地投入运行或自动停车。

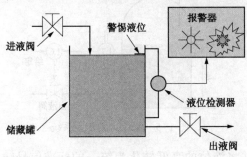

图 1-2　液位自动报警系统示意图

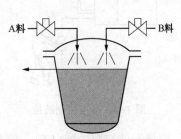

图 1-3　自动加料系统示意图

1.2.4　自动控制系统

对生产过程中某些关键性参数进行自动控制，使它们在受到外界干扰（扰动）的影响而偏离正常状态时，能自动地调节而回到规定的数值范围内，为此目的而设置的系统就是自动控制系统。自动控制系统是自动化生产的核心部分，只有自动控制系统才能自动地排除各种干扰因素对工艺参数（如温度、压力、流量、液位）的影响，使它们始终保持在预先规定的数值上，保证生产维持在正常或最佳的工艺操作状态。

§1.3　自动控制系统的基本组成及方块图

1.3.1　自动控制系统的基本组成

（1）人工控制

人工控制过程如图 1-4 所示，操作人员用眼睛观察玻璃管液位计中液位的高低，并通过神经系统告诉大脑，大脑根据液位高度，与液位设定值（可选择指示值中间的某一点为正常工作时的液位高度）进行比较，得出偏差的大小和正负，然后发出命令，根据大脑发出的命令，通过手去改变阀门开度(出口流量)。当液位上升时，将出口阀门开大，液位上升越多，阀门开得越大；反之，当液位下降时，则关小出口阀门，液位下降越多，阀门关得越小。从而使液位保持在所需液位上。

眼、脑、手3个器官，分别担负了检测、控制和执行三个作用，完成了测量、求偏差及运算、操纵阀门以纠正偏差的全过程。

（2）自动控制系统

自动控制系统是在人工调节的基础上产生和发展起来的，其主要的自动化装置包括测量元件与变送器、控制器、执行器，它们分别代替了人的眼、脑、手三个器官。液体储槽和自动化装置一起就构成了一个自动控制系统，如图1-5所示。

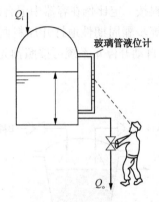

图1-4　人工控制液位

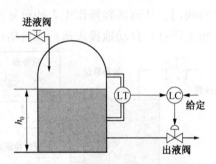

图1-5　液位自动控制系统

① 测量元件与变送器(LT)　测量液位并将液位的高低转化为统一的标准信号输出(如气压或电信号等)。

② 控制器(LC)　接受变送器送来的信号，与液位给定值相比较得出偏差，并对偏差按某种运算规律进行运算后，将运算结果用标准信号输出。

③ 执行器　通常称控制阀，它能自动根据控制器送来的信号大小改变阀门的开度，调节介质流量的大小，使工艺参数维持在给定值。

④ 被控对象　除了必须具有上述的自动化装置外，在自动控制系统中，还包含控制装置所控制的生产设备或生产过程，即被控对象，简称对象。图1-5所示的液体储槽就是这个液位控制系统的被控对象。化工生产中的各种塔、反应器、换热器、泵和压缩机以及各种容器、储槽都是常见的被控对象，甚至一段输气管道也可以是一个被控对象。对复杂的生产设备，如精馏塔、吸收塔等，在一个设备上可能有几个控制系统，几个不同的被控对象。

1.3.2　自动控制系统的方框图

在研究自动控制系统时，为了更清楚地表示出一个自动控制系统中各个组成环节之间的相互影响和信号联系，便于对系统分析研究，一般用方块图来描述控制系统。其中，每个方块表示组成系统的一个部分，称为"环节"。两个方块之间用一条带有箭头的线条表示相互关系，称为信号线，箭头指向方块表示为这个环节的信号输入，箭头离开方块表示为这个环节的信号输出。

（1）简单控制系统方框图

简单控制系统方框图如图1-6所示。图中的字母和术语代表的意义如下：

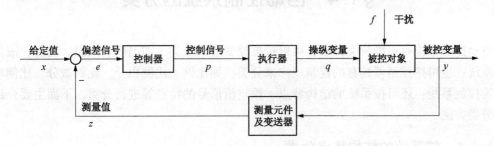

图 1-6　简单控制系统方框图

被控变量：工艺上需要控制的工艺参数，用 y 表示。

给定值（设定值）：生产过程中被控变量的期望值，数值的大小由工艺决定，用 x 表示。

测量值：由检测元件及变送器得到的被控变量的实际值，用 z 表示。

操纵变量（控制变量）：受控于执行器，克服干扰影响，实现控制作用的变量，它是执行器的输出信号，用 q 表示。

干扰（外界扰动）：引起被控变量偏离给定值，除操纵变量以外的各种因素，用 f 表示。

偏差信号：给定值与测量值的差，在反馈控制系统中，控制器是根据偏差信号的大小来控制操纵变量的，用 e 表示，$e=x-z$。

控制信号：控制器将偏差按一定规律计算后得到的输出量，用 p 表示。

对于图1-5的液位控制系统，方块图的结构与图1-6基本相同，只需要将方框图中的名称换成具体的仪表设备名即可，如图1-7所示。不同的控制系统方块图的结构形式可以相同。

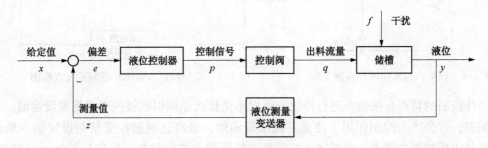

图 1-7　液位控制系统方框图

（2）自动控制系统的控制过程

以图1-5的液位控制系统为例，说明自动控制系统的控制过程。

来自各方面的干扰（其中包括外界扰动和给定值改变），会引起被控变量偏离给定值。假设干扰为进料流量的波动，当进料流量增加，使储槽液位上升，则液位变送器的输出增加，测量值大于给定值，负偏差值增加，经过控制器的控制作用，使控制阀门打开，出料流量增加，液位下降，当测量值重新回到给定值时，控制过程结束。

§1.4　自动控制系统的分类

自动控制系统有多种分类方法，可以按被控变量来分类，如温度、压力、流量、液位等控制系统；也可按控制器具有的控制规律来分类，如比例、比例积分、比例微分、比例积分微分等控制系统；还可按系统的结构特点、给定值信号的特点等进行分类。下面主要介绍后两种分类方法。

1.4.1　按系统的结构特点分类

如按照控制系统的结构来分有闭环控制系统和开环控制系统。

（1）闭环控制系统

也称反馈控制系统。它是根据被控变量与给定值的偏差进行控制的，最终达到消除或减小偏差的目的，偏差值是控制的依据。这是最常用、最基本的一种过程控制系统。由于该系统由被控变量的负反馈量构成一个闭合回路，故又称为闭环控制系统。图1-8所示的锅炉汽包水位自动控制系统采用的就是闭环控制方式，其方框图如图1-9所示，系统的输出信号锅炉水位经过测量变送器反馈到了系统的输入端，构成了一个闭合的回路。

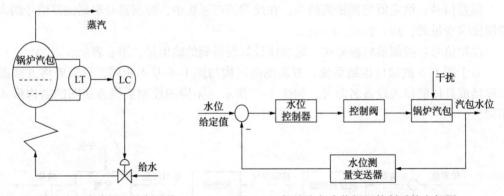

图1-8　锅炉汽包水位闭环控制系统　　　　　图1-9　锅炉汽包水位闭环控制系统方框图

闭环控制的特点是按偏差进行控制，所以不论什么原因引起被控变量偏离设定值，只要出现偏差，就会产生控制作用，使偏差减小或消除，最终达到被控变量与设定值一致的目的，这是闭环控制的优点。由于闭环控制系统按照偏差进行控制，所以尽管扰动已经发生，但在尚未引起被控变量变化之前，是不会产生控制作用的，这将导致控制不够及时。此外，如果系统内部各环节配合不当，会引起系统剧烈振荡，甚至会使系统失去控制，这是闭环控制系统的缺点，在自动控制系统的设计和调试过程中应加以注意。

（2）开环控制系统

生产过程有时亦采用比较简单的开环控制方式，这种控制方式不需要对被控变量进行测量，只根据输入干扰信号进行控制。由于不测量被控变量，也不与设定值相比较，所以系统受到其他扰动作用后，被控变量偏离设定值，并且无法消除偏差，这是开环控制的缺点。图1-10所示的锅炉汽包水位控制系统采用的就是开环控制方式，是根据系统主要干扰蒸汽负荷量大小直接控制给水量，若给水压力发生改变，该系统是没有调节作用的，其方框图如图 1-11 所示。从图中可以看出，系统的输出信号（即被控变量）为锅炉汽包水位，该信号并没有送回到系统的输入端，不构成反馈回路，所以属于开环控制。

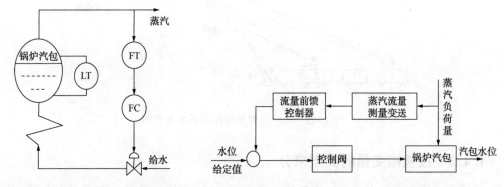

图 1-10 锅炉汽包水位开环控制系统　　　图 1-11 锅炉汽包水位开环控制系统方框图

依据扰动作用进行控制的系统，虽然不一定能消除偏差，但是也有突出的优点，即控制作用不需等待偏差的产生，就开始进行控制作用，控制很及时，对于较频繁的主要扰动能起到补偿的效果。如前馈控制系统就属于开环控制系统。

综上所述，开环控制与闭环控制各有特点，应根据各种情况和不同要求，合理选择适当的方式。前馈-反馈控制系统就是开环与闭环控制的组合形式，在不少情况下可获得很好的效果。

1.4.2　按给定值信号的特点分类

在分析自动控制系统特性时，经常遇到将控制系统按照需要控制的被控变量的给定值是否变化和如何变化来分类，这样可将系统分为三类，即定值控制系统、随动控制系统和程序控制系统。

（1）定值控制系统

由于工业生产过程中大多数情况下，工艺都要求系统的被控变量稳定在某一给定值上，因此，定值控制系统是应用最多的一种控制系统。前面讨论的液位控制系统就是定值控制系统的一个例子，这个控制系统的目的是使储槽内的液位保持在给定值不变。

（2）随动控制系统

也称自动跟踪系统。其控制的目的就是让被控变量能准确而快速地跟踪给定值的变化，而给定值是随时间任意随机变化的。如图 1-12 所示的防空导弹制导自动控制系统，图中 4 为导弹发射架，1 为目标跟踪雷达，实时跟踪目标位置的变化，2 为导弹导引雷达，实时跟踪导弹运行的位置，3 为控制计算机，其作用为根据目标跟踪雷达实测到的目标位置和导弹导引雷达实测到的导弹运行位置，实时调整导弹运行方向，以求准确击中目标，由于系统的输入信号（给定值）为目标位置（图中的敌机），正在飞行之中，其位置是随机变化的，所以该系统是一个随动控制系统。

（3）程序控制系统

这类系统的给定值是按预定的时间程序来变化，它是一个已知的时间函数。这类系统在间歇生产过程中应用比较普通。例如，箱式退火炉温度控制系统的给定值是按升温、保温与逐次降温等程序自动变化，因此，控制系统要按预先设定的程序进行控制，追随给定值的变化。

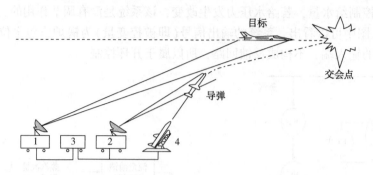

图 1-12　防空导弹制导控制系统示意图

1.4.3　按被控变量的类型来分

被控变量的类型很多，比较常见的有压力、流量、液位、温度、成分、电机转速和位置等，这样可以将系统分为压力控制系统、流量控制系统、液位控制系统和温度控制系统等。

（1）压力控制系统

在化工、炼油等生产过程中，经常会遇到压力和真空度的控制，许多生产过程都是在一定的压力条件下进行的。如高压聚乙烯要求将压力控制在 150MPa 以上，而减压蒸馏则要在比大气压力低很多的真空下进行。如果压力不符合要求，不仅会影响生产效率，降低产品质量，甚至会造成严重的安全事故，因此生产实际中出现了很多的压力控制系统。图 1-13 为流体出口压力控制系统示意图。

（2）流量控制系统

流量是工业生产中比较常见的一类参数，对其进行有效控制是优质高产、安全生产和体现经济效益的关键，图 1-14 为一流量控制系统原理图。

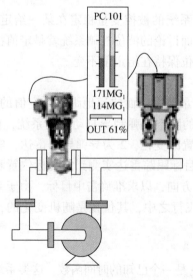

图 1-13　压力控制系统

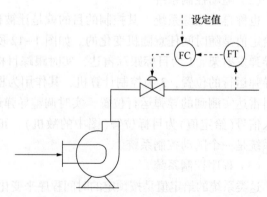

图 1-14　某流量控制系统原理图

（3）液位控制系统

在生产过程中为了监控生产的正常和安全运行，保证物料平衡，经常需要对液位进行检测和控制。图 1-15 为一液位控制系统示意图。

（4）温度控制系统

温度是工业生产中既普遍又重要的操作参数，温度的测量和控制是保证生产过程正常进行，实现稳产、高产、安全、优质、低耗的重要参数。图 1-16 为一温度控制系统示意图。

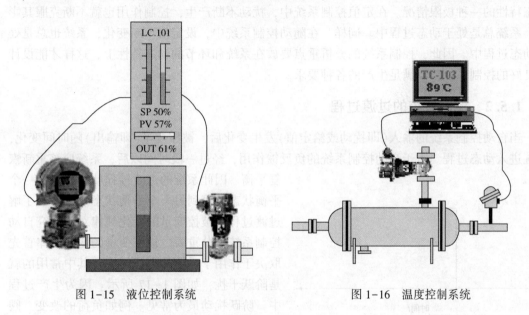

图 1-15　液位控制系统　　　　　　图 1-16　温度控制系统

§1.5　自动控制系统的过渡过程和品质指标

1.5.1　控制系统的静态与动态

自动控制系统的输入有两种形式，一种是给定值的变化或称给定作用，另一种是干扰的变化或称扰动作用。当输入恒定不变时，整个系统若能建立平衡，系统中各个环节将暂不动作，它们的输出都处于相对静止状态，这种状态称为稳态。值得注意的是这里所指的静态与习惯上所讲的静止是不同的。自动控制系统在静态时，生产还在进行，物料和能量仍然有进有出，只是平稳进行数量没有改变。例如，图 1-5 所示的液位控制系统，当流入储槽的流量和流出储槽的流量相等时，液位恒定，此时系统处于静态。

同样对于任何一个环节来说，都存在稳态，在保持平衡时的输出与输入关系称为环节的稳态特性。系统和环节的稳态特性是很重要的。系统的稳态特性是控制品质的重要环节；对象的稳态特性是扰动分析、确定控制方案的基础；检测变送器的稳态特性反映其精度，控制器和执行器的稳态特性对控制品质有显著的影响。

假若一个系统原来处于稳态，由于出现了扰动或给定值改变，即输入有了变化，系统的平衡受到破坏，被控变量（即输出）发生变化，从而使控制器、控制阀等自动化装置改变原来平衡时所处的状态，产生一定的控制作用来克服干扰的影响，并力图使系统恢复平衡。一方面，从干扰变化开始，经过控制，直到系统重新建立平衡，在这段时间内，整个系统的各个环节和信号都处于变动状态之中，所以这种状态叫作动态。另一方面，在设定值变化时，也引起动态过程，控制装置力图使被控变量在新的设定值或其附近建立平衡。

　　同样，对任何一个环节来说，当输入变化时，也引起输出的变化，其间的关系称为环节的动态特性。在控制系统中，了解动态特性比了解稳态特性更为重要，也可以说稳态特性是动态特性的一种极限情况。在定值控制系统中，扰动不断产生，控制作用也就不断克服其影响，系统总是处于动态过程中。同样，在随动控制系统中，设定值不断变化，系统也总是处于动态过程中。因此，控制系统的分析重点要放在系统和环节的动态特性上，这样才能设计出良好的控制系统，以满足生产的各种要求。

1.5.2　控制系统的过渡过程

　　当自动控制系统的输入(即扰动或给定值)发生变化后，被控变量(即输出)随时间变化，系统进入动态过程。由于自动控制系统的负反馈作用，经过一段时间以后，系统应该重新恢复平衡。因此系统的过渡过程就是系统从一个平衡状态过渡到另一个平衡状态的过程。了解过渡过程中被控变量的变化规律对于研究自动控制系统十分重要。被控变量的变化规律首先取决于作用于系统的干扰形式，其中常用的就是阶跃干扰，如图 1-17 所示。因为生产过程中，阶跃扰动最为常见。例如负荷的改变、阀门开度的突然变化、电路的突然接通或断开等。另外，设定值的变化通常也是以阶跃形式出现，且这类输入变化对系统来讲是比较严重的情况。如果一个系统对这种输入有较好的响应，那么对相同幅度的其他形式的输入变化就更能适应。

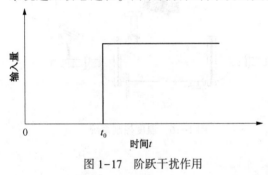

图 1-17　阶跃干扰作用

　　一般说来，自动控制系统在阶跃干扰作用下的过渡过程有如图 1-18 所示的几种基本形式。

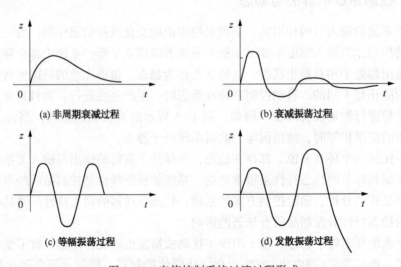

(a) 非周期衰减过程　　　　　　(b) 衰减振荡过程

(c) 等幅振荡过程　　　　　　(d) 发散振荡过程

图 1-18　定值控制系统过渡过程形式

（1）非周期衰减过程

被控变量在给定值的某一侧作缓慢变化，没有来回波动，最后稳定在某一数值上，如图 1-18（a）所示。这是一种稳定过程。被控变量经过一段时间后，逐渐趋向原来的或新的平衡状态，但由于这种过渡过程变化较慢，被控变量在控制过程中长时间地偏离给定值，而不能很快恢复平衡状态，所以一般不采用，只是在生产上不允许被控变量有波动的情况下才采用。

（2）衰减振荡过程

被控变量上下波动，但幅度逐渐减小，最后稳定在某一数值上，如图 1-18（b）所示。这也是一种稳定过程，由于能够较快地使系统达到稳定状态，所以在多数情况下，这是所希望的过渡过程。

（3）等幅振荡过程

被控变量在给定值附近来回波动，且波动幅度保持不变，如图 1-18（c）所示。介于不稳定与稳定之间，一般也认为是不稳定过程，生产上不能采用，只是对于某些控制质量要求不高的场合，如果被控变量允许在工艺许可的范围内振荡（如双位式控制），这种过渡过程的形式可以采用。

（4）发散振荡过程

被控变量来回波动，且波动幅度逐渐变大，即偏离给定值越来越远，如图 1-18（d）所示。发散振荡为不稳定的过渡过程，其被控变量在控制过程中，不但不能达到平衡状态，而且逐渐远离给定值，它将导致被控变量超出工艺允许范围，严重时会引起事故，这是生产上所不允许的，应竭力避免。

1.5.3 控制系统的品质指标

一个性能良好的过程控制系统当给定值发生变化或受到外界扰动作用时，被控变量应能平稳、迅速和准确地趋近或回复到给定值上。因此，在稳定性、快速性和准确性三个方面提出了各种单项控制指标和综合性控制指标。这些控制指标仅适用于衰减振荡过程。

假定自动控制系统在阶跃输入作用下，被控变量的变化曲线如图 1-19 所示。其中图 1-19（a）为定值控制系统的响应曲线；图 1-19（b）为随动控制系统的响应曲线。下面是阶跃信号作用下控制系统过渡过程的各项单项控制指标。

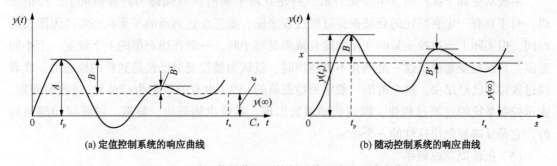

(a) 定值控制系统的响应曲线　　　　　　(b) 随动控制系统的响应曲线

图 1-19　阶跃信号作用下控制系统过渡过程响应曲线

（1）最大偏差或超调量

最大偏差或超调量是描述被控变量偏离给定值最大程度的物理量，也是衡量过渡过程稳定性的一个动态指标。最大偏差是指在过渡过程中，第一个波的峰值，在图 1-19(a) 中以 A 表示，$A=B+e$。超调量可定义为第一个波的峰值与最终稳态值之差，见图 1-19(b) 中的 B，超调量通常用来表示被控变量偏离设定值的程度。一般超调量以百分数给出，即

$$\sigma = \frac{y(t_\mathrm{p})-y(\infty)}{y(\infty)} \times 100\% = \frac{B}{y(\infty)} \times 100\%$$

最大偏差或超调量越大，生产过程瞬时偏离设定值就越远。对于某些工艺要求比较高的生产过程，例如存在爆炸极限的化学反应，就需要限制最大动态偏差的允许值；同时，考虑到扰动会不断出现，偏差有可能是叠加的，这就更需要限制最大动态偏差的允许值。因此，我们必须根据工艺条件确定最大偏差或超调量的允许值。

最大偏差 A 或超调量 σ 是衡量控制系统的重要动态质量指标。

（2）衰减比

衰减比是衡量过渡过程稳定性的一个动态质量指标，它等于振荡过程的第一个波的振幅与第二个波的振幅之比，在图 1-19 中衰减比是 $B:B'$，习惯上表示为 $n:1$。n 越小，意味着控制系统的振荡过程越剧烈，稳定度也越低；$n<1$，过渡过程发散振荡；n 接近于 1 时，控制系统的过渡过程接近于等幅振荡过程；反之 n 越大，则控制系统的稳定度也越高；$n>1$，过渡过程衰减振荡；当 n 趋于无穷大时，控制系统的过渡过程接近于非振荡过程。衰减比究竟多大为合适，没有确切的定论。根据实际操作经验，一般要求 $n=4\sim10$ 为宜。

（3）余差

余差是控制系统过渡过程终了时给定值 x 与被控变量稳态值 $y(\infty)$ 之差，即 $e=x-y(\infty)$，其值可正可负。它是一个静态质量指标。对于图 1-19(a) 的定值控制系统的过渡过程，$x=0$，其余差为负的 $y(\infty)$。对于图 1-19(b) 的随动控制系统的过渡过程，余差为 $e=x-y(\infty)$，此值为正值。余差是反映控制准确性的一个重要稳态指标，一般希望余差愈小愈好，或者不超过预定的范围，但并不是所有的控制系统对余差都有很高的要求，如一般储槽的液位控制，对余差的要求就不是很高，而往往允许液位在一定范围内变化。

（4）过渡时间

系统从受到干扰作用发生变化开始，到建立新平衡所需时间即为过渡时间 t_s。严格地讲，对于具有一定衰减比的衰减振荡过渡过程来说，要完全达到新的平衡状态需要无限长的时间。但实际上当被控变量的变化幅度衰减到足够小时，一般在稳态值的上下规定一个小的范围，当被控变量进入这一范围并不再越出时，就认为被控变量已经达到新的稳态值，或者说过渡过程已经结束。这个范围一般定为稳态值的 $\pm5\%$（也有的规定为 $\pm2\%$）。过渡时间短，表示控制系统的过渡过程快，即使扰动频繁出现，系统也能适应。显然，过渡时间越短越好，它是反映控制快速性的一个指标。

（5）振荡周期或频率

过渡过程同向两波峰（或波谷）之间的间隔时间叫振荡周期或工作周期，其倒数称为振荡频率。在衰减比相同的条件下，振荡频率与过渡时间成反比，振荡频率越高，过渡时间越短。因此振荡频率也可作为衡量控制快速性的指标，定值控制系统常用振荡频率来衡量控制系统的快慢。

综上所述，过渡过程的品质指标主要有：最大偏差（或超调量）、衰减比、余差、过渡时间等。这些指标在不同的系统中各有其重要性，相互之间既有矛盾，又有联系。高标准地要求同时满足这几项控制指标是很困难的。因此，应根据具体情况分清主次，区别轻重，对那些对生产过程有决定性意义的主要品质指标应优先予以保证。

例 某换热器的温度控制系统在单位阶跃干扰作用下的过渡过程曲线如图 1-20 所示。试分别求出最大偏差、余差、衰减比、振荡周期和过渡时间（给定值为 200℃）。

解 最大偏差 $A = 230 - 200 = 30$℃

余差 $C = 205 - 200 = 5$℃

由图上可以看出，第一个波峰值 $B = 230 - 205 = 25$℃，第二个波峰值 $B' = 210 - 205 = 5$℃，故衰减比应为 $B : B' = 5 : 1$。

振荡周期为同向两波峰之间的时间间隔，故周期 $T = 20 - 5 = 15$min。

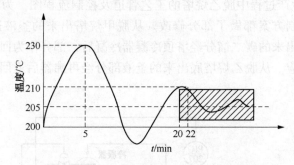

图 1-20 温度控制系统过渡过程曲线

过渡时间与规定的被控变量限制范围大小有关，假定被控变量进入额定值的 ±2%，就可以认为过渡过程已经结束，那么限制范围为 $200 \times (\pm 2\%) = \pm 4$℃，这时，可在新稳态值（205℃）两侧以宽度为 ±4℃ 画一区域，图 1-20 中以画有阴影线的区域表示，只要被控变量进入这一区域且不再越出，过渡过程就可以认为已经结束。因此，从图上可以看出，过渡时间为 22min。

1.5.4 影响控制系统过渡过程品质的主要因素

自动控制系统控制质量的好坏，取决于组成控制系统的各个环节，从前面的讨论中我们知道，一个控制系统可以概括成两大部分，即被控对象和自动化装置。对于一个自动控制系统，过渡过程品质的好坏，在很大程度上决定于对象的性质。例如，在前所述的液位控制系统中，负荷的大小，储槽的结构、尺寸、材质等因素。此外，在控制系统运行过程中，影响控制系统过渡过程品质的因素，还与自动化装置，即测量变送装置、控制器和执行器等仪表的性能、控制器的结构形式和控制参数、控制方案的选择等有关。自动化装置的性能一旦发生变化，如阀门失灵、测量失真，也要影响控制质量。自动控制装置应根据被控对象的特性加以适当的选择和调整，才能达到预期的控制质量。如果过程和自动控制装置两者配合不当，或在控制系统运行过程中自动控制装置的性能或被控对象的特性发生变化，都会影响到自动控制系统的控制质量。总之，影响自动控制系统过渡过程品质的因素是很多的，在系统设计和运行过程中都应给予充分注意。

§1.6 工艺控制流程图

在工艺流程确定后，工艺人员和自控设计人员应共同研究确定控制方案。控制方案的确定包括流程中各测量点的选择、控制系统的确定及有关自动信号、联锁保护系统的设计等。

1.6.1 工艺管道及控制流程图

在控制方案确定后，根据工艺设计给出的流程图按其流程顺序标注出相应的测量点、控制点、控制系统及自动信号与联锁保护系统等，便成了工艺管道及控制流程图。

图 1-21 是乙烯生产过程中脱乙烷塔的工艺管道及控制流程图。为了说明问题方便，对实际的工艺过程及控制方案都做了部分修改。从脱甲烷塔出来的釜液进入脱乙烷塔脱除乙烷。从脱乙烷塔塔顶出来的碳二馏分经塔顶冷凝器冷凝后，部分作为回流，其余则去乙炔加氢反应器进行加氢反应。从脱乙烷塔底出来的釜液部分经再沸器后返回塔底，其余则去脱丙烷塔脱除丙烷。

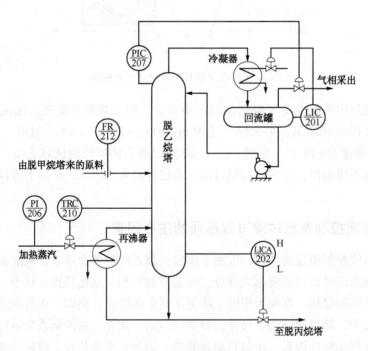

图 1-21　控制流程图举例

1.6.2 控制流程图中图例符号的规定

在绘制控制流程图时，图中所采用的图例符号要按有关的技术规定进行，本书的规定按原化工部设计标准 HGJ7—87《化工过程检测控制系统设计符号统一规定》。下面结合图 1-21 对其中一些常用的统一规定做简要介绍。

（1）图形符号

①测量点（包括检测元件、取样点）　由工艺设备轮廓线或工艺管线引到仪表圆圈的连接线的起点，一般无特定的图形符号。如图 1-22 所示。

②连接线　用细实线表示。连接线交叉、相接及信号传递方向，如图 1-23 所示。

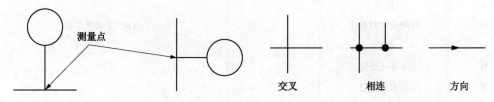

图 1-22　测量点的一般表示方法　　　　　图 1-23　连接线的表示方法

③仪表（包括检测、显示、控制）的图形符号是一个线圆圈，直径约 10mm。仪表安装位置不同的符号如表 1-1 所示。

表 1-1　仪表安装位置的图形符号表示

序号	安装位置	图形符号	备　注	序号	安装位置	图形符号	备　注
1	就地安装仪表		嵌在管道中	4	集中仪表盘后安装仪表		
2	集中仪表盘面安装仪表			5	就地仪表盘后安装仪表		
3	就地仪表盘面安装仪表						

在处理两个或两个以上被测变量，具有相同或不同功能的复式仪表时，可用两个相切的圆或分别用细实线圆与细虚线圆相切表示（测量点在图纸上距离较远或不在同一图纸上），如图 1-24 所示。

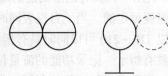

图 1-24　复式仪表的表示法

（2）字母代号

在控制流程图中，表示仪表的小圆圈的上半圆内，一般写有两位（或两位以上）字母，第一位字母表示被测变量，后继字母表示仪表的功能，常用被测变量和仪表功能的字母代号见表 1-2。

表 1-2　被测变量和仪表功能的字母代号

字母	第一位字母		后继字母
	被测变量	修饰词	功能
A	分析		报警
C	电导率		控制（调节）
D	密度	差	
E	电压		检测元件

字母	第一位字母		后继字母
	被测变量	修饰词	功能
F	流量	比(分数)	
I	电流		指示
K	时间或时间程序		自动-手动操作器
L	物位		
M	水分或湿度		
P	压力或真空		
Q	数量或件数	积分、累积	积分、累积
R	放射性		记录或打印
S	速度或频率	安全	开关、联锁
T	温度		传送
V	黏度		阀、挡板、百叶窗
W	力		套管
Y	供选用		继动器或计算器
Z	位置		驱动、执行或未分类的终端执行机构

以图1-21的脱乙烷塔控制流程图为例，来说明如何以字母代号的组合来表示被测变量和仪表功能。塔顶的压力控制系统中的PIC-207，其中第一位字母P表示被测变量为压力，第二位字母I表示具有指示功能，第三位字母C表示具有控制功能，因此，PIC的组合就表示一台具有指示功能的压力控制器。该控制系统是通过改变气相采出量来维持塔压稳定的。同样，回流罐液位控制系统中的LIC-201是一台具有指示功能的液位控制器，它是通过改变进入冷凝器的冷剂量来维持回流罐中液位稳定的。在塔的下部的温度控制系统中的TRC-210表示一台具有记录功能的温度控制器，它是通过改变进入再沸器的加热蒸汽量来维持塔底温度恒定的。当一台仪表同时具有指示、记录功能时，只需标注字母代号"R"，不标"I"，所以TRC-210可以同时具有指示、记录功能。同样，在进料管线上的FR-212可以表示同时具有指示、记录功能的流量仪表。在塔底的液位控制系统中的LICA-202代表一台具有指示、报警功能的液位控制器，它是通过改变塔底采出量来维持塔釜液位稳定的。仪表圆圈外标有"H""L"字母，表示该仪表同时具有高、低限报警，在塔釜液位过高或过低时，会发出声、光报警信号。

（3）仪表位号

在检测、控制系统中，构成一个回路的每个仪表（或元件）都应有自己的仪表位号。仪表位号由字母代号组合和阿拉伯数字编号两部分组成。阿拉伯数字编号写在圆圈的下半部，其第一位数字表示工段号，后续数字（二位或三位数字）表示仪表序号，通过控制流程图，可以看出其上每台仪表的测量点位置、被测变量、仪表功能、工段号、仪表序号、安装位置等信息。例如，图1-21中的PI-206表示测量点在加热蒸汽管线上的蒸汽压力指示仪表，该仪表为就地安装，工段号为2，仪表序号为06。

自动控制系统方框图与控制流程图到底有哪些区别呢？自动控制系统方框图中方块与方

块之间的连接线只是代表方块之间的信号联系，并不代表方块之间的物料联系；方块之间的连接线箭头也只是代表信号作用的方向。而控制流程图工艺流程图上的物料线是代表物料从一个设备进入另一个设备，方块与方块之间的连接线代表了方块之间的物料联系。

习题与思考题

1. 什么是化工自动化？它有什么重要意义？
2. 化工自动化主要包括哪些内容？
3. 闭环控制系统与开环控制系统有什么不同？
4. 自动控制系统主要由哪些环节组成？
5. 什么是管道及仪表流程图？
6. 图 1-25 为某列管式蒸汽加热器控制流程图。试分别说明图中 PI-307、TRC-303、FRC-305 所代表的意义。

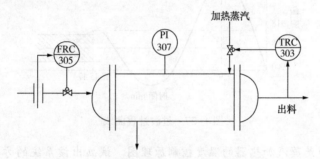

图 1-25 某列管式蒸汽加热器控制流程图

7. 什么是自动控制系统的方框图，它与控制流程图有什么区别？
8. 在自动控制系统中，测量变送装置、控制器、执行器各起什么作用？
9. 试分别说明什么是被控对象、被控变量、给定值、操纵变量？
10. 什么是干扰作用？什么是控制作用？试说明两者的关系。

11. 图 1-26 为一反应器温度控制系统示意图。A、B 两种物料进入反应器进入反应，通过改变进入夹套的冷却水流量来控制反应器内的温度不变。试画出该温度控制系统的方框图，并指出该系统中的被控对象、被控变量、操纵变量及可能影响被控变量的干扰是什么？

12. 什么是负反馈？负反馈在自动控制系统中有什么重要意义？

13. 结合题 11，说明该温度控制系统是一个具有负反馈的闭环控制系统。

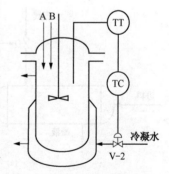

图 1-26 反应器温度控制系统示意图

14. 图 1-26 所示的温度控制系统中，如果由于进料温度升高使反应器内的温度超过给定值，试说明此时系统是如何通过控制作用来克服干扰作用对被控变量影响的？
15. 按给定值的形式不同，自动控制系统可以分为哪几类？
16. 什么是控制系统的静态与动态？为什么说研究控制系统的动态比研究静态更为

重要?

17. 何谓阶跃作用? 为什么经常采用阶跃作用作为系统的输入作用形式?

18. 什么是自动控制系统的过渡过程? 它有哪几种基本形式?

19. 为什么生产上经常要求控制系统的过渡过程具有衰减振荡过程?

20. 自动控制系统衰减振荡过程的品质指标有哪些? 影响这些品质指标的因素是什么?

21. 某化学反应器工艺规定的操作温度为(900±10)℃。考虑安全因素,控制过程中温度偏离给定值最大不得超过80℃。现设计的温度定值控制系统,在最大阶跃干扰作用下的过渡过程曲线如图1-27所示。试求最大偏差、衰减比和振荡周期等过渡过程品质指标,并说明该控制系统是否满足题中的工艺要求?

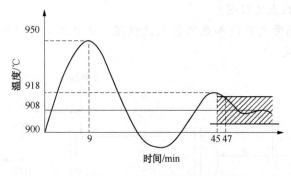

图1-27　过渡过程曲线

22. 图1-28(a)是蒸汽加热器的温度控制原理图。试画出该系统的方框图,并指出被控对象、被控变量、操纵变量和可能存在的干扰是什么? 现因生产需要,要求出口物料温度从80℃提高到81℃,当仪表给定值阶跃变化后,被控变量的变化曲线如图1-28(b)所示。试求该系统的过渡过程品质指标:最大偏差、衰减比和余差(提示:该系统为随动控制系统,新的给定值为81℃)。

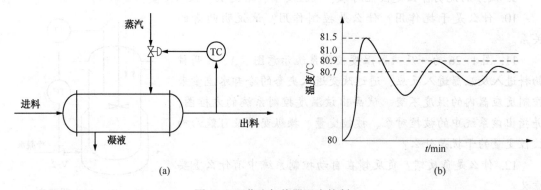

图1-28　蒸汽加热器温度控制

第 2 章　过程特性及其数学模型

§2.1　概　　述

　　自动控制系统是由被控对象和自动化装置两部分组成的。控制系统的控制品质与构成系统的各个环节密切相关。特别是被控对象的特性，对控制系统的控制品质影响很大。在化工过程控制中，常见的被控对象有各类换热器、精馏塔、流体输送设备和化学反应器等。研究生产过程中各种对象的特性，了解其内在规律，才能根据工艺对控制质量的要求，设计合理的控制系统，选择合适的被控变量和操纵变量，选用合适的测量元件及控制器。在控制系统投入运行时，也要根据对象特性选择合适的控制器参数(也称控制器参数的工程整定)，系统才能正常运行。

　　所谓对象的特性，就是输出变量随输入变量的变化而变化的规律。是对象的内在规律，由生产工艺过程和工艺设备决定。数学模型就是用数学的方法来描述对象的特性。

　　在建立对象数学模型时，一般将被控变量作为对象的输出变量，将干扰作用和控制作用作为对象的输入变量，干扰作用和控制作用都会使被控变量发生变化，如图 2-1 所示。对象的输入变量与输出变量的信号之间的联系称为通道，而控制作用与被控变量之间的联系称为控制通道；干扰作用与被控变量之间的联系称为干扰通道。在研究对象特性时，应先说明对象的输入量和输出量是什么，因为对于同一个对象，控制通道和干扰通道的对象特性一般是不同的。

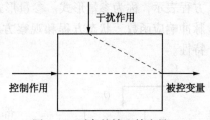

图 2-1　对象的输入输出量

　　对象的数学模型有静态数学模型和动态数学模型之分。静态数学模型描述的是对象在静态时的输入量与输出量之间的关系；动态数学模型描述的是对象在输入量改变以后输出量的变化情况。用于控制的数学模型一般是动态数学模型，静态数学模型是对象在达到平衡状态时的动态数学模型的一个特例。

§2.2　对象特性的数学模型

2.2.1　建模目的

　　归纳起来，建立被控对象的数学模型，其主要目的可归结为以下几种：
　　① 在设计控制系统时，选择控制通道，确定控制方案，分析质量指标，探讨最佳工况

以及调节器参数的最佳整定值等，均是以被控对象的数学模型为重要依据。尤其是实现生产过程的最优控制，若没有充分掌握被控对象的数学模型，就无法实现最优设计。

② 新型控制方案及控制算法的确定往往离不开被控对象的数学模型。例如，预测控制、推理控制、前馈动态补偿等都是在已知对象数学模型的基础上才能进行的。

③ 为了使控制系统能安全投运并进行必要的调试，必须对被控对象的特性有充分的了解。另外，在控制器控制规律的选择及控制器参数的确定时，也离不开对被控对象特性的了解。

④ 计算机仿真与过程培训系统利用开发的数学模型和系统仿真技术，可获取代表或逼近真实过程的大量数据，为过程控制系统的设计和调试提供大量所需信息，从而降低设计成本和加快设计进度。其次，使操作人员有可能在计算机上对各种控制策略进行定量的比较与评定，有可能在计算机上仿效实际的操作，从而高速、安全、低成本地培训工程技术人员，有可能制定大型设备启动和停车的操作方案。

⑤ 设计工业过程的故障检测与诊断系统时，利用开发的数学模型可以及时发现工业过程中控制系统的故障及其原因，并提出解决途径。

因此，建立数学模型对控制系统的设计和分析有着极为重要的意义。对建立被控过程数学模型的具体要求，因其用途不同而异，但总的来说，应该尽量简单而且准确可靠。

2.2.2 数学方程建模

数学模型有两种描述形式，一是用曲线或数据表格表示，称为非参量形式；二是用数学方程表示，称为参量形式。参量形式表示的数学模型常用微分方程、传递函数、差分方程、脉冲响应函数、状态方程和观察方程等形式来描述。以下采用微分方程的形式来描述对象特性。

(1) 一阶对象

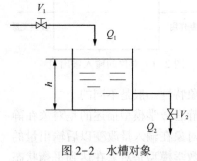

图 2-2 水槽对象

① 水槽对象 图 2-2 是一个水槽对象。液位经容器上部阀 V_1 流入水槽，并经底部阀 V_2 流出，工艺上要求水槽的液位 h 保持一定数值。这里，水槽就是被控对象，液位 h 就是被控变量。其流入水槽的液体体积流量为 Q_1，流出水槽的液体体积流量为 Q_2。当 $h = h_0$ 时，$Q_1 = Q_2 = Q_0$，下标 "0" 表示过程原有的稳定状态。假设 $t = 0$ 时，阀 V_2 开度不变，阀 V_1 的开度突然增大，在时间 dt 内，由于流入量不等于流出量，必将导致输出量液位变化 dh，根据物料平衡方程，流入和流出水槽的水量之差应该等于水槽内增加的水量，用数学式可表示为

$$(Q_1 - Q_2)dt = Adh \qquad\qquad (2-1)$$

式中，A 为水槽的横截面积。

式(2-1)就是水槽对象微分方程的一种形式，从中可以得出输出量液位 h 与输入量 Q_1 之间的关系。当 Q_1 发生变化时，液位 h 随之改变，使水槽出口处的静压发生变化，流量 Q_2 也发生相应变化，可以近似地认为 Q_2 与 h 近似呈线性正比关系，与出口阀的阻力(用阻力系数 R 表示)呈反比关系，即

$$Q_2 = \frac{h}{R} \tag{2-2}$$

将 Q_2 代入式(2-1)，得

$$\left(Q_1 - \frac{h}{R}\right)dt = Adh$$

移项整理得

$$AR\frac{dh}{dt} + h = RQ_1 \tag{2-3}$$

令 $T = RA$，称水槽对象的时间常数；

令 $K = R$，称水槽对象的放大系数。

代入式(2-3)有

$$T\frac{dh}{dt} + h = KQ_1 \tag{2-4}$$

式(2-4)就是水槽对象特性的微分方程式，它是一个一阶常系数线性微分方程式。是典型的具有自衡特性的非振荡过程。

如果把图 2-2 中的出水阀换成泵排送，当泵转速不变时，出水量恒定，则水槽对象就变成积分对象，具有积分特性。因为 Q_2 为常数，此时输出量液位 h 与输入量 Q_1 之间的关系为

$$dh = \frac{1}{A}Q_1 dt \tag{2-5}$$

对上式积分得

$$h = \frac{1}{A}\int Q_1 dt \tag{2-6}$$

积分对象具有积分特性，是一个无自衡特性的非振荡过程。

② RC 电路 图 2-3 为 RC 电路，e_i 为输入变量，e_o 为输出变量，根据基尔霍夫定律得

$$e_i = iR + e_o \tag{2-7}$$

因为

$$i = C\frac{de_o}{dt}$$

图 2-3 RC 电路

将上式代入式(2-7)得

$$RC\frac{de_o}{dt} + e_o = e_i$$

写成一阶常系数线性微分方程形式

$$T\frac{de_o}{dt} + e_o = Ke_i \tag{2-8}$$

（2）二阶对象

如果把二个水槽对象串联起来，就构成二阶对象，对象的特性可以用二阶微分方程式来描述。对于二阶对象我们不作详细讨论。

无论是简单还是复杂对象，我们都可以用微分方程的形式获得对象特性，对于比较复杂

的对象，可以通过简化，忽略一些次要因素，都可以用一阶(或二阶)微分方程式来近似。

2.2.3　实验曲线建模

我们已经讨论了应用微分方程式求取对象特性的方法。这种方法具有较大的普遍性，然而在化工生产中，面对许多复杂的对象，很难通过内在机理的分析，直接得到描述对象特性的数学表达式；另一方面，在微分方程式推导的过程中，往往作了许多假定和假设，忽略了很多次要因素。因此，要直接利用理论推导得到对象特性作为合理设计自动控制系统的依据，往往是不可靠的。在实际工作中，常常用实验的方法来研究对象的特性，它可以比较可靠地得到对象的特性，也可以对通过机理分析得到的对象特性加以验证或修改。

所谓对象特性的实验建模，就是在所要研究的对象上，人为加上一个输入作用(输入量)，然后，用仪表测取并记录表征对象特性的物理量(输出量)随时间变化的规律，得到一系列实验数据(或曲线)。这些数据或曲线就可以用来表示对象的特性。有时，为了进一步分析对象的特性，对这些数据或曲线再加以必要的数据处理，使之转化为描述对象特性的数学模型。

(1) 阶跃反应曲线法

阶跃反应曲线就是对象在阶跃输入作用下，输出量随时间的变化规律，即输出的响应曲线。

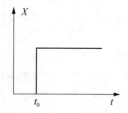

图2-4　阶跃干扰作用

需要说明的是：输出量的变化必然与输入量的变化形式有关。如果输入量是干扰，由于在实际生产中，出现的干扰是没有固定形式的，且多半属于随机性质，这会给研究和分析带来很大困难。因此在分析对象的特性时，为了方便，常选择一些定型的干扰形式，其中最常用的就是阶跃干扰，如图2-4所示。所谓阶跃干扰就是在某一个瞬间 t_0，干扰突然阶跃式地加到系统或对象上，然后继续保持在这个幅度上，不再消失。取阶跃干扰是考虑到这种干扰的形式比较突然、比较危险，它对被控参数的影响也最大。如果一个调节系统能够有效地克服这种类型的干扰，那么对于其他比较缓和的干扰也一定能很好地克服，同时，这种干扰的形式简单，容易实现，便于分析、实验和计算。

例如，要测取图2-2所示简单水槽的动态特性，在 t_0 时，突然开大进水阀，然后保持不变。Q_1 改变的幅度可以用流量仪表测得，假定为 ΔQ_1。这时若用液位仪表测得 h 随时间的变化规律，便是简单水槽的阶跃响应曲线。

这种测试方法比较简单。如果输入量是流量，只要将阀门的开度作突然的改变，便可认为施加了阶跃干扰。因此不需要特殊的信号发生器，在装置上进行极为容易。输出参数的变化过程可以利用原来的仪表记录下来，不需要增加特殊仪器设备，测试工作量也不大。总的说来，阶跃反应曲线法是一种比较简易的动态特性测试方法。

这种方法也存在一些缺点。主要是对象在阶跃信号作用下，从不稳定到稳定一般所需时间较长，在这样长的时间内，对象不可避免要受到许多其他干扰因素的影响，因而测试精度受到限制。为了提高精度，就必须加大所施加的输入作用幅值，可是这样做就意味着对正常生产的影响增加，工艺上往往是不允许的。一般所加输入作用的大小是取额定值的 5%～10%，因此，阶跃反应曲线法是一种简易但精度较差的对象特性测试方法。

（2）矩形脉冲法

当对象处于稳定工况下，在时间 t_0 突然加一阶跃干扰，幅值为 A，到 t_1 时突然除去阶跃干扰，这时测得的输出量 y 随时间的变化规律，称为对象的矩形脉冲特性，而这种形式的干扰称为矩形脉冲干扰，如图 2-5 所示。用矩形脉冲干扰来测取对象特性时，由于加在对象上的干扰，经过一段时间后即被除去，因此干扰的幅值可取得比较大，以提高实验精度，对象的输出量又不至于长时间地偏离给定值，因而对正常生产影响较小。目前，这种方法也是测取对象动态特性的常用方法之一。

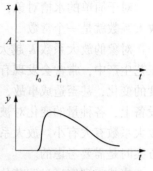

数学方程建模与实验建模各有其特点，目前一种比较实用的方法是将两者结合起来，称为混合建模。这种建模的途径是先由机理分析的方法提供数学模型的结构形式，然后对其中某些未知的或不确定的参数利用实测的方法给予确定。

图 2-5　矩形脉冲特性曲线

§2.3　对象的特性参数

对象的特性可以通过其数学模型来描述，为了研究问题方便起见，在实际工作中，常用下面三个物理量来定量地表示对象的特性。这些物理量，称为对象的特性参数。

（1）放大系数 K

在稳定状态下，一定的对象输入对应着一定的输出，这种特性我们称为对象的静态特性。放大系数 K 反映的是对象处于稳定状态下的被控变量与操纵变量的变化量之间的关系，所以是一个稳态特性参数。对于如图 2-2 所示的水槽对象，假定 Q_1 为阶跃作用，变化量用 ΔQ_1 表示，$t<t_0$ 时，$Q_1=0$，$t \geqslant t_0$ 时，ΔQ_1 为常数，h 的变化量用 Δh 表示。

为了求得在 Q_1 作用下 h 的变化规律，可以对前面式（2-4）的微分方程式求解，并假定初始条件 $h(0)=0$，得

$$h(t) = K\Delta Q_1 \left[1 - e^{-(t-t_0)/T} \right] \qquad (2-9)$$

式（2-9）就是对象在受到阶跃作用后，在一定的 ΔQ_1 下，被控变量 h 随时间变化的规律，称为被控变量过渡过程的函数表达式。根据式（2-9）可以画出 h-t 曲线，如图 2-6 所示。

从图 2-6 反应曲线可以看出，对象受到阶跃作用后，被控参数 h 发生变化，当 $t \rightarrow \infty$ 时，被控变量不再变化而达到了新的稳定值 $h(\infty)$，由式（2-9）可得

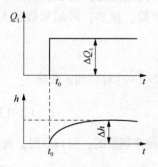

图 2-6　水槽液位的变化曲线

$$h(\infty) = K\Delta Q_1 \quad \text{或} \quad K = \frac{\Delta h}{\Delta Q_1} \qquad (2-10)$$

这就是说，K 是对象受到阶跃输入作用后，被控参数新的稳定值与所加的输入量之比，称为对象的放大系数。它表示对象受到输入作用后，重新达到平衡状态时的性能，是不随时间而变的，反映对象处于稳定状态下输出与输入之间的关系，所以是对象的静态参数。

K 在数值上等于对象的输出变化量与输入变化量之比。可以这样来理解：如果有一定的

输入变化量 ΔQ_1，通过对象就被放大了 K 倍而变为输出变化量 Δh，所以，我们称 K 为对象的放大系数。如果式(2-9)中的分子用长度单位，分母用流量单位，此时放大系数是一个有单位的参数。如果放大系数要去掉单位，分子分母应分别除以各自的量程。

对于简单的水槽对象，$K=R$，即放大系数只与阀的阻力有关，当出水阀的开度一定时，放大系数就是一个常数。

对象的放大系数 K 越大，表示对象的输入量有一定变化时，对输出量的影响越大。在工艺生产中，常常会发现有的阀门对生产影响很大，开度稍微变化就会引起对象输出量大幅度的变化，甚至造成事故，有的阀门则相反，开度的变化对生产的影响很小。这说明在一个设备上，各种量的变化对被调参数的影响是不一样的。也就是说，各种量与被控变量之间的放大系数有大有小。放大系数越大，被控变量对这个量的变化就越灵敏，这在选择自动调节方案时是需要考虑的。

当然，到底通过调节什么参数来改变被控变量为最好的调节方案，除了要考虑放大系数的大小之外，还要考虑许多其他因素。

(2) 时间常数 T

在控制过程中，有的对象受到干扰作用后，被控变量变化很快，能迅速地达到稳态值，有的对象在受到干扰作用后，惯性很大，被控变量需要很长时间才能达到新的稳态值。例如：截面积很大的储罐与截面积很小的储罐相比，当进口流量变化相同数值时，截面积小的储罐液位变化很快，并迅速稳定在新的数值。而截面积大的储罐惯性大，液位变化慢，须经过很长时间才能稳定。对象的这种特性就用时间常数 T 来表示。时间常数越大，表示对象受到干扰作用后，被控变量变化得越慢，到达新的稳定值所需的时间越长。所以时间常数 T 是表征被控变量变化快慢的动态参数。

时间常数 T 有什么物理意义，我们将 $t=T$ 代入式(2-9)，并假设 $t_0=0$，就可以求得

$$h(T) = K\Delta Q_1 (1 - e^{-1}) \tag{2-11}$$

将式(2-10)代入式(2-11)得

$$h(T) = 0.632\Delta h \tag{2-12}$$

式(2-12)表明，当对象受到阶跃输入后，被控变量达到新的稳态值的 63.2% 所需的时间，就是时间常数 T。实际工作中，常用这种方法来求取时间常数。显然，时间常数越大，被控变量的变化也越慢，达到新的稳定值所需的时间也越长。

求取时间常数还可以采用另一种方法：

在输入作用加入的瞬间，液位 h 的变化速度是多大呢？将式(2-9)对时间 t 求导

$$\frac{dh}{dt} = \frac{K\Delta Q_1}{T} e^{-t/T} \tag{2-13}$$

由式(2-13)可以看出，在过渡过程中，被控变量的变化速度是越来越慢的，当 $t=0$ 时，有

$$\frac{dh}{dt}\bigg|_{t\to0} = \frac{K\Delta Q_1}{T} = \frac{h(\infty)}{T} \tag{2-14}$$

当 $t\to\infty$ 时，由式(2-13)可得

$$\frac{dh}{dt}\bigg|_{t\to\infty} = 0 \tag{2-15}$$

式(2-15)所表示的是 $t=0$ 时液位变化的初始速度。从图 2-7 所示的反应曲线来看，

$\dfrac{\mathrm{d}h}{\mathrm{d}t}\big|_{t=0}$ 就等于曲线在起始点时切线的斜率。由于切线的

斜率为 $\dfrac{h(\infty)}{T}$，可以看出，这条切线在新的稳态值 $h(\infty)$

上截得的一段时间正好等于 T。因此，时间常数 T 的物理意义可以这样来理解：当对象受到阶跃输入作用后，被控变量如果保持初始速度变化，达到新的稳态值所需

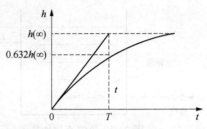

图 2-7　时间常数 T 的求法

的时间就是时间常数。实际上被控变量变化的速度是越来越小的。所以，被控变量变化到新的稳态值所需要的时间，要比 T 长得多。理论上说，需要无限长的时间才能达到稳态值。从式（2-9）可以看出，只有当 $t=\infty$ 时，$h=K\Delta Q_1$。但是 $t=3T$ 时，代入式（2-9），便得

$$h(3T)=K\Delta Q_1(1-\mathrm{e}^{-3})$$
$$\approx 0.95K\Delta Q_1$$
$$\approx 0.95h(\infty)$$

这就是说，从加入输入作用后，经过 $3T$ 时间，液位已经变化了全部变化范围的 95%，这时，可以近似地认为动态过程基本结束。所以时间常数 T 是表示在输入作用下，被控变量完成其变化过程所需要的时间的一个重要参数。

（3）滞后时间

前面介绍的简单水槽对象在受到输入作用后，被控参数立即以较快的速度开始变化。但有的对象，在受到输入作用后，被控参数却不能立即变化，这种现象称为滞后。根据滞后性质的不同，可分为两类，即纯滞后和容量滞后。

① 纯滞后　又叫时滞，一般用 τ_0 表示。例如图 2-8（a）所示的溶解槽，料斗中的固体用皮带输送机送至加料口。在料斗加大送料量后，固体溶质需等输送机将其送到加料口并落入槽中后，才会影响溶液浓度。当以料斗的加料量作为对象的输入，溶液浓度作为输出时，其反应曲线如图 2-8（b）。

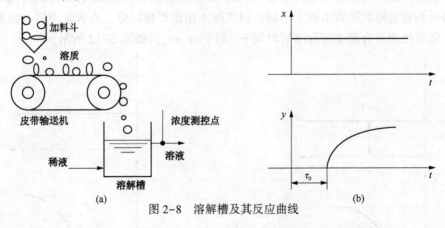

图 2-8　溶解槽及其反应曲线

图中所示的 τ_0 为皮带输送机将固体溶质由加料斗输送到溶解槽所需要的时间，称为纯滞后时间。因此可以认为，纯滞后时间 τ_0 与皮带输送机的传送速度 v 和传送距离 L 有如下关系：

$$\tau_0=\frac{L}{v} \tag{2-16}$$

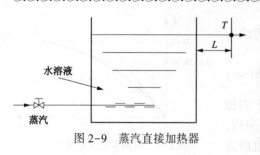

图2-9　蒸汽直接加热器

从测量方面来说，由于测量点选择不当，测量元件位置安装不合适等原因也会造成纯滞后。图2-9是一个蒸汽直接加热器。以进入的蒸汽量 q 为输入量，实际测得的溶液温度为输出量，并且测温点不是在槽内，而是在出口管道上，测温点离槽的距离为 L，那么，当加热蒸汽量增大时，槽内温度升高，然而槽内溶液流到管道测温点处还要经过一段时间 τ_0。所以，实际测得的溶液温度 T 要经过时间 τ_0 后才开始变化，这段时间 τ_0 亦为纯滞后时间。

② 容量滞后　有些对象在受到输入 x 作用后，被控变量 y 开始变化很慢，后来才逐渐加快，最后又变慢直至逐渐接近稳定值，这种现象叫容量滞后或过渡滞后，其反应曲线如图2-10所示。

容量滞后一般是由于物料或能量的传递需要通过一定阻力而引起的。在二阶对象中容易产生容量滞后，如两个水槽串联的对象，当第一个水槽输入流量 Q_1 阶跃变化时，可以得到第二个水槽的液位 h_2 的变化曲线为图2-11所示的形状。由此曲线可以看出，

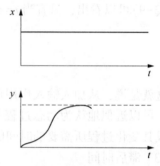

图2-10　具有容量滞后对象的反应曲线

被调参数开始变化很慢，这是由于当 Q_1 有一阶跃变化后，第一个水槽的液位 h_1 的变化要有一个过程，因而由第一个水槽流入第二个水槽的流量 Q_{12} 开始变化较小，致使第二个水槽的液位 h_2 变化很慢。只有当 h_1 有较大变化后，Q_{12} 才有较大变化，从而 h_2 的变化速度才逐渐加快。到接近平衡时，h_1 及 Q_{12} 都逐渐趋于稳定，所以 h_2 的变化也就慢了下来，直至平衡。

容量滞后时间的大小用 τ_h 表示。τ_h 的求法见图2-11，由反应曲线的拐点 o 作一切线，与时间轴相交，交点与被控变量开始变化的起点之间的时间间隔就是容量滞后时间 τ_h。

纯滞后和容量滞后尽管本质上不同，但实际上很难严格区分，在容量滞后与纯滞后同时存在时，常常把两者合起来统称滞后时间 τ，即 $\tau=\tau_0+\tau_h$，如图2-12所示。

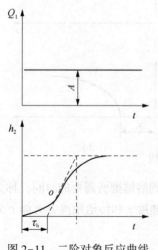

图2-11　二阶对象反应曲线

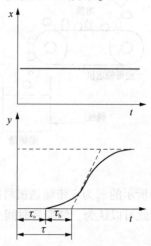

图2-12　滞后时间 τ 示意图

例 2-1　为了测定某物料干燥筒的对象特性，在 $t_0 = 0$ 时刻突然将加热蒸汽量从 $25m^3/h$ 增加到 $30m^3/h$，物料出口温度记录仪得到的阶跃反应曲线如图 2-13 所示。假定该对象为一阶对象，试写出描述物料干燥筒特性的微分方程式（温度变化量作为输出量，加热蒸汽量的变化量为输入量；温度测量仪表的测量范围为 $0 \sim 200℃$，流量测量仪表的测量范围为 $0 \sim 40m^3/h$）。

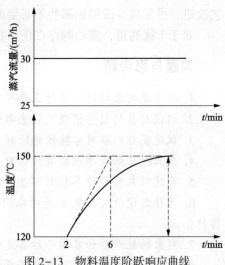

图 2-13　物料温度阶跃响应曲线

解：由阶跃响应曲线可知

放大系数

$$K = \frac{(150-120)/200}{(30-25)/40} = 1.2$$

时间常数　　$T = 4min$

滞后时间　　$\tau = 2min$

所以，物料干燥筒特性的微分方程为

$$4\frac{dT(t+2)}{dt} + T(t+2) = 1.2\theta(t)$$

式中　T——物料干燥筒温度变化量；

θ——加热蒸汽流量变化量。

§2.4　对象特性参数对控制过程的影响

（1）放大系数的影响

对于被控对象来说，外作用有两个，一个是控制作用，另一个是扰动作用，有两个输入信号，就有两条通道，它们的特性参数不一定相同，影响也不一样，需要分别来分析。对于控制通道，放大系数越大，则控制作用越强，调节越灵敏，余差越小，但系统的稳定性会变差。对于干扰通道，在相同的扰动情况下，放大系数大的干扰作用影响就越大。

（2）时间常数的影响

现在讨论一阶对象，即只有一个时间常数的情况。

如果只有一个时间常数 T，在放大系数 K 和 τ/T 保持恒定的条件下，时间常数 T 越大，则被控变量变化越缓慢，恢复时间越长，系统越容易控制，过渡过程越平稳；反之，被控变量变化速度快、系统越不易控制。对于干扰通道，时间常数 T 越大干扰作用影响越弱，系统越容易控制。

（3）滞后时间的影响

自动调节系统中，滞后的存在是不利于调节的。系统受到输入作用后，若存在滞后，被调参数不能立即反映出来，就不能及时产生调节作用，整个系统的调节质量就会受到严重的影响。所以，在设计和安装调节系统时，都应当尽量把滞后时间减到最小。例如，在选择调节阀与检测点的安装位置时，应选取靠近调节对象的有利位置。从工艺角度来说，应通过工艺改进，尽量减少或缩短那些不必要的管线及阻力，以利于减少滞后时间。

对于干扰通道，滞后的存在使干扰作用对系统影响减小，对系统有利。

习题与思考题

1. 什么是对象特性？为什么要研究对象特性？

2. 何谓对象的数学模型？静态数学模型与动态数学模型有什么区别？

3. 试述实验测取对象特性的阶跃反应曲线法和矩形脉冲法各有什么特点？

4. 建立对象的数学模型有什么重要意义？

5. 反映对象特性的参数有哪些？各有什么物理意义？它们对自动控制系统有什么影响？

6. 为什么说放大系数 K 是对象的静态特性？而时间常数 T 和滞后时间 τ 是对象的动态特征？

7. 对象的纯滞后和容量滞后各是什么原因造成的？对控制过程有什么影响？

8. 已知一个对象特性具有纯滞后的一阶特性，其时间常数为 5min，放大系数为 10，纯滞后时间为 2min，试写出描述该对象特性的一阶微分方程式。

9. 已知一个简单水槽，其截面积为 $0.5m^2$，水槽中的液体由正位移泵抽出，即流出流量是恒定的。如果在稳定的情况下，输入流量突然在原来的基础上增加了 $0.1m^3/h$，试画出水槽液位 Δh 的变化曲线。

10. 为了测定某重油预热炉的对象特性，在某瞬间（假定为 $t_0=0$）突然将燃料气量从 2.5t/h 增加到 3.0t/h，重油出口温度记录仪得到的阶跃反应曲线如图 2-14 所示。假定该对象为一阶对象，试写出描述该重油预热炉特性的微分方程式（分别以温度变化量与燃料量变化量为输入量与输出量），并写出燃料量变化量为 0.5t/h 时温度变化量的函数表达式。

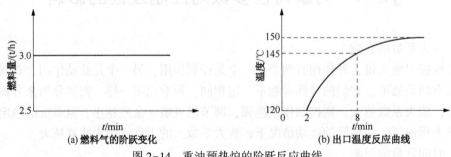

图 2-14　重油预热炉的阶跃反应曲线

第3章 检测仪表与传感器

§3.1 概　述

在科学研究、工业生产和军事等领域中，检测是必不可少的过程；特别是在石油化工生产过程中，检测担负着对生产过程的监测任务，是保证生产连续、高效、安全和无污染运行的关键。及时而准确地检测出生产过程中各个有关参数，如压力、流量、物位、温度等，是进行自动化控制的基础。用来测量这些参数的工具就称为检测仪表。

检测仪表由检测元件、变换放大、显示装置三部分组成，也可以是其中两部分。检测元件又称为敏感元件，它直接感受工艺被测参数，并将其转换为与之对应的输出信号，这些信号包括电压、电流、位移、电阻、频率、气压等。由于检测元件的输出信号种类较多，一般都需要经过变送器处理后转换成相应的标准统一信号（如电动变送器为 4~20mADC 或气动变送器为 20~100kPa），以供指示、记录或控制。有时将检测元件、变送器及显示装置统称为检测仪表，或生产现场将检测元件称为一次仪表，将变送器和显示装置称为二次仪表。本章主要介绍有关压力、流量、物位、温度、成分等参数的检测方法、检测仪表及相应的变送器。

3.1.1　检测过程及误差

3.1.1.1　检测过程

检测仪表种类繁多，针对生产过程中不同的参数、工作条件、功能要求，相应的检测方法及仪表的结构原理各不相同。即使对同一参数，也有不同的检测方法。但从检测过程的本质看，检测过程就是测量过程，就是将被测参数变换、放大，然后与测量单位进行比较的过程。而检测仪表就是实现这种比较的工具。

在检测过程中，由于使用的检测工具本身不一定很准确，或者由于检测者的主观性及周围环境的影响等因素，使从检测仪表获得的被测值与被测变量真实值之间存在一定的差距，这一差距称为测量误差。

3.1.1.2　误差的分类

（1）按误差的形式分类

按误差的形式可分为绝对误差、相对误差、引用误差（相对百分比误差）。

① 绝对误差也称示值误差，是指仪表指示值 x 和被测值的真值 x_i 之间的差值，表示为

$$\Delta = x - x_i \tag{3-1}$$

真值是指被测物理量客观存在的真实数值，但无法真正得到，实际计算时，用精确度较高的标准表所测得的标准值或取多次测量的算术平均值代替真值。仪表在其标尺范围内各点

读数的绝对误差中数值最大的绝对误差称为最大绝对误差 $\Delta_{\max}$。

② 相对误差，为某一点的绝对误差与标准表在这一点的指示值之比，表示为

$$相对误差 = \frac{绝对误差}{真值} \times 100\% = \frac{x - x_i}{x_i} \times 100\% \tag{3-2}$$

③ 引用误差(相对百分比误差)，为某一点的绝对误差与测量仪表的量程之比，表示为

$$引用误差 = \frac{绝对误差}{仪表量程} \times 100\% \tag{3-3}$$

式(3-3)中的仪表量程为仪表测量上限与测量下限之差。

(2) 按仪表的使用条件来分类

按仪表的使用条件误差可分为基本误差和附加误差。

基本误差是仪表在规定条件下(如温度、湿度、电源电压等)测量时，允许出现的最大误差，数值等于最大的引用误差，即

$$基本误差 \delta = \frac{最大绝对误差}{仪表量程} \times 100\% \tag{3-4}$$

基本误差≤允许误差，允许误差是根据仪表的使用要求，在仪表出厂时所规定的一个允许最大误差。

附加误差是仪表不按照规定的使用条件工作时所产生的新误差，这时仪表产生的总误差为基本误差与附加误差之和。

(3) 按误差出现的规律分类

按误差出现的规律误差可分为系统误差、疏忽误差、随机误差。

① 系统误差　在相同的测量条件下，对参数进行多次测量，测量误差的大小或符号不变或按一定规律变化的误差。系统误差越小，测量就越准确，有规律的系统误差可以通过引入适当的修正值加以消除。

② 疏忽误差　由于人为的原因和环境干扰等原因，使测量结果显著偏离其实际值所造成的误差；如果确定是疏忽误差，该值应舍去不用。

③ 随机误差　在相同的测量条件下，对参数进行多次测量时，每次测量误差的大小或符号都不相同的误差，它不可预测，也无法控制，但对同一测量值多次的测量结果来说，分布服从统计规律。通过统计分析，可估计测量结果的可信程度。其大小反映了测量结果的离散性，随机误差越小，精密度越高。

如果一个测量结果的随机误差和系统误差均很小，则表明该测量既精密又准确即精确。

3.1.2　检测仪表的基本性能指标

判断一台仪表检测质量的优劣，通常可以用以下的技术指标来衡量。

3.1.2.1　精度和精度等级

精度也称精确度，是精密度与准确度两者的总和。精密度说明测量结果的分散性，是随机误差大小的标志，精密度越高说明随机误差越小。准确度说明测量值与真值的偏差程度。是系统误差(有规律的/确定的)大小的标志，准确度越高意味着系统误差越小。工业上精度常用最大引用误差即基本误差 δ 来表示，仪表的 δ 越大，表示该仪表的精度越低；反之，仪表的 δ 越小，仪表的精度就越高。

仪表的精度等级是指仪表在规定的工作条件下允许的最大引用误差。即允许误差去掉"±"和"%"，就是仪表的精度等级。目前按照国家统一规定所划分的仪表精度等级有 0.005，0.01，0.02，0.04，0.05，0.1，0.2，0.4，0.5，1.0，1.5，2.5，4.0 等。如果某台仪表的精度等级为 1.5 级，表示该仪表的允许误差为 ±1.5%，以此类推。精度等级一般用一定的符号形式表示在仪表面板上，例如：$\overset{\triangle}{0.5}$、$\textcircled{1.5}$……精度等级数值在 0.05 以下的仪表通常作为标准表，工业上使用的仪表精度等级数值一般不小于 0.5 级。

例 3-1　某台压力测量仪表测量范围为 0~1000kPa，精度等级为 0.5 级，其最大绝对误差为 +6kPa，问：该测量仪表的基本误差、允许误差各是多少？该仪表是否合格？应定为多少级？

解：该仪表的基本误差为

$$\delta_{\mathrm{m}} = \frac{+6}{1000} \times 100\% = +0.6\%$$

因为该仪表精度等级为 0.5 级，所以允许误差为 0.5 加上"±"和"%"即 ±0.5%，因为该仪表的基本误差为 +0.6%，已经大于允许误差 ±0.5%，所以该仪表不合格。基本误差 +0.6% 去掉"+"和"%"后数值为 0.6，介于 0.5 和 1.0 之间，所以对该仪表重新标定后，定为1.0 级。

例 3-2　某测温仪表的测温范围为 0~250℃，精度等级为 2.5 级，现要选用一台测温仪表进行温度测量，工艺要求温度的最大误差不允许超过 ±5℃，试问该仪表能否满足要求？应如何解决？

解：该仪表的最大绝对误差为

$$\Delta_{\max} = \pm2.5\% \times 250 = \pm6.25℃$$

该仪表的最大绝对误差为 ±6.25℃，已经大于工艺上的允许值 ±5℃，所以该仪表不能用来进行上述温度的测量。

应选用的仪表的基本误差为

$$\delta_{\mathrm{m}} = \frac{\pm5}{250} \times 100\% = \pm2\%$$

去掉"±"和"%"后数值为 2，介于 1.5 和 2.5 之间，故应选用精度等级为 1.5 级的仪表来进行温度测量，才能满足工艺要求。

3.1.2.2　变差

在外界条件不变的情况下，使用同一仪表对被测变量在全量程范围内正反行程进行测量时，即被测参数逐渐由小到大和逐渐由大到小，对应于同一测量值所得的仪表读数之间的差值，如图 3-1 所示。变差的大小用正反行程间仪表输出的最大绝对误差 $\Delta_{\max}$ 和仪表量程之比的百分数表示，即

$$变差 = \frac{(正行程示值 - 反行程值)_{\max}}{量程} = \frac{\Delta_{\max}}{量程} \times 100\% \quad (3-5)$$

造成仪表变差的原因很多，传动机构的间隙、运动部件的摩擦、弹性元件的弹性滞后等。仪表机械传动部件越少，变差就越小。在仪表使用过程中，要求仪表的变差不能超过

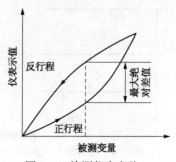

图 3-1　检测仪表变差

仪表的允许误差。

3.1.2.3　灵敏度、灵敏限、不灵敏区

灵敏度是检测仪表对被测量变化的灵敏程度。表示为仪表输出变化量 Δy 与输入变化量 Δx 之比，即

$$\text{灵敏度} = \frac{\Delta y}{\Delta x} \tag{3-6}$$

对于模拟仪表而言，Δy 指仪表指针的角位移或线位移。

灵敏限指能引起仪表输出变化的最小输入变化量。它也是灵敏度的一种反映。对数字式仪表来说，灵敏限就是分辨率，分辨率为数字显示器最低位占总显示数的分数值。

不灵敏区指不引起仪表输出变化的最大输入变化量。不灵敏区与变差数值相等，校验时可代替变差。

3.1.2.4　响应时间

响应时间是一个用来衡量仪表能不能尽快反应参数变化的指标。用仪表进行测量时，当被测参数突然变化以后，仪表指示值要经过一段时间后才能准确显示，这段时间称为响应时间。响应时间越长，仪表得出准确指示值的时间也就越长，仪表响应时间的长短，反映了仪表动态特性的好坏。响应时间长的仪表，不宜用来测量变化频繁的参数，因为在这种情况下，仪表尚未准确显示出被测值时，参数本身就已经变化了，使测量结果失真。

§3.2　压力检测及仪表

在化工、炼油等生产过程中，经常会遇到压力和真空度的测量，许多生产过程都是在一定的压力条件下进行的。如高压聚乙烯要求将压力控制在 150MPa 以上，而减压蒸馏则要在比大气压力低很多的真空下进行。如果压力不符合要求，不仅会影响生产效率，降低产品质量，甚至会造成严重的安全事故。此外，通过压力测量，还可以间接地测量其他物理量，如温度、流量、物位等。因此，压力是生产过程中重要的工艺参数，压力测量在自动化生产中具有特殊的地位。

3.2.1　压力的检测方法

工业生产中，压力就是指介质均匀垂直作用于单位面积上的力。用 p 表示，即

$$p = \frac{F}{S} \tag{3-7}$$

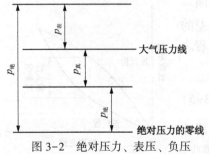

图 3-2　绝对压力、表压、负压
（真空度）的关系

式中，F 表示垂直作用力，单位用牛顿（N）；S 表示受力面积，单位为平方米（m^2）；压力的单位为帕斯卡，简称帕（Pa）。$1Pa = 1N/m^2 = 10^{-3}kPa = 10^{-6}MPa$。

目前，帕斯卡规定为法定计量单位，但其他一些压力单位还在使用，它们之间的转换关系见附录1。

在压力测量中，压力的表示方法有表压、绝对压力、负压或真空度之分。其关系如图 3-2 所示。

绝对压力是相对绝对零线所测的压力。大气压是地球表面上的空气质量所产生的压力。工程上所称的压力是绝对压力与当地大气压之差，即表压，可表示为

$$p_{表压} = p_{绝对压力} - p_{大气压力}$$

当被测压力低于大气压力时，一般用负压或真空度来表示，即

$$p_{真空度} = p_{大气压力} - p_{绝对压力}$$

工业上测量压力的方法很多，主要有以下几种。

（1）重力平衡

主要有液柱式和活塞式。液柱式是根据流体静力学原理，将被测压力转换成液柱高度进行测量；按其结构形式的不同，有 U 形管、单管、斜管压力计等。这类压力计结构简单、使用方便，其精度受工作液的毛细管作用、密度及视差等因素的影响，测量范围较窄，可用来测量较低压力、真空度或压力差。一般用于实验室。活塞式将被测压力转换为活塞上所加的平衡砝码质量来进行测量。测量精度很高，允许误差可达 0.05%~0.02%，但结构复杂、价格较贵，一般作为标准表来检验其他类型的压力计。

（2）弹性力平衡

将被测压力转换成弹性元件变形的位移来进行测量。如弹簧管式、波纹管式及膜式压力计等。

（3）机械力平衡

将被测压力转换成一个集中力，用外力与之平衡，通过测量平衡时的外力得到被测压力。该方法常用于压力（差压）变送器中，精度较高，但结构复杂。

（4）物性测量

基于在压力作用下测压元件的某些物理特性发生变化的原理来测量压力。如电气式、振频式、光纤式、集成式压力计等。

3.2.2　弹性式压力计

利用各种形式的弹性元件，在被测介质压力的作用下，使弹性元件受压后产生弹性变形的原理而制成的测压仪表。具有结构简单、使用可靠、读数清晰、牢固可靠、价格低廉、测量范围宽以及有足够的精度等优点。可用来测量几百帕到数千兆帕范围内的压力。

（1）弹性元件

弹性元件是一种简易可靠的测压敏感元件。当测压范围不同时，所用的弹性元件也不一样。常见的几种弹性元件的结构如图 3-3 所示。

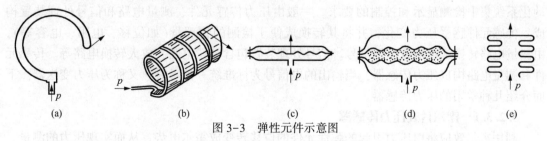

　　(a)　　　　　　　(b)　　　　　　　(c)　　　　　　　(d)　　　　　　　(e)

图 3-3　弹性元件示意图

波纹管式弹性元件如图 3-3(e)及薄膜式弹性元件如图 3-3(c)和图 3-3(d)，多用于微压和低压测量。弹簧管式弹性元件有单圈如图 3-3(a)和多圈如图 3-3(b)弹簧管之分，可用

于高、中、低压和真空度的测量，单圈弹簧管自由端位移较小，故测压范围较宽，在工业上应用最广泛。

（2）弹簧管式压力表

弹簧管式压力表是工业上应用最广泛的一种测压仪表，品种规格繁多。按使用的测压元件不同有单圈弹簧管压力表与多圈弹簧管压力表。按用途不同有普通弹簧管压力表，耐腐蚀的氨用压力表、禁油的氧气压力等。

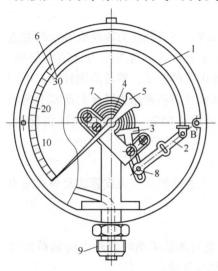

图 3-4　弹簧压力表
1—弹簧管；2—拉杆；3—扇形齿轮；
4—中心齿轮；5—指针；6—面板；
7—游丝；8—调整螺丝；9—接头

弹簧管式压力表的结构如图 3-4 所示。弹簧管式压力表主要由弹簧管、传送放大机构、显示装置组成。

① 弹簧管　弹簧管作为敏感元件，是一根弯成 270°圆弧、截面为椭圆形的空心金属管子，管子的自由端 B 封闭，另一端固定在接头 9 上。

弹簧管的工作过程是当通入被测压力 p 后，椭圆形截面在 p 作用下将趋于圆形，使自由端 B 产生位移，且与 p 的大小成正比（具有线性刻度）。

② 传送放大机构　当压力 p 增加时，自由端 B 产生的位移经过二级放大，第一级放大是自由端 B 的位移通过拉杆 2 使扇形齿轮 3 作逆时针偏转；第二级放大是指针 5 通过同轴的中心齿轮 4 的带动作顺时针偏转，在面板 6 的刻度标尺上显示出被测压力 p 的数值。

游丝 7 用来克服因扇形齿轮与中心齿轮间的传动间隙而产生的仪表变差。改变调整螺丝 8 的位置，可调整仪表的量程。

③ 显示装置　包括指针、刻度盘（0~270°）。由于弹簧管自由端的位移与被测压力之间是正比关系，故刻度盘具有线性刻度。

弹簧管式压力表具有结构简单、使用方便、价格便宜、测量范围宽、用途广泛的特点，增附加机构如记录机构、电气变换装置、控制元件等，可实现压力的记录、远传、报警、自动控制等功能。

3.2.3　电气式压力计

电气式压力计是一种将压力转换成电信号并进行远距离传输及显示的仪表，能够满足自动化系统集中检测显示和控制的要求。一般由压力传感元件、测量电路和信号处理装置构成。传感元件感受压力变化，并将其转换成便于检测的物理量（如位移、电阻、电容等），由测量电路转换成电流或电压信号。信号处理装置包含补偿电路、放大转换电路等。传感元件和测量电路构成压力传感器，当输出的电信号为标准统一信号时，又称为压力变送器。下面介绍几种常用的压力传感器。

3.2.3.1　霍尔片式压力传感器

利用霍尔效应将由压力引起的弹性元件的位移转变成霍尔电势，从而实现压力的测量。

霍尔片为半导体材料（如锗）制成的薄片，如图 3-5 所示。将霍尔片置于磁场 B 中，通上电流 I，载流子（自由电子）在磁场作用（洛伦兹力）下，运动轨迹发生偏离，在两个侧面形成积累，产生电势即霍尔电势 U_H。这种物理现象就称为"霍尔效应"。

霍尔电势的大小与半导体材料、所通过的电流 I 的大小、磁感应强度 B 以及霍尔片的几何尺寸等因素有关，可表示为

$$U_H = R_H I B \qquad (3-8)$$

式中，R_H 为霍尔常数，与霍尔片的材料、几何尺寸有关。一般 $I = 3 \sim 20\text{mA}$，B 为零点几 T（特斯拉），U_H 约为几十毫伏。

当电流 I 和 R_H 不变时，霍尔电势 U_H 与磁感应强度 B 成正比。而磁感应强度的分布呈线性的非均匀状，当霍尔片处于磁场中的不同位置时，所受到的磁感应强度不同，这样就可得到与位移成比例的霍尔电势，实现位移-电势的线性转换。

将霍尔片与弹簧管配合，就组成了霍尔片式压力传感器，如图 3-6 所示。

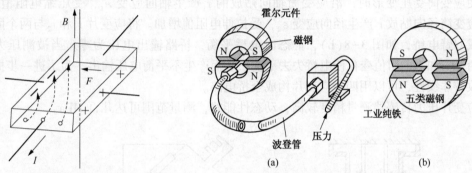

图 3-5　霍尔效应　　　　　图 3-6　霍尔片式压力传感器

根据霍尔效应，在控制电流一定时，必须使磁场的磁感应强度 B 改变，才能产生霍尔电势，因此要使位移量转换为霍尔电势的大小，必须把位移的变化变成磁感应强度的变化。为此常采用磁感应强度为线性梯形的磁场，一般可用四个磁极构成，如图 3-6(b) 所示，在右侧的一对磁极气隙中形成向下的磁场，在左侧的一对磁极气隙中形成向上的磁场，这样放在磁场中的霍尔元件同时受到向上和向下两个磁场的作用。由于它们极性正好相反，所以在整个磁场的磁感应强度就不一样，如果配置得恰当，可以构成一个磁感应强度成线性特性的梯形磁场，这样霍尔元件在磁场中移动时，在不同的位置，将感受不同的磁感应强度 B，从而使霍尔元件产生的电势随它的位置不同而改变，就完成了位移-电势的转换。

3.2.3.2　应变片式压力传感器

应变片是由金属导体或半导体材料制成的电阻体，应变片在外力作用时会产生微小的机械变形即产生应变效应，而导致电阻体的电阻值发生变化。相对变化量为

$$\frac{\Delta R}{R} = k\varepsilon \qquad (3-9)$$

式中，ε 是材料的轴向长度的相对变化量，称为应变；k 是材料的电阻应变系数。

金属应变片的结构形式有丝式和箔式，如图 3-7 所示。

将应变片粘贴在弹性元件上，在弹性元件受压变形时，应变片产生应变，受压缩的应变片电阻值减小，受拉伸的应变片电阻值增大，应变片阻值的变化通过测量桥路转变成电压输出。

如图 3-8 是应变片压力传感器原理示意图。应变筒 1 的上端与外壳 2 固定在一起，下端与不锈钢密封膜片 3 紧密接触，两片康铜丝应变片 r_1 和 r_2 用特殊胶合剂贴紧在应变筒的外

(a) 丝式应变片　　　　　　　　　　　　　(b) 箔式应变片

图 3-7　金属应变片结构形式

壁，r_1 沿应变筒轴向贴放，r_2 沿应变筒径向贴放，应变片与应变筒之间不发生相对滑动，并保持电气绝缘。使用两个应变片可起到温度补偿和提高灵敏度的作用。当被测压力作用于膜片而使应变筒受压变形时，沿应变筒轴向贴放的 r_1 产生轴向应变 ε_1，受压缩电阻值减小，而沿应变筒径向贴放 r_2 产生径向应变 ε_2，受拉伸电阻值增加。将应变片 r_1 和 r_2 与两个固定电阻组成双臂电桥，如图 3-8(b)，静态时电桥平衡，桥路输出电压为零。当被测压力作用时，由于 r_1 和 r_2 的阻值变化使电桥失去平衡，从而产生不平衡电压输出。为了进一步提高灵敏度改善非线性，可以用四个应变片构成全桥电路。

应变片压力传感器测量精度较高，动态性能好，测量范围可达几百 MPa。

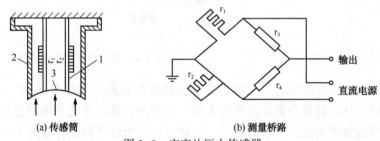

(a) 传感筒　　　　　　　　　　　　　　(b) 测量桥路

图 3-8　应变片压力传感器

3.2.3.3　压阻式压力传感器

压阻元件为半导体材料单晶硅膜片，在单晶硅膜片上用集成电路工艺制成扩散电阻。半导体材料在受到应力作用后，其电阻率发生明显变化，这种现象被称为压阻效应。压阻式压力传感器就是利用压阻效应进行压力测量的。

压阻式压力传感器结构示意图如图 3-9 所示。在硅杯底部布置有四个应变电阻，硅杯将两个气腔隔开，一路通入被测压力，另一端通入参考压力（也可以通大气）。当存在压力差时，单晶硅产生应变，使直接扩散在上面的四个应变电阻阻值发生变化，电桥失去平衡，从而将压力（差压）信号转变成电压输出。

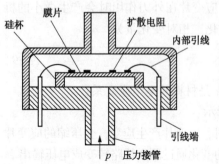

图 3-9　压阻式压力传感器结构示意图

压阻式压力传感器具有灵敏度高，灵敏度系数比电阻应变式压力传感器大 500~1000 倍；结构尺寸小，质量轻；压力分辨率高；频率响应好；工作可靠，综合精度高，使用寿命长的优点，缺点是压阻元件容易受温度的干扰，需进行温度补偿。

3.2.3.4　电容式压力(差压)变送器

电容式压力(差压)变送器由测量和转换放大两部分构成。测量部分将被测压力(差压)转换为电容的变化量,再经转换放大单元转换成标准电流输出。

电容式压力(差压)变送器测量单元的结构如图 3-10 所示。测压元件是一个全焊接的差动电容膜盒,两玻璃圆盘上的凹面深约 $25\mu m$,其上各镀以金作为两个固定极板,而夹在两凹圆盘中的测量膜片则为可动电极,与固定极板构成两个差动电容 C_1、C_2。当两边压力 p_1、p_2 相等时,膜片处在中间位置与左、右固定电容间距相等,因此两个电容相等;当 $p_1 > p_2$ 时,膜片弯向 p_2,那么两个差动电容一个增大、一个减小,且变化量大小相同;当压差反向时,差动电容变化量也反向。通过引出线将两个差动电容引出,测出电容的变化量,就可以知道被测压力(差压)的大小。这种差压变送器也可以用来测量真空或微小绝对压力,此时只要把膜片的一侧密封并抽成高真空($10^{-5}Pa$)即可。

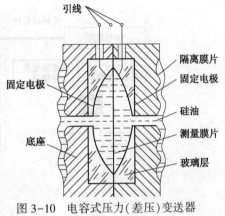

图 3-10　电容式压力(差压)变送器测量单元的结构

下面推导被测压力(差压)与差动电容之间的关系。

通过隔离膜片将差压 Δp(压力)传递至测量膜片,使其产生位移,设距中心距离为 ΔS,由于 ΔS 很小,可近似认为两者成比例关系,即

$$\Delta S = K_1 \Delta p = K_1(p_1 - p_2) \tag{3-10}$$

式中,K_1 为比例系数,与膜片的材料、厚度有关,由测量范围决定。这样,可动电极与固定极板间的距离由原来的 S_0 分别变为 $(S_0 + \Delta S)$ 和 $(S_0 - \Delta S)$,则两个电容 C_1、C_2 分别为

$$C_1 = \frac{\varepsilon A}{S_0 + \Delta S}$$

$$C_2 = \frac{\varepsilon A}{S_0 - \Delta S}$$

式中,A 为电容器极板面积;ε 为传递压力的介质介电常数。

差动电容变化量 ΔC 为

$$\Delta C = \frac{2\varepsilon A \Delta S}{S_0^2 - \Delta S^2} \tag{3-11}$$

当 ΔS 很小时,ΔC 与 ΔS 成线性关系。通过测量电容的变化量,就可以知道被测压力(差压)的大小。

电容式压力(差压)变送器具有结构简单、体积小、抗腐蚀、耐震性好、过压能力强、性能稳定可靠、精度较高、动态性能好、电容相对变化大、灵敏度高等优点。在工业中得到了广泛应用。

3.2.3.5　智能压力变送器

智能压力变送器是在传统变送器的基础上增加微处理器电路而形成的智能压力检测仪表。除检测功能外智能压力变送器还具有静压补偿、计算、显示、报警、控制、诊断等功

能，与智能式执行器配合可就地构成控制回路，实现现场总线控制。特点是精度高（0.1级）、量程范围宽（100:1），可以通过手持通信器编制各种程序，远程进行零点量程的调整，还有自修正、自补偿、自诊断等多种功能，使用维护方便，可直接与计算机通信。

图 3-11 是美国罗斯蒙特公司生产的 3051C 型智能型两线制差压变送器。

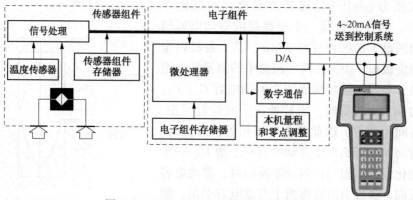

图 3-11　3051C HART 变送器原理框图

3051C 型智能型变送器采用差动电容传感器，测量信号经 A/D 转换后送微处理器，微处理器完成传感器的线性化、温度补偿、数字通信、自诊断等功能，它输出符合 HART 协议的数字信号与经 D/A 转换输出的 4~20mADC 信号叠加后，送到控制器或上位机。通信电路输出频移键控（FSK）信号，同时对模拟信号进行监测，实现二进制数字信号与 FSK 之间的转换。手操器可进行参数设定，量程、零点调整，输入输出信号及单位选择，阻尼时间常数设定，自诊断等操作。

手操器自身带有键盘及液晶显示器，可以接在现场变送器的信号端子上，就地设定和检测，也可以在远离现场的控制室中，接在某个变送器的信号线上进行远程设定和检测，如图 3-12 所示。

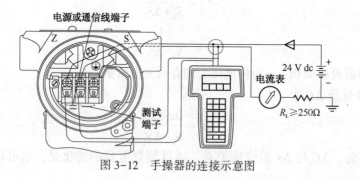

图 3-12　手操器的连接示意图

HART 协议简介

HART（highway addressable remote transducer 可寻址远程传感器通路）是用于现场智能仪表和控制室设备间通信的一种工业标准通信协议，是一种过度性的现场总线标准。该通信协议是美国 Rosemount 公司在 1986 年制定出来的一种由模拟系统向数字系统转变过程中的过渡协议。由于 HART 协议是唯一向后兼容的智能仪表解决方案，即它可以在提供现场总线的优越性的同时，保留对现有 4~20mA 系统的兼容性。而且与模拟仪表相比，HART 智能仪表在成本不增加太大的前提下，具有易于调试维护和更高的精度的优点，因而在当前的过渡时期具有较强市场竞争力，在目前智能仪表市场上占有很大的份额。据统计，1994 年，HART 协议智能变送器占世界智能变送器市场的 76%，已经成为一种事实上的工业标准。据业内人士估计，HART 协议在国际上的使用寿命为 15~20 年，国内由于客观因素所限，使用寿命还会更长一些。因此，在今后相当长一段时间里，HART 协议产品仍具有十分广阔的市场。

HART 协议使用了 ISO/OSI 模型的第 1、2、7 层，即物理层、数据链路层和应用层。HART 通信可以有点对点或多点连接模式。下面将对这三层分别进行简单的介绍。HART 协议在物理层使用了 Bell202 标准的频移键控(FSK)信号，在 4~20mA 信号过程测量模拟信号上叠加了低电平的数字信号。数字 FSK 信号相位连续，平均值为 0，不影响 4~20mA 模拟信号，从而使模拟信号和数字双向通信能同时进行，而不相互干扰。在物理层中，规定通信传输速率为 1200 波特，逻辑"1"由一个周期的 1200Hz 频率代表，逻辑"0"由近似两个周期的 2200Hz 代表，如图 3-13 所示。

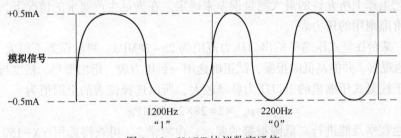

图 3-13　HART 协议数字通信

HART 总线协议智能仪表与传统的模拟仪表相比，具有精度高、校准方便、可实现远程组态、维护方便等优点，是目前十分受用户欢迎的一种智能仪表。目前一批国产符合 HART 协议智能仪表已完成新产品开发，并成功投放市场。

3.2.4　压力表的选用及安装

3.2.4.1　压力表的选用

压力计的选用应根据工艺生产过程对压力测量的要求，结合其他各方面的情况，加以全面的考虑和具体的分析，一般考虑以下几个问题。

(1) 仪表类型的选用

仪表类型的选用必须满足工艺生产要求，根据被测介质的物理化学性能、现场环境条件等综合考虑。例如是否需要远传、记录和报警，特殊介质(如腐蚀性、高低温度、高黏度、脏污程度、易燃易爆性能等)、安装位置(如电磁场、震动、现场条件等)对仪表提出的特殊要求。总之，正确选用仪表类型是保证仪表正常工作及安全生产的重要前提。

例如普通压力表的弹簧管，当压力 $p \geq 19.6$MPa 时，多选用合金钢或不锈钢的材料；当压力 $p < 19.6$MPa 时，可选用磷青铜或黄铜的材料。所测流体种类不同，所用弹簧管的材料也不同。如测量氨气压力表的弹簧管用不锈钢，不允许采用铜合金。因为氨气对铜的腐蚀性极强，使用普通压力表很容易被损坏。

为保证连接处严密不漏，安装时，应根据压力的特点和介质的性质加装密封垫片。但测量氧气时，垫片上严禁沾有油脂或使用有机化合物垫片，以免发生爆炸；测量乙炔时禁止使用铜垫片。

（2）测量范围的确定

应根据生产中被测压力的大小确定压力表的测量范围。在进行压力测量时，为了保证压力表的测量精确度，延长仪表的使用寿命，避免弹性元件因受力过大而损坏，压力表的上限应该高于工艺生产中可能出现的最大压力值。根据"自动化设计技术规定"，在测量稳定的压力时，压力表的正常压力为量程的 1/3～2/3，最高不能超过量程的 3/4。在测量脉动的压力时，压力表的正常压力为量程的 1/3～1/2，最高不能超过量程的 2/3。在测量高压压力时，压力表的正常压力最高不能超过量程的 3/5。

根据被测压力的最大值和最小值计算出压力表的上、下限后，还不能以此数值作为压力表的测量范围。只有按照国家主管部门制定的标准进行圆整，选取系列值中的数值作为压力表的量程。部分压力表的规格可参见附录 2。

（3）精度等级的选取

根据工艺生产上所允许的最大测量误差来确定。在满足生产要求的情况下，尽可能选用精度较低，价廉耐用的压力表。

例 3-3　某台往复式压缩机的出口压力范围为 25～28MPa，测量误差不得大于 1MPa。工艺上要求就地观察，并能高低限报警，试正确选用一台压力表，指出型号、精度与测量范围。

解：由于往复式压缩机的出口压力脉动较大，所以选择仪表的上限值为

$$p_1 = p_{max} \times 2 = 28 \times 2 = 56\text{MPa}$$

根据就地观察及能进行高低限报警的要求，由附录 2，可查得选用 YX-150 型电接点压力表，测量范围为 0～60MPa。

由于 $\dfrac{25}{60} > \dfrac{1}{3}$，故被测压力的最小值不低于满量程的 1/3，符合要求。

根据测量误差的要求，可计算得允许误差为

$$\frac{1}{60} \times 100\% = 1.67\%$$

所以，选择压力表为 YX-150 型电接点压力表，测量范围为 0～60MPa，精度等级为 1.5级，完全可以满足误差要求。

3.2.4.2　压力计的安装

（1）测压点的选择

• 所选择的测压点，应该能反映被测压力的真实情况，要选择在直线段，避开弯管、分叉、死角的地方。

• 取压点与流动方向垂直，连接处无毛刺。

• 测液体时，取压点在管道下半部，如图 3-14（a），使导压管内不积存气体。测气体时，取压点在管道上半部，如图 3-14（b），使导压管内不积存液体。

（2）导压管铺设

• 原则上导压管的长度和直径大小对

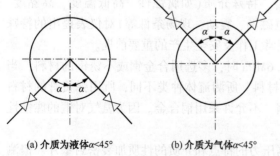

(a) 介质为液体α<45°　　(b) 介质为气体α<45°

图 3-14　取压口位置

压力信号的传递并无影响，但会影响系统的动态特性，所以一般要求导压管的长度为 3～50m，内径为 6～10mm。

- 在取压口与压力表之间，靠近取压口的位置应安装切断阀。
- 介质易冷凝和冻结时必须加保温伴热管线。

（3）压力表的安装

- 安装地点要便于观察、检修。
- 避开高温。
- 测量液体压力时，如果压力表位于生产设备之下，仪表指示值会比实际值高，这时应对仪表读数进行修正。
- 测量特殊介质（高温、腐蚀、黏性）时，应采取相应措施。测量蒸汽压力时，应加装凝液管，以防止高温蒸汽直接与测压元件接触，如图 3-15（a）所示。测量腐蚀性介质时，应加装充有中性介质的隔离罐，如图 3-15（b）所示。

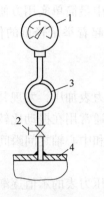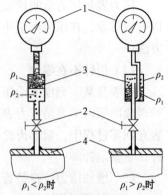

(a) 测量蒸汽时　　(b) 测量有腐蚀性介质时

图 3-15　压力计安装示意图
1—压力计；2—切断阀门；
3—凝液管；4—取压容器

3.2.5　压力检测仪表的故障及排除

仪表出现故障现象是化工生产过程中经常遇到的事情。由于检测过程中出现的故障现象比较复杂，正确判断、及时处理仪表故障，不但直接关系到化工生产的安全与稳定，涉及化工产品的质量和消耗，而且也最能反映操作人员实际工作能力和业务水平。由于化工生产操作管道化、流程化、全封闭的特点，工艺操作与检测仪表休戚相关，工艺人员通过检测仪表显示的各类工艺参数，例如反应温度、物料流量、容器的压力和液位、原料的成分等来判断工艺生产是否正常，产品质量是否合格，根据仪表指示进行提量或减产，甚至停车。仪表指示出现异常现象（指示偏高、偏低、不变化、不稳定等）其本身包含两种因素：一是工艺因素，仪表真实地反映出工艺异常情况；二是仪表因素，由于仪表（测量系统）某一环节故障出现工艺参数误指示。如果这两种因素混淆在一起，很难马上判断出来。有经验的工艺操作人员往往首先判断是否是工艺原因。一个熟练的工艺操作人员除了对工艺介质的特性、化工设备的特性应掌握以外，如果还熟悉仪表工作原理、结构、性能特点，熟悉测量系统中每一个环节，就能拓宽思路，在生产过程出现异常的情况下，快速准确地分析和判断故障现象，并加以排除，提高应急处理故障的能力。

3.2.5.1　压力检测故障判断

压力控制仪表系统故障分析步骤如下：

① 压力控制系统仪表指示出现快速振荡波动时，首先检查工艺操作有无变化。这种变化多半是工艺操作和控制器 PID 控制参数整定不合适造成的。

② 压力控制系统仪表指示出现死线，工艺操作变化了，压力指示还是不变化。一般故障出现在压力测量系统中。首先检查测量引压导管系统是否有堵的现象，否则，检查压力变

送器输出系统有无变化，有变化时，说明控制器测量指示系统有故障。具体的故障部位要根据压力检测仪表的类型进行分析。

3.2.5.2　压力表常见故障及排除

压力表是压力检测仪表中最简单实用方便的一种仪表类型，快速准确地掌握其故障并予以有效排除，在压力测量中起着举足轻重的作用，下面是弹簧管压力表的常见故障及排除方法。

（1）指针不在零位

在表盘某一刻度上给压力表加压，发现其压力值从某一刻度开始成比例地变化。产生这种现象的原因主要是压力表通常用在振动比较大的场所，或压力表不小心受到摔碰，使压力表在回零过程中，扇形齿轮和中心轴之间瞬间不啮合造成的。排除这种故障的方法是取下指针，重新定针。

（2）增加压力，弹簧管压力表的示值逐渐地增大或减小

上述误差叫线性误差，产生的主要原因是传动比发生了变化，只要移动调整螺钉的位置，改变传动比，就可以将误差调整到允许的范围之内。当被检表误差为正值，并随压力的增加而逐渐增大时，将调整螺钉向外移，降低传动比；当被检表的误差为负值，并随压力的增大而逐渐减小时，将调整螺钉向内移，增大传动比。

（3）非线性误差

压力表的示值误差随着压力的增大不成比例地变化，这种误差叫非线性误差。产生这种现象的原因主要是压力表经过长期使用，各部件之间的配合发生了改变。排除这种故障的方法是改变扇形齿轮和拉杆的夹角。处理时会遇到下面两种情况：

① 指针在前半程走得快，在后半程走得慢，调小拉杆与扇形齿轮的夹角。

② 指针在前半程走得慢，在后半程走得快，调大拉杆与扇形齿轮的夹角。

拉杆与扇形齿轮夹角的调整可以通过转动机芯来达到。具体做法是：旋松底板固定螺丝，转动机芯至合适位置，然后旋紧底板固定螺丝，加压重新校验。一般情况下在调整拉杆与扇形齿轮夹角的同时，也要调节调整螺钉的位置。

（4）游丝绞乱

游丝绞乱是由于使用过程中超负荷或者受到较大冲击或自行拆卸造成人为损坏所致。当它处于正常位置时，给中心齿轮一反时针方向的线性平稳的回复力，如果游丝被绞乱，这种回复力将消失，就会出现指针跳摆，数值不稳，偶然误差增大；零位误差大；系统误差加大。排除这种故障的方法是：重盘游丝或改换游丝。

（5）齿啮合面和配合轴孔角部磨损严重

此故障会引起数值误差大而且不稳定，出现卡针的现象。产生这种损坏主要是因为压力表在一固定的不稳的载荷下长时间使用造成的（如动力空压机），因而压力传递过程中有了较大补偿或毛刺阻碍而使计量值超差。排除方法：更换新的配件；采取缩孔修复，对损坏齿啮可经过调整以避开损坏齿面继续使用。

（6）指针不回零

如果经升压后又卸压，指针回不到零位，说明此表零位状态增加了回复力方向的力，这种力来自摩擦阻力或形变的剩余张力。摩擦阻力主要发生在游丝连杆、铰链啮合部位，如果

游丝粘圈或绞乱，连杆铰链活动不灵，啮合部位有毛刺，都将使摩擦力急增，使指针回不到零位。所以这些部件恢复到正常的状态即可排除不回零现象。

3.2.5.3　压力变送器常见故障及排除流程

如发现某一化工容器压力指示不正常，偏高或偏低或不变化，首先应了解被测介质是气体、液体还是蒸汽，了解简单的工艺流程。以电动压力变送器为例，有关的故障判断、处理思路如图 3-16 所示，故障排除方法见表 3-1。

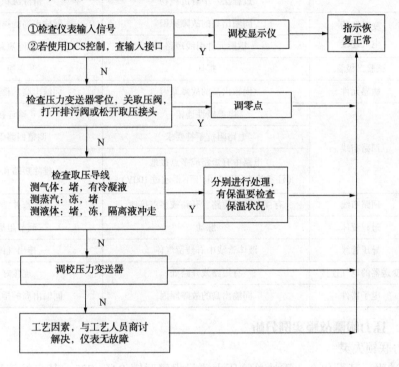

图 3-16　压力检测故障判断流程

表 3-1　电动压力变送器常见故障及排除方法

故障现象	故障部位	故障原因	排除方法
输出高	导压管道	管线有泄漏或堵塞	换管或清除堵塞物
		变送器过程法兰有沉积物	排除沉积物
	变送器的电气连接	卡口连接处有脏物	清除脏物
		敏感元件引出线不好	连接好
		卡口引线没有接到仪表外壳上	将引线接外壳
	电子器件	放大器板损坏	更换新放大器板
		刻度板损坏	更换刻度板
	敏感元件	隔离膜片被刺破	更换敏感元件
		填充油泄漏	更换敏感元件
	电源	电源电压不正确	调整到正确值

故障现象	故障部位	故障原因	排除方法
输出低或无输出	导压管	导压管连接不正确	按规定重新连接
		导压管有泄漏或堵塞	更换导压管或清除堵塞物
		液体管线中有残余气体	排除残余气体
		过程法兰中有沉积物	清除沉积物
	变送器的电气连接	同输出高的故障原因	同输出高的排除方法
		敏感元件引线短路	排除短路
	试验二极管	损坏	更换
	敏感元件	同输出高的故障原因	同输出高的排除方法
	回路布线	电源极性连错	正确连接
		电路阻抗不符要求	调整回路阻抗
		电路中有短路或多点接地（注意检查回路时电压不得超过100V）	排除短路和接触
输出不稳定	回路布线	有周期性的短路、开路或多点接地	检查并排除
	过程流体	脉动	调节阻尼
	导压管线	液体管线中有残留气体	排出气体
	变送器的电气连接	有短路或开路处	连接好
	电子器件	同输出高的故障原因	同输出高的排除方法

3.2.5.4　压力检测故障实例分析

（1）压力联锁失灵

① 工艺过程：某石化企业重油总管压力测量报警联锁 PAS-723，其自控流程如图 3-17 所示。

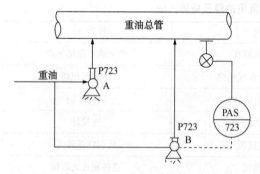

图 3-17　重油总管压力测量系统图

② 故障现象：锅炉燃料油中的重油总管压力下降，备用泵 P723B 不能自动启动，导致重油压力继续下降，直到锅炉联锁动作切断重油而停车，造成故障。

③ 故障分析与判断：正常情况下，当重油总管压力下降到某一值时，备用油泵 P723B 应自动启动，使重油保持一定的流量和压力，现在 P723B 没有启动，说明备用泵没有收到压力下降的信号，也就是说 PAS-723 压力变送器（传感器）没有感受到总管压力的变化。检查原因是导压管内隔离液被放掉，重油进入导压管以及变送器的弹簧管内，由于采用隔离液测量总管压力，导压管和仪表没有采用伴热保温，重油凝固点比较低，因此在导压管和弹簧管内冻结，不能感应和传递总管压力的变化。同时，由于重油固化使体积膨胀，传感元件受力使指示偏高并保持。当总管压力下降时，还是一直保证这个值不变，所以备用泵不启动，直至

锅炉停车。

④ 处理办法：用蒸汽吹扫导压管，拆下弹簧管用汽油清洗干净。仪表重新投用前导压管内要充满隔离液，清洗和充液后，仪表指示正常，联锁报警系统正常。在日常维护时要注意隔离液的存在，不能随便排污。

（2）压力测量值波动

① 故障现象：天然气压力调节系统波动，引起后工段调节系统波动，将调节器置于手动控制，后工段各系统波动消失，但压力调节器的测量值指示照样波动，但波动幅度明显减弱。

② 故障分析与判断：检查压力变送器，将排污阀打开后（未关根部阀），压力很快卸掉，还有一点气体，由此判断是根部阀堵塞所致。当根部阀堵死时，由于导压管很长，介质管道中压力变化之后，需要很长时间才能将压力传递到变送器的感测元件中，这种滞后引起的压力传递导致变送器的输出始终在变化。当调节器投自动运行时，调节器对错误信号进行调节，必然引起介质的压力波动。

③ 处理办法：拆去导压管，发现阀门被炭黑堵死，用铁丝捅通根部阀，安装上仪表，运行正常。

（3）裂解汽油压力指示回零

① 工艺过程，某石化企业裂解汽油压力调节系统，如图 3-18 所示。

② 故障现象：裂解汽油压力测量系统中测压导压管保温蒸汽关闭后不久，出现压力指示回零，调节阀关死，裂解塔不出料，造成塔液位太高而停车的事故。

③ 故障分析与判断：由于裂解汽油压力波动较大，所以采用将进口阀开大，用针形阀调节阻力的办法，来减少仪表指示的波动。在日常维护中如果不了解生产工艺，不了解进口阀口径比较大、很难控制的特点，就会出现下面的操作：即看到仪表指示波动太大，就把进口阀关小，一旦进口阀关小到压力指示波动不大

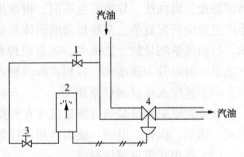

图 3-18　裂解汽油压力调节系统
1—取压阀；2—压力指示调节器；
3—针行阀；4—调节阀

时，实际上该阀门已处于全关状态。如检查没有注意到这个问题，待天热关闭蒸汽保温后，导压管冷却了，使导压管内原来全部汽化的介质冷凝成液体，体积减小，压力骤降几乎到零。如进口取压阀门没有关死，介质冷凝成液体，体积减小，而裂解塔内将补充介质并传递压力，压力指示不变。如进口取压阀门关死变成一个盲区，保温蒸汽阀不关闭的话，介质还处于全部汽化状态，则压力指示维持不变。如进口阀和保温阀都关闭，仪表压力指示就回零了，仪表信号为零，通过调节器的控制作用，使调节阀全关，塔液位就迅速上升以致造成停车事故。

处理方法很简单，打开进口阀，指示就正常了。应当注意，这类压力波动较大的检测控制系统常常采用加节流阻力来减小测量波动，但阻力要适当添加，一般使指针尚有波动就好，否则就会出现上述故障，造成恶劣后果。

§3.3　流量检测及仪表

流量是控制现代化生产过程达到优质高产、安全生产以及进行经济核算所必需的一个重要参数。

流量大小就是指单位时间内流过管道某一横截面的流体数量，也称为瞬时流量。而在某一段时间间隔内流过管道某一截面的流体量的总和，即瞬时流量在某一段时间内的累积值，称为总量或累积流量，如用户的水表、气表指示的就属于累积流量。

工程上讲的流量常指瞬时流量，若无特别说明均指瞬时流量。

流量的表示方法有体积流量，用符号 F 表示，单位为立方米每小时（m^3/h），也可以用质量流量，用符号 M_F 表示，单位为吨每小时（t/h）、千克每小时（kg/h）、升每小时（L/h）。体积流量与质量流量的关系为

$$M_F=\rho F \tag{3-12}$$

3.3.1　流量检测方法

生产过程中各种流体的性质各不相同，流体的工作状态（如介质的温度、压力等）及流体的黏度、腐蚀性、导电性也不同，很难用一种原理或方法测量不同流体的流量。尤其工业生产过程的情况复杂，某些场合的流体是高温、高压，有时是气液两相或液固两相的混合流体。目前流量测量的方法很多，测量原理和流量传感器（或称流量计）也各不相同，从测量方法上一般可分为速度式、容积式和质量式三大类。

（1）速度式流量测量原理

速度式流量测量是通过测量流体在管路内已知截面流过的流速大小来实现流量测量。差压式、转子、涡轮、电磁、旋涡和超声波等流量检测仪表都属于此类。

（2）容积式流量测量原理

容积式流量测量是根据已知容积的容室在单位时间内所排出流体的次数来测量流体的瞬时流量和总量。常用的容积式流量计有椭圆齿轮式、腰轮式、活塞式和刮板式流量计等。

（3）质量式流量测量原理

质量式流量测量方法可以分为直接法和间接法两类。间接法是根据质量流量与体积流量的关系，测出体积流量再乘以被测流体的密度，从而间接求出质量流量；如工程上常用的补偿式质量流量计，它采取温度、压力自动补偿。直接法是直接测量质量流量，如热电式、惯性力式、动量矩式和科里奥利质量流量计等。直接法测量具有不受流体的压力、温度、黏度等变化影响的优点，是一种正在发展中的质量流量计。

下面介绍几种常用的流量计。

3.3.2　差压式流量计

差压式（也称节流式）流量计，是基于流体流动的节流原理，利用流体流经节流装置时产生的压力差来实现流量测量。它是目前工业生产中检测气体、蒸汽、液体流量最常用的一种检测仪表。

3.3.2.1 差压节流式流量计组成

差压节流式流量计由节流装置、导压管路(信号传输)和差压计(或变送器)三部分组成。

节流装置是差压节流式流量计生产差压的装置,主体就是一个流通面积比管道狭窄的阻力件。当流体经过该阻力件时,流束局部收缩,速度和压力都会改变,从而在节流装置前后产生压力差。在单元组合仪表中,由节流装置产生的压差信号,通过差压变送器转换成相应的电信号(或气信号),以供显示,记录或控制用。

3.3.2.2 检测原理与流量基本方程

(1)检测原理

当流体经过节流装置上的阻力件时,流束局部收缩,速度和压力都会发生变化的现象,称节流现象。

在管内流动的流体应满足的条件是充满管道、连续稳定流动、无相变。

当流体在管道内流动,流经阻力件时,流通截面突然变小,流速加大,根据能量守恒,当流体动能增大时,必然导致势能即静压力降低。流量越大,静压力降低就越大。因此在阻力件前后就产生一定的压力差。因为流体具有一定的惯性,静压力最小处不在阻力件后,而在阻力件后流束收缩最小处,此处流速最大。此后流速开始减小,压力也回升,经过一段距离后,压力趋于稳定,但因为有压力损失 δ_p 存在,压力恢复不到原来的数值,压力分布如图3-19所示。

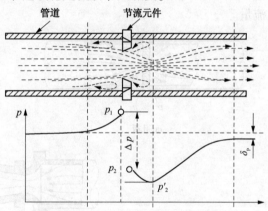

图 3-19 节流装置前后压力分布图

如果阻力件(如孔板)的结构尺寸、测压位置确定,并满足阻力件前后直管段长度要求,在流体参数一定的情况下,阻力件前后的压差 Δp 与流量之间有一定的函数关系,因此可以通过测量阻力件前后的压差来测量流量。

(2)流量基本方程

根据流体力学中的伯努利方程和流体连续性方程,可以推导出流量的基本方程,即

$$F = \alpha \varepsilon A_0 \sqrt{\frac{2}{\rho_0} \Delta p} \qquad (3-13)$$

$$MF = \alpha \varepsilon A_0 \sqrt{2 \rho_0 \Delta p} \qquad (3-14)$$

式中,α 为流量系数,与节流装置、取压方式、阻力件开孔截面积与管道截面积之比、雷诺数 Re、管道粗糙度等因素有关,其值可以从有关手册中查出;ε 为体膨胀校正系数,对于不可压缩液体 $\varepsilon = 1$,对于可压缩液体,$\varepsilon < 1$,应用时可以查阅有关手册;A_0 为阻力件开孔截面积;ρ_0 为被测流体的密度;Δp 为阻力件前后的压差。

从流量基本方程式(3-13)式(3-14)可以看出,在 α、ε、A_0、ρ_0 都为常数的情况下,流量 F(或 MF)与差压 Δp 的平方根成正比。流量与差压成非线性关系,要获得线性关系,加上开方器即可。

3.3.2.3 标准节流装置

节流装置分为标准节流装置和非标准节流装置。标准节流装置就是按照统一的标准、数

图 3-20　节流装置结构图

据，使用标准化的公式和图表进行设计，不必进行实验标定，就可以直接投入使用的节流装置。非标准节流装置也称特殊节流装置。如偏心孔板、双重孔板、1/4 圆缺喷嘴等，主要用于特殊介质或特殊工况条件的流量测量，可以利用已有的实验数据进行估算，但必须用实验方法单独进行标定。

节流装置包括节流件、取压装置、节流件前后直管段，如图 3-20 所示。

（1）节流件

包括标准和非标准节流件。标准节流件有孔板、喷嘴、文丘里管，如图 3-21 所示。孔板容易加工制造和安装，价格便宜，有一定的测量精度，但压损大，刻度为非线性，一般场合下可以选用它来测量普通介质的流量。

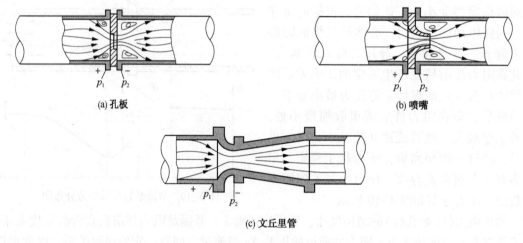

图 3-21　标准节流件

文丘里管制造工艺复杂，造价昂贵，但压力损失小，测量精度高，特别适于测量高黏度、有腐蚀性、有沉淀的介质流量。不适用于 200mm 以下管径的流量测量，工业上应用较少。

喷嘴性能介于孔板和文丘里管之间。

选择节流件的依据是测量要求的精度、允许的压力损失、被测介质的性质、被测对象的具体条件与参数范围、使用条件以及经济价值等。

（2）取压装置

节流装置的取压方式有角接取压、法兰取压、径距取压、理论取压及管接取压。孔板可以使用上述五种取压方式，但喷嘴只有角接取压和径距取压。

标准的取压方式有角接取压、法兰取压、径距取压三种。

角接取压包括环室取压和单独钻孔取压两种结构。如图 3-22 所示。上、下游侧取压孔轴心线与孔板（喷嘴）前后端面的间距各等于取压孔直径的一半，或等于取压环隙宽度的一半，因而取压孔穿透处与孔板端面正好相平。

法兰取压为上、下游侧取压孔中心至孔板前后端面的间距为（25.4±0.8）mm 处。

比较角接取压和法兰取压，角接取压精度高、所需要的直管段短，但管线易阻塞。法兰取压制造简单、使用方便，但精度稍差，是实际生产上广泛使用的一种取压方式。

径距取压为上游侧取压孔中心与孔板（喷嘴）前端面的距离为 $1D$，下游侧取压孔中心与孔板（喷嘴）后端面的距离为 $D/2$，D 为管道实测内径。

（3）节流件前后直管段

要保证节流件上游至少为 $10D$，下游至少为 $5D$ 的直管段长度，D 为管道内径，要实地测量。对节流件前后直管段具体长度的要求，还与节流件上游所安装的局部阻力部件的结构类型有关。具体的直管段长度可以从相关手册中查出。

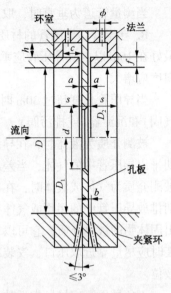

图 3-22 角接取压装置示意图

3.3.2.4 差压式流量计的安装

差压式流量计的安装要求包括管道条件、管道连接情况、取压口结构、节流装置上下游直管段长度以及差压信号管路的敷设情况等。

安装要求必须按规范施工，偏离要求产生的测量误差，虽然有些可以修正，但大部分是无法定量确定的，因此现场的安装应严格按照标准的规定执行，否则产生的测量误差甚至无法定性确定。

（1）节流装置的安装

包括节流件、差压信号管路的安装。

① 节流件安装时应保持节流件垂直、入口边缘尖锐，节流件应与管道或夹持环（采用时）同轴，并注意流体的流向。

② 差压信号管路的安装

A. 取压口　取压口一般设置在法兰、环室或夹持环上，当测量管道为水平或倾斜时取压口的安装方向，如图 3-23 所示。节流装置输出的压力差是从节流装置的前后取压孔取出的。如果被测流体是液体，导压管应从节流装置的下方引出，以免混杂在液体中的气体影响取压，如图 3-23（a）所示。如果被测流体是气体，导压管应从节流装置的上方引出，以免混杂在气体中的液滴堵住取压管；如图 3-23（b）所示，被测流体为蒸汽时，在取压口的出口处要设置冷凝罐，冷凝罐的作用是使导压管中的蒸汽冷凝，并使正负导压管中冷凝液面有相等的高度，且保持恒定。如图 3-23（c）所示。

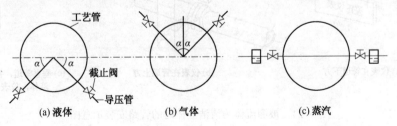

图 3-23　取压点位置

当测量管道为垂直时，取压口的位置在取压位置的平面上，方向可任意选择。

B. 导压管 导压管的材质应按被测介质的性质和参数确定，其内径不小于 6mm，长度最好在 16m 以内，导压管应垂直或倾斜敷设，其倾斜度不小于 1∶12，黏度高的流体，其倾斜度应增大。

当导压管长度超过 30m 时，导压管应分段倾斜，并在最高点与最低点装设集气器（或排气阀）和沉淀器（或排污阀）。

被测介质为液体时，在导压管的各最高点处应安装集气器（或排气阀），以便收集和定期排出导压管中的气体，当差压变送器安装位置高于主管道时更应装设集气器（或排气阀）。被测介质为气体或液体时，在导压管的各最低点应装设沉降器（或排污阀），以便收集和定期排放导压管中的污物或气体导压管中的积水。隔离器应用于高黏度、腐蚀、易冻结、易析出固体物的被测介质，它可以保护差压变送器的检测元件不与被测介质接触。两个隔离器安装时应尽量靠近取压口，安装在同一高度。测量液与隔离分界面在流体不流动时必须是同一液位。

正负导压管应尽量靠近敷设，防止两管子温度不同使信号失真，严寒地区导压管应加防冻保护，用电或蒸汽加热保温，要防止过热，导压管中流体汽化会产生假差压应予注意。

（2）安装实例

被测流体为清洁液体时的管路安装示意图，如图 3-24 所示。

被测流体为清洁干气体时的管路安装示意图，如图 3-25 所示。

被测流体为清洁湿气体时，信号管路的安装方式，如图 3-26 所示。

被测流体为水蒸气时的管路安装示意图，如图 3-27 所示。

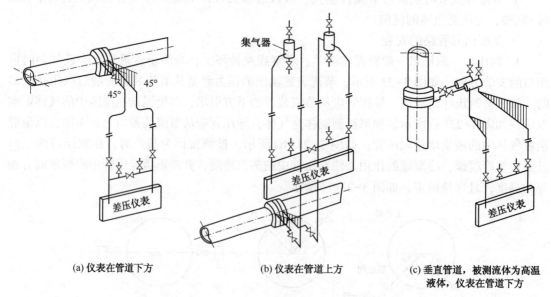

(a) 仪表在管道下方　　　　(b) 仪表在管道上方　　　　(c) 垂直管道，被测流体为高温液体，仪表在管道下方

图 3-24　被测流体为清洁液体时的管路安装示意图

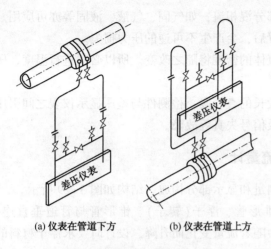

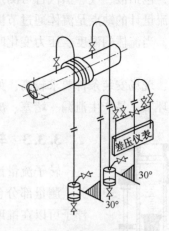

(a) 仪表在管道下方　　(b) 仪表在管道上方

图 3-25　被测流体为清洁干气体时　　图 3-26　被测流体为清洁湿气体时
　　　　　的管路安装示意图　　　　　　　　　　的管路安装示意图

（3）差压式流量计的投运

流量计启动前，必须先使引压管内充满液体或隔离液，引压管中的空气要通过排气阀和仪表的放气孔排除干净。

投运示意图如图 3-28 所示，步骤如下。

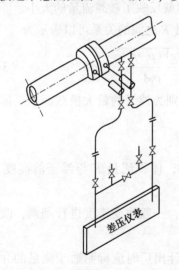

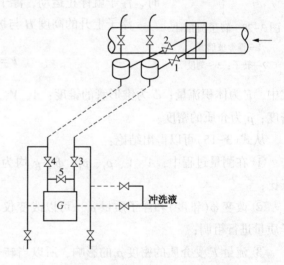

图 3-27　被测流体为水蒸气时的　　图 3-28　差压式流量计投运示意图
　　　　　管路安装示意图

① 打开节流装置根部截止阀 1 和 2。

② 打开平衡阀 5，并逐渐打开正压侧切断阀 3，使差压计的正、负压室承受同样压力。

③ 开启负压侧切断阀 4，并逐渐关闭平衡阀 5，仪表即投入运行。

仪表停运时，与投运步骤相反，即先打开平衡阀 5，然后关闭正、负侧切断阀 3、4，最后再关闭平衡阀 5。

差压节流式流量计结构简单、牢固，性能稳定可靠，价格低廉；应用范围最广泛，全部单向流体，包括液、气、蒸汽皆可测量，部分混相流，如气固、气液、液固等亦可应用。差压节流式流量计的缺点是流体通过节流装置后，会产生不可逆的压力损失。

另外，当流体的温度、压力变化时，流体的密度将随之改变。所以必须进行温度、压力修正。

其次，现场安装条件要求较高，如需较长的直管段；检测件与差压显示仪表之间引压管线为薄弱环节，易产生泄漏、堵塞、冻结及信号失真等故障。

3.3.3 转子流量计

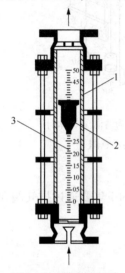

图 3-29　转子流量计
1—锥形玻璃管；
2—转子；3—刻度

转子流量计由测量和显示部分构成。结构如图 3-29 所示。

测量部分包括锥形管、浮子（转子）。锥形管与管道垂直连接，浮子可以在锥形管中随着流量变化而升降，设计时要求浮子材料的密度大于被测介质的密度。

显示部分有就地显示和远传显示，根据传输信号的不同，转子流量计又分为电远传式和气远传式转子流量计。

3.3.3.1 检测原理

当流体自下而上流经锥管时，浮子受流体的冲击向上运动，随着浮子上移，流通面积增大，冲击力下降，当冲击力与浮子重力平衡时，浮子就停止运动，浮子的高度就反映了被测流量的大小。

浮子上升的高度 H 与被测流量 F 之间的关系可以表示为

$$F = \phi H \sqrt{\frac{2gV(\rho_t - \rho_f)}{\rho_f A}} \qquad (3-15)$$

式中，F 为体积流量；ϕ 为锥形管的锥度；A、V、ρ_t 为分别为浮子的最大横截面积、体积和密度；ρ_f 为介质的密度。

从式（3-15）可以得出结论：

① 在测量过程中，A、V、ρ_t、ρ_f、ϕ、g 均为常数时，体积流量 F 与浮子的高度 H 成正比；

② 改变 ϕ（锥度）和浮子质量 ρ_t，可以改变仪表量程，一般改变锥度进行细调，改变浮子质量进行粗调；

③ 流量 F 受介质的密度 ρ_f 的影响，所以当转子流量计出厂时应标明适于测量的介质的温度、压力、密度、黏度。一般情况下，用标准状态的水或空气进行标定，实际测量时，如果工作状态与标定状态不一致时，应对仪表读数进行修正。

3.3.3.2 安装、使用、特点

① 安装时要保证转子流量计前 5D 后 3D 直管段长度，一般应竖直安装，介质自下而上，必要时需加装旁通管路和过滤器。

② 转子流量计适用于小管径和低流速中小流量的测量，常用的管径为 40～50mm 以下。转子流量计的主要测量介质是单相液体或气体，需定期清洗，不宜用来测量易使浮子沾污的介质的流量；有些应用场所只要监测流量不超过或不低于某值即可，可用作流量报警、流量

监控。

③ 对上游直管段要求不高。量程比 10∶1，基本误差 1.5%~2.5%，对玻璃管转子流量计来说，结构简单，成本低，直观，但是被测介质需透明，可靠性差，不能测高温高压介质。

3.3.4　容积式流量计

容积式流量计安装在封闭管道中，由若干个已知容积的测量室和一个机械装置组成。利用机械测量元件将流体连续不断地分割成单个已知的体积部分，根据计量室逐次、重复地充满和排放该体积部分流体的次数来测量流体体积流量和总量。

容积式流量计检测精度高，没有前后直管段要求，可用于高黏度流体的测量，属于直读式仪表。常见的有椭圆齿轮流量计、腰轮流量计和刮板流量计。下面以椭圆齿轮流量计为例，介绍其检测原理和安装使用方法。

椭圆齿轮流量计属于容积式流量计的一种。

（1）检测原理

椭圆齿轮流量计由测量和显示两部分构成。测量部分包括两个相啮合的椭圆齿轮 A 和 B、外壳（计量室）、轴。如图 3-30 所示。

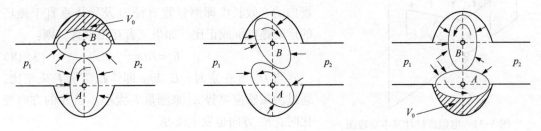

图 3-30　椭圆齿轮流量计结构原理图

当流体流经流量计时产生差压，在差压作用下，产生力矩使齿轮转动，从而排出齿轮与壳体间半月形容积的介质，齿轮每转一周所排出的介质为半月形容积的 4 倍，即

$$F = 4nV_0 \tag{3-16}$$

式中，F 为体积流量；n 为齿轮转动频率，周/s；V_0 为计量室容积。

由式（3-16）可知，当椭圆齿轮流量计的计量室容积已知时，测出 n 即可知流量 F 大小。如果测量出转子转过的圈数 N 就可以计算出排出流体的总量 Q，表示为

$$Q = 4NV_0 \tag{3-17}$$

（2）安装使用特点

椭圆齿轮流量计没有前置直管的要求，适用于高黏度流体的测量，测量范围宽，范围可达 10∶1 或更大，不需要外部能源，可直接获得累积总量。

椭圆齿轮流量计结构复杂，体积大，一般只适用于中、小口径；由于高温下零件膨胀变形，低温下材料变脆等问题，不适用于高、低温场合，目前可使用温度范围大致在 -30~ +160℃，压力最高为 10MPa；大部分只适用于洁净单相流体。椭圆齿轮流量计需要进行定

期维护，在放射性或有毒流体等不允许人们接近维护的场所则不宜采用。

3.3.5　电磁流量计

电磁流量计由传感器和转换器组成。传感器把被测介质的流量转换为感应电势，再经转换器转换成标准信号输出。

电磁流量计的测量通道是一段无阻流检测件的光滑直管，阻力损失极小，适用于测量含有固体颗粒或纤维的液、固两相流体，如纸浆、矿浆、泥浆和污水等；对于要求低阻力损失的大管径供水管道最为适合；可选流量范围宽；可测正、反双向流量、脉动流量、腐蚀性流体；但电磁流量计不能测量电导率很低的液体，如石油制品和有机溶剂等；不能用于较高温度的液体测量。

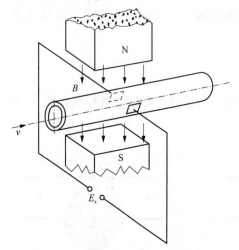

图 3-31　电磁流量计基本原理图

3.3.5.1　检测原理

电磁流量计基本原理基于法拉第电磁感应定律，当导电的液体在磁场中作垂直于磁力线方向的流动而切割磁力线时，在电场力的作用下，电极两端会产生感应电势 E_x。原理如图 3-31 所示。其方向由右手定则确定，大小与磁场的磁感应强度 B、导体在磁场内的有效长度即测量管直径 D 及导体垂直于磁场的运动速度 v 成正比，如果三者互相垂直，则：

$$E_x = BDv \tag{3-18}$$

当 D、B 一定时，E_x 与 v 即体积流量 F 成正比，通过测量感应电势 E_x 来测量 F 大小。当 B 的方向变化时，E_x 方向也发生改变。

3.3.5.2　特点、安装与使用

(1) 电磁流量计的特点

① 电磁流量传感器的结构简单，管道内没有任何可动部件，也没有任何阻碍流体流动的节流部件，所以流体通过传感器时无阻力损失，有利于系统的节能。

② 可测量肮脏介质和腐蚀性介质及悬浊性固液两相流体的流量。

③ 电磁流量计，在测量过程中，不受被测介质的温度、黏度、密度影响，因此，电磁流量计只需经过水标定后，就可以用来进行其他导电液体的测量。

④ 电磁流量计的输出只与被测介质的平均速度成正比，而与对称分布下的流动状态(层流或湍流)无关，所以电磁流量计测量范围极宽，其测量范围可达 100 : 1。

⑤ 电磁流量计无机械惯性，反应灵敏，可测量瞬时的脉动流量，也可测量正反两个方向的流量。

⑥ 工业用电磁流量计的口径范围宽，从几毫米到几米，国内已有口径达 3m 的电磁流量计。

(2) 安装与使用

要保证电磁流量计的测量精度，正确的安装使用是很重要的。一般要注意以下几点：

① 电磁流量计最好安装在室内干燥通风处，避免安装在环境温度过高的地方，不应受

到强烈振动，尽量避开有强烈磁场的设备，如大容量的电动机、变压器等。避免安装在有腐蚀性气体的场合。安装地点应便于检修。这是保证电磁流量计正常运行的环境条件。

② 为保证电磁流量计测量管内充满被测流体，最好垂直安装，流向自下而上，尤其对固液两相流体，必须垂直安装，这样，一则可以防止固液两相流体低速时产生流速不均匀，二则可以使流量计内的衬里磨损比较均匀，延长使用寿命。如现场只能水平安装，则必须保证两个电极处在同一水平面，这样不至于造成下面的一个电极被沉淀沾污，而上面一个电极被气泡吸附。

③ 为了保证测量信号的稳定，流量计的外壳与金属管的两端应良好接地，不要与其他电器设备共地。

④ 为了避免流速分布对测量的影响，流量调节阀应装在流量计的下游，对小口径的电磁流量计，因电极到进口的距离比管道的直径 D 大好几倍，管道内流速分布是均匀的，而对于大口径流量计，一般在上游应有 $5D$ 以上的直管段，以确保管道内流速分布均匀。

3.3.6　涡轮流量计

涡轮流量计由传感器和转换显示仪表组成。传感器的结构如图 3-32 所示。

3.3.6.1　检测原理

流体冲击叶片使涡轮旋转，从而切割磁力线改变通过线圈的磁通量，使线圈感应出脉冲电信号。

实践表明：在一定流量范围内，对一定黏度的流体介质，涡轮的旋转角速度与通过传感器的流体速度成正比，即传感器输出的脉冲信号的频率 f 与涡轮的旋转角速度成正比。

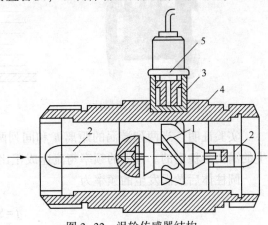

图 3-32　涡轮传感器结构

1—涡轮；2—导流器；3—磁电感应转换器；
4—外壳；5—前置放大器

3.3.6.2　特点、安装与使用

① 涡轮流量计精确度高、重复性好，输出脉冲频率信号，适于总量测量及与计算机连接，抗干扰能力强；信号分辨率高；结构紧凑轻巧，流通能力大；适于高压、大口径测量；压力损失小，价格低，可不断流取出叶轮，方便安装维护。缺点是有可动部件，轴承易磨损，不适用于较高黏度、脉动流和混相流介质的流量测量；对被测介质的清洁度要求较高，需要定期校验。

② 除特殊设计外，涡轮流量传感器应水平安装，涡轮上游和下游直管段长度应分别大于 $10D$ 和 $5D$；流体流动方向应和传感器上的箭头指向一致；在传感器上游安装过滤器避免流体中杂质的影响；测量易汽化液体，应安装消气器；流体不能完全充满管路时，应安装背压管；调节阀、温度计、压力计等应安装在涡轮下游；为检修方便，应设置旁路管道。

③ 在使用涡轮流量计时应根据被测流体的性质选择不同设计的涡轮传感器，为涡轮选用合适的轴承；当介质和工作状态变化时，应根据被测流体的温度、压力、密度重新确定传感器仪表系数；为防止涡轮发生气蚀，应保证涡轮前压力高于该液体汽化压力。

3.3.7　涡街流量计

涡街流量计由传感器和转换器组成。如图 3-33 所示。传感器又包括漩涡发生体和漩涡频率检测器。

在流动的流体中放置一根其轴线与流向垂直的非流线型柱形体(如三角柱、圆柱等),称之为漩涡发生体。当流体沿漩涡发生体绕流时,会在漩涡发生体下游产生不对称但有规律的交替漩涡列,这就是所谓的卡门。如图 3-34 所示。

图 3-33　涡街流量计

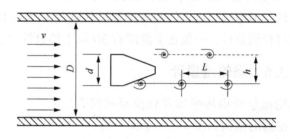

图 3-34　卡门涡街

实验证明,当两列漩涡的距离 h 和同列两漩涡的距离 L 之比满足 $h/L = 0.281$ 时,则产生的涡街是稳定的。漩涡的频率与流速成正比,即与体积流量 F 成正比。

圆柱体后漩涡发生的频率为

$$f = S_t \frac{v}{d} \tag{3-19}$$

式中, S_t 是与雷诺数有关的无量纲系数,称为斯特罗哈系数,数值由实验确定。在一定的雷诺数范围内, S_t 为常数。

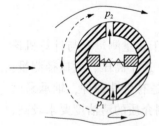

图 3-35　圆柱检测器

由式(3-19)可知,发生的频率仅与流速 v 和圆柱直径 d 有关,它们之间成线性关系,而与流体的种类、压力、温度、密度等参数无关。

频率检测器可以设置在漩涡发生体内,以检测作用在发生体上漩涡交替变化的频率。检测方法如图 3-35 所示。

圆柱体表面有导压孔与圆柱体内部的空腔相通,空腔由隔墙分为两部分,隔墙中间有一小孔,小孔上装有一根被加热的细铂丝。在产生漩涡的一侧,流速降低,静压升高(p_1),没有漩涡的一侧,流速增加,静压降低(p_2),于是,在圆柱体上、下方形成压力差,在压力差作用下,流体从圆柱体下方进入空腔,经过隔墙中间的小孔,从圆柱体上方流出。流体经过加热的铂丝时,带走了铂丝上的热量,使铂丝温度降低,导致电阻值减小。由于漩涡是在圆柱体上、下方交替出现,所以铂丝阻值的变化也是交替的,铂丝阻值的变化频率与漩涡频率相对应,为漩涡频率的两倍,所以可以通过检测铂丝阻值的变化频率来检测流量。

涡街流量计结构简单，安装维护方便，适用于液体、气体、蒸汽和部分混相流体的流量测量，但在高黏度、低流速、小口径的情况下，应用受到限制。

3.3.8 超声波流量计

超声波在流动的流体中传播时就载上流体流速的信息。因此通过接收到的超声波就可以检测出流体的流速，从而换算成流量。根据检测声波方法的不同可分为：时差法、相位法和频率法。

下面介绍采用时差法来检测流量的超声波流量计。

在管道中安装两对声波传播方向相反的超声波传感器，其中 T_1 和 T_2 为发射超声波传感器，R_1 和 R_2 为接受超声波传感器。如图 3-36 所示。

设声波在静止流体中的传播速度为 C，流体的流速为 U，超声波传感器 T_1 到接受超声波传感器 R_1 之间的距离为 l。

超声脉冲穿过管道从发射到达接受传感器，顺着流动方向的声脉冲会传输得快些，而逆着流动方向的声脉冲会传输得慢些。这样，顺流传输时间 t_1 会短些，而逆流传输时间 t_2 会长些。两者的时差 Δt 可表示为

$$\Delta t \approx 2lU/C^2 \tag{3-20}$$

当声速和传播距离已知时，测出时差就能测出流体流速，进而求出流量。

超声波传感器一般安装在管道外侧。可以用两对传感器，也可以用一对传感器，每个传感器兼有发射和接受功能。如图 3-37 所示。

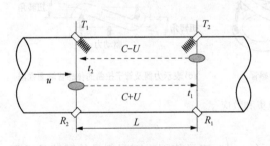

图 3-36　超声波测量原理图

图 3-37　超声波流量计

超声波流量计为非接触式测量，不会破坏管道及流体的流动状态，特别适用于大口径管道的液体流量测量。但流速的分布情况会影响测量结果，所以必须保证测量管前后有足够的直管段长度。

3.3.9 科里奥利质量流量计

质量流量计按测量方法可以分为直接式和间接式。

科里奥利质量流量计是一种直接式质量流量计，它以科里奥利效应作为测量基础。不受温度、压力、密度、黏度、流速分布和电导性变化的影响，无可动部件，测量精度高，测量范围宽(20：1)，适用于多种工作条件下各种流体的质量流量测量。

科里奥利质量流量计的结构如图 3-38 所示。主要由流量传感管、电磁振动器和电磁感应器组成。

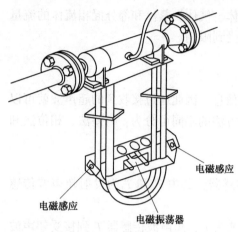

图 3-38　科里奥利质量流量计结构图

流量传感管有直管、弯管、单管、双管等多种形式。以双管应用最多。双弯管流量传感管就是由两根 U 形管组成，其中一根为流量测量管，另一根为平衡管。

电磁振动器驱动流量传感管以固有的频率振动。双管型流量传感管两根 U 形管的振动方向相反。

电磁感应器分别安装在 U 形管的左右两侧的中心附近，用来检测 U 形管的扭转角。

当流体流经流量传感管时，如果在振动的半周期，管子向上运动，流入传感管的流体向下压，流出传感管的流体向上推，两个作用方向相反的力合成的力矩引起传感管扭曲的效应，称为科里奥利效应。如图 3-39 所示。在振动的另外半周期，管子向下运动，扭曲方向相反。传感管的扭转角 θ 的大小与流体的质量流量 M_F 成正比。其关系为

$$M_F = \frac{K_s \theta}{4\omega\gamma} \tag{3-21}$$

式中，θ 为扭转角；K_s 为扭转弹性系数；ω 为振动角速度；γ 为 U 形管跨度半径。

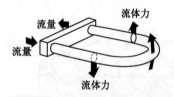

(a) 向上运动时在一根传感管上的作用力

(b) 振荡中的传感管

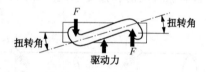

(c) 表示力偶及管子扭曲的传感管端面视图

图 3-39　科里奥利效应

由于测量管形状及结构设计的差异，同一口径、相近流量范围、不同型号传感器的重量和尺寸差别很大，例如 80mm 口径的仪表，轻者 45t，重者达 150~200t。安装要求亦千差万别。例如有些型号的流量传感器直接连接到管道上即可，有些型号却要求设置支撑架或基础。为隔离管道振动影响仪表，有时候传感器与管道之间要用柔性管连接，而柔性管与传感器之间又要求一段有支撑件分别固定的刚性直管。

3.3.10　其他流量计

3.3.10.1　V 锥流量计

V 锥流量计是在管道中心悬挂一个锥形节流件，锥形件阻碍介质流动，是一种差压式流量计，当介质接近锥体时，其压力为 p_1，在介质通过锥体的节流区时，速度会增加压力会降低为 p_2，将 p_1 和 p_2 通过锥形流量计的取压口引到差压变送器上。流速发生变化时，锥形流量计的两个取压口之间的差压值会增大或缩小。当流速相同时，若节流面积大，则产生的差压值也大，流量的大小与差压平方根成正比。

V锥流量计由V锥传感器和差压变送器组成。有分体型安装和一体型安装两种结构。如图 3-40 所示。

分体型安装由独立的V锥传感器和差压变送器组成。V锥传感器和差压变送器之间的引压管连接可由使用者来完成，与差压变送器配套使用。一体型安装是产品出厂时已将差压变送器、三阀组与V锥传感器连接成一体，使用时不需再连接引压管。

V锥流量计具有良好的准确度（≤0.5%）和重复性（≤0.1%），较宽的量程比（15∶1），自整流功能，几乎不需要直管段，可测脏污和易结垢流体，适合高炉煤气等杂质较多的介质。同时具有自保护功能，

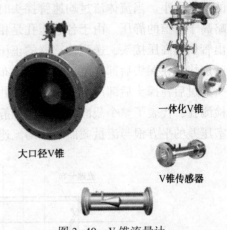

一体化V锥

大口径V锥

V锥传感器

图 3-40　V锥流量计

节流件关键部位不磨损，能保持长期稳定地工作，耐高温、高压、耐腐蚀、抗震动。

3.3.10.2　楔形流量计

楔形流量计是一种差压式流量计，其基本流量方程式来自伯努利原理（能量守恒和连续方程），通过楔块产生差压，该差压的平方根与流量成正比。楔形流量计的检测元件为V型的节流件，如图 3-41 所示。圆滑顶角朝下，有利于含悬浮颗粒的液体或黏稠的液体及脏污介质顺利通过，属于非标准类节流装置。楔形流量计由楔形传感器和差压变送器组成。有分体型安装和一体型安装两种结构。

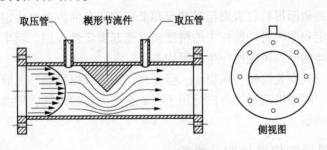

取压管　　楔形节流件　　取压管

侧视图

图 3-41　楔形节流装置

楔形流量计结构独特，不仅可用于黏滞性液体的流量测量，如测量燃油、渣油及重油等，也适用于含悬浮颗粒的液固混合物，如浆状流体、污水等的流量测量。雷诺数使用范围极广，除液体外，还可用于气体、蒸汽之类流体的流量测量。

3.3.10.3　阿牛巴流量计

阿牛巴流量计（又称威力巴流量计或笛形均速管流量计）是根据皮托管测速原理发展起来的一种新型差压式流量计，它输出差压信号，与差压变送器配套使用，可准确测量圆形管道、矩形管道中的多种液体、气体和蒸汽（过热蒸汽和饱和蒸汽）的流量，并以其精度高、压力损失小、安装方便等优点逐渐取代孔板和其他检测元件，在动力工业（包括核工业）、化学工业、石油和金属冶炼等工业中得到广泛应用。

阿牛巴流量计传感器的检测杆（也称均速管）结构如图 3-42 所示。是由一根中空的金属管组成，迎流面钻多对总压孔，它们分别处于各单元面积的中央，分别反映了各单元面积内

的流速大小。当流体流过均速管探头时，在其前部产生一个高压分布区，高压分布区的压力略高于管道的静压。由于各总压孔是相通的，传至检测杆中的各点总压值平均后，由总压引出管引至高压接头，送到传感器的正压室。根据伯努利方程原理，流体流过均速管探头时速度加快，在探头后部产生一个低压分布区，低压分布区的压力略低于管道的静压。流体从探头流过后在探头后部产生部分真空，并在探头的两侧出现旋涡。在传感器的背面或侧面设有检测孔，代表了整个截面的静压。经静压引出管由低压接头引至传感器的负压室。正、负压室压差的平方根与流量截面的平均流速成正比，以此可推算出流体的流量。

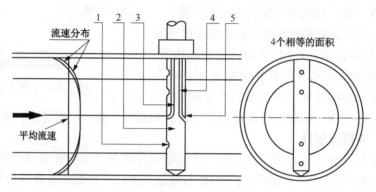

图 3-42　阿牛巴流量计传感器测量原理图

1—全压孔(迎流孔)；2—检测杆；3—总压均值管；4—静压引出管；5—静压孔

均速流量探头的截面形状、表面粗糙状况和低压取压孔的位置是决定探头性能的关键因素。低压信号的稳定和准确对均速探头的精度和性能起决定性作用。阿牛巴均速流量探头能精确地检测到由流体的平均速度所产生的平均差压。

阿牛巴流量计以其安装简便、压损小、强度高、不受磨损影响、无泄漏等优点而成为替代孔板的理想产品。阿牛巴流量计可广泛用于工矿企业的高炉煤气、压缩空气、蒸汽和其他液体、气体的流量测量。

3.3.11　流量检测仪表故障及排除

3.3.11.1　流量检测故障判断

如果出现流量指示不正常，应先了解工艺情况，如被测介质情况，机泵类型，简单工艺流程等，了解故障情况后，可以按照以下步骤分析流量控制仪表系统故障：

① 流量控制仪表系统指示值达到最小时，首先检查现场检测仪表，如果正常，则故障在显示仪表。如现场检测仪表指示也为最小时，则检查调节阀开度，若调节阀开度为零，则一般是调节阀到调节器之间的故障。当现场检测仪表指示最小，调节阀开度正常，故障原因很可能是系统压力不够、系统管路堵塞、泵的扬程不够、介质结晶、操作不当等原因造成。若是仪表方面的故障，原因可能有：孔板差压流量计正压引压导管堵塞；差压变送器正压室泄漏；机械式流量计齿轮卡死或过滤网堵塞等。

② 流量控制仪表系统指示值达到最大时，则检测仪表也常常会指示最大。此时可手动遥控调节阀开大或关小，如果流量能降下来则一般为工艺操作原因造成。若流量值降不下来，则是仪表系统的原因造成，检查流量控制仪表系统的调节阀是否动作；检查仪表测量引

压系统是否正常；检查仪表信号传送系统是否正常。

③ 流量控制仪表系统指示值波动较频繁，可将控制改到手动方式，如果波动减小，则是仪表方面的原因或是控制器 PID 控制参数不合适，如果波动仍频繁，则是工艺操作方面原因造成。

以电动差压变送器为例，判断变送器流量检测故障流程如图 3-43 所示。

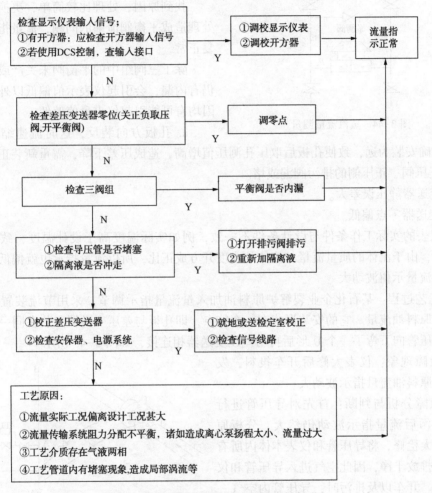

图 3-43　差压变送器流量检测故障判断流程

3.3.11.2　流量检测故障实例分析

（1）蒸汽流量指示偏低

① 工艺过程：某化工企业触媒再生装置加热蒸汽流量指示调节，采用节流装置（孔板）和差压变送器测量蒸汽流量，导压管配冷凝液罐，如图 3-44 所示。

② 故障现象：蒸汽流量指示慢慢往下跌，或者说流量指示不断地偏低。

③ 故障分析与判断：首先检查差压变送器的零位是否偏低、漂移，再检查取压系统，发现差压变送器的平衡阀有微量泄漏。由于平衡阀有泄漏，正压侧压力 p_1 通过平衡阀传递到负压侧，使负压侧压力 p_2 增加，造成压降 $\Delta p = p_1 - p_2$ 减小，指示偏低。因为是微量泄漏，Δp 下降很慢，所以流量指示表现为慢慢下跌。如泄漏量很大，则 $p_1 = p_2$，$\Delta p = 0$，流量指示

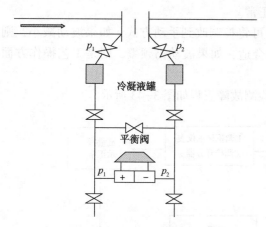

图 3-44　蒸汽流量测量

就为零了。另外，在孔板两边压差作用下导压管内的冷凝液会被冲走，虽然蒸汽冷凝会补充一些冷凝液，但速度慢，补偿不了冷凝液被冲走的量，这样造成正压导压管内冷凝液慢慢地下降，流量指示也慢慢地偏低。

找到原因，处理比较简单，更换平衡阀或处理造成平衡阀泄漏的问题，流量指示即可恢复正常。

除了三阀组中的平衡阀未关严或阀虽旋紧仍有内漏，会引起仪表示值偏低以外，下列原因均有可能引起仪表示值偏低。

a. 孔板方向装反，这时流速缩颈与孔板距离比正确安装为远，致使孔板后取压孔测压值增高，造成压差下降，需重新装正。

b. 正压阀、正压侧的排污阀漏或堵。

c. 变送器静压误差大。

d. 变送器零点偏低。

e. 仪表的实际工作条件与设计条件不一致，例如实际温度高于设计温度，致使流体的密度下降，由于流体的质量流量与流体的密度开方成正比，所以流量指示也就偏低。

（2）流量示值波动大

① 工艺过程：某石化企业裂解炉原料油加入量流量指示调节，采用节流装置配差压变送器测量原料油流量。它的安装形式有一个特点，即孔板与差压变送器安装在同一个水平高度，而导压管向下弯了一个 U 形后再与差压变送器相连接，如图 3-45 所示。

② 故障现象：仪表大修后开车投料，发现裂解炉原料油流量指示波动大。

③ 故障分析与判断：首先对导压管进行排污，排污后流量指示波动仍然大。分析原因：由于大检修，将导压管和仪表本体内所有原料油都排放干净，因此空气进入导压管和仪表表体中。开车以及排污时，导压管内空气一部分从排污阀 V_1、V_2 中排掉，另一部分通过差压变送器表体上的正负压室排气、排液孔中排除。从图 3-45 中可知，导压管 AB 段和 CD 段内的空气无法从 V_1、V_2 以及差压变送器本体排液、排气阀中排除，而积聚在导压管顶部。

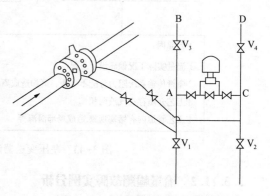

图 3-45　乙烯裂解原料油测量

由于空气可以压缩、具有弹性，当原料油压力作用在空气团上方时，它先受压缩然后膨胀，产生弹性振动，流量指示自然就波动不稳定了。

处理办法是通过顶部排气阀 V_3 和 V_4 进行排气，直至原料油连续排出而无气泡为止，关上排气阀 V_3 和 V_4，原料油流量指示恢复稳定。

现场运行中差压变送器怎样检查其工作是否正常呢？由于差压变送器的故障多是零点漂

移和导压管堵塞，所以在现场很少对刻度逐点校验，而是检查它的零点和变化趋势，具体方法如下：

a. 零点检查：关闭正、负压侧截止阀，打开平衡阀，此时电动差压变送器电流应为 4mA。

b. 变化趋势检查：零点检查结束后，各阀门恢复原来的开表状态，打开负压室的排污阀，这时电动差压变送器的输出应指示最大即为 20mA 以上；打开正压室排污阀，电动差压变送器输出应为最小，即为 4mA；若打开正或负侧排污阀时，被测介质排出很少或没有，说明导压管有堵塞现象，就要设法疏通。

（3）流量指示来回波动

① 故障现象：电磁流量计安装后流量计运行正常，测量准确度高，在使用一段时间后发现流量计显示有时会回零，而且显示值也有波动现象。

② 故障分析：经过现场检查发现因为电磁流量计为分体安装，传感器安装在竖井中，因为下雨的关系竖井中有很深积水，传感器经过长时间浸泡有潮气进入接线盒，导致励磁线圈与大地间绝缘电阻降低，以致流量计无法正常工作。

处理方法：将传感器处的接线盒打开，用电吹风把接线盒里的水汽烘干，使绝缘电阻大于 20MΩ，再用硅胶将接线盒进线口密封。

§3.4 物位检测及仪表

在生产过程中为了监控生产的正常和安全运行，保证物料平衡，经常需要对物位进行检测。物位是指存放在容器或工业设备中物料的位置高度，包括液位、界位和料位。液位指容器中液体介质的高低，界位指两种密度不同、互不相容的液体介质的分界面的高低，料位指设备或容器中固体或颗粒状物质的堆积高度。

3.4.1 物位检测方法

物位检测受到工业生产具体的工作条件、被测介质的物理化学性质的影响，检测物位的方法也是多种多样，如按检测原理来分可将物位检测方法分为直读式、差压式、浮力式、电气式、超声波式、核辐射式、光学式等。

（1）直读式

直接用与被测容器连接的玻璃管或玻璃板显示容器中液位的高低。是一种最简单最常见的方法。此方法准确可靠，但只能就地显示，且被测容器的压力不宜过高。

（2）差压式

利用流体静力学原理，将容器内已知液体的高度转变为静压力，通过测量压力（差压）来测量液位的大小。由于此方法比较简单，所以在化工生产中获得广泛应用。基于这种检测方法的液位计有差压式、吹气式液位计。

（3）浮力式

分为恒浮力和变浮力两种方法。恒浮力是基于浮子浮于液体中，高度随液位而变化；变浮力是基于浮子（沉筒）所受浮力随所浸没的液位的变化而改变的原理。基于这种检测方法的液位计有浮子式、沉筒式、磁翻板式等。

（4）电气式

通过置于被测介质中的敏感元件，将物位的变化转变成电量（如电阻、电容、电磁场等），这种方法既适于液位测量又可用于料位测量。如电容式物位计、电阻式液位计等。

（5）超声波式

利用超声波在气体、液体或固体中的衰减程度，穿透能力和辐射阻抗等各不相同的性质来测量物位。如超声波液位计等。

（6）核辐射式

利用 γ 射线通过物料时，强度随厚度变化的原理。

（7）光学式

利用物位对光波的遮断和反射原理工作，可以用的光源有普通白炽灯光和激光等。

3.4.2　差压式液位计

3.4.2.1　测量原理

通过测量液位高度产生的静压实现液位的测量，原理如图 3-46 所示。

设容器上部空间为干气体，压力为 p_B，选定的零液位处压力为 p_A，被测介质密度为 ρ_1，则

$$p_A = p_B + \rho_1 g H$$

零液位到液柱高 H 处所产生的静压力差 Δp 为

$$\Delta p = p_A - p_B = \rho_1 g H$$

当被测介质密度不变时，测量 Δp 就可以测出液位。

（1）压力式液位计

如果容器是敞开的，如图 3-47，可以用普通的压力表来测量液位。如需远传，可以用压力变送器。

安装时，液位计可直接与导压管进行连接，但如果要测量有腐蚀性或含有结晶颗粒以及黏度大、易凝固等液体的液位时，就要加装隔离罐，或用法兰式压力变送器。

需要注意的是当取压点与压力表不在同一水平时，应对其位置高度差引起的指示值误差进行修正，另外测量中应保持介质密度恒定。

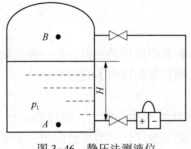

图 3-46　静压法测液位

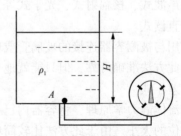

图 3-47　压力表测液位

（2）差压式液位计

测量敞开容器的液位时，差压变送器的负压室与大气"相通"，测出表压力即可知液位的高低。在有压力的密闭容器测量液位时，采用差压变送器，可消除气相压力的影响，如图

3-40。这时作用于正、负压室的压力差为

$$\Delta p = \rho_1 gH \tag{3-22}$$

由式(3-22)可见,差压变送器测得的差压与液位高度成正比。

3.4.2.2　零点迁移

零点迁移只是用于液位测量系统,由于现场液位计安装情况的不同,造成在液位为最低液位时,液位计指示不在零点(对于 DDZ-Ⅲ型差压变送器,输出应为 4mA),而是指示正或负的一个固定差压值,这个差压值称为迁移量。如果迁移量为正值,称系统正迁移;如果为负值,称系统负迁移;如果为零,则表示无迁移。

(1)无迁移

当差压变送器的正压室(或压力表进压口)与被侧液位的零位在一个水平线上时,如图 3-46 和图 3-47 所示,$\Delta p = \rho_1 gH$。对于 DDZ-Ⅲ型差压变送器,当 $H=0$ 时,差压信号 $\Delta p = 0$,变送器输出 $I = 4mA$;当 $H = H_{max}$ 时,差压信号 $\Delta p = \Delta p_{max}$,变送器输出 $I = 20mA$,不需要进行零点迁移。

(2)正迁移

实际测量中,由于安装条件的限制,差压变送器安装在液位基准面下方 h 处,如图 3-48 所示。差压与液位的关系为

$$\Delta p = \rho_1 gH + \rho_1 gh \tag{3-23}$$

当 $H=0$ 时,差压信号 Δp 将不为零,而是 $\Delta p = \rho_1 gh$,这就是说,当液位 H 为零时,差压变送器仍有一个固定差压 $\rho_1 gh$ 输入,变送器的输出将大于 4mA;为了保持差压变送器的零点与液位零点相一致,就要抵消这一固定差压的作用,即进行零点迁移。一般在差压变送器上设有迁移装置,通过调整迁移装置可以抵消 $\rho_1 gh$ 的作用。因为 $\rho_1 gh > 0$,所以称为正迁移。

(3)负迁移

在测量中,如果气相介质进入负压室后容易冷凝,会使负压室的液柱高度发生变化,从而引起测量误差,或如果测量介质具有腐蚀性,为防止腐蚀性介质进入变送器,需要在变送器的正负压室与取压口之间分别装上隔离罐,如图 3-49 所示。若隔离液密度为 ρ_2,则正、负压室压力 p_1、p_2 分别为

$$p_1 = \rho_1 gH + \rho_2 gh_1 + p_{气相}$$
$$p_2 = \rho_2 gh_2 + p_{气相}$$

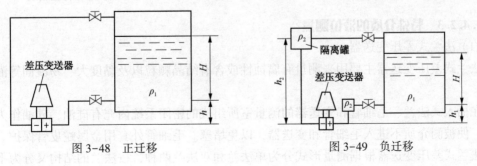

图 3-48　正迁移　　　　　　　　　图 3-49　负迁移

压力差为

$$\Delta p = p_1 - p_2 = \rho_1 gH + \rho_2 gh_1 - \rho_2 gh_2 = \rho_1 gH - \rho_2 g(h_2 - h_1) \tag{3-24}$$

当液位 H 为零时，差压变送器多了一项 $\rho_2 g(h_1-h_2)$，这一固定差压作用在负压室，使变送器的输出小于 4mA；因此，通过调整迁移装置可以抵消掉 $\rho_2 g(h_1-h_2)$ 的作用。因为 $\rho_2 g(h_1-h_2)<0$，所以称为负迁移。

变送器的正负迁移示意图，如图 3-50 所示。曲线 a 为无迁移，曲线 b 为正迁移，曲线 c 为负迁移。

例 3-4 有一台电Ⅲ型差压变送器，用来测量介质的液位，如图 3-43。已知：$H_{max}=0.5m$，$h_1=0.2m$，$h_2=0.7m$，$\rho_2=1200kg/m^3$，$\rho_1=1000kg/m^3$，求：液位计的测量范围、量程、迁移量各是多少？画出变送器的特性曲线。

解：由式(3-24)，当 $H=0$ 时

$$\Delta p = -\rho_2 g(h_2-h_1)$$
$$= -(0.7-0.2)\times1200\times9.81 = -5886Pa$$

当 $H=0.5m$ 时

$$\Delta p = \rho_1 gH - \rho_2 g(h_2-h_1)$$
$$= 0.5\times1000\times9.81-5886$$
$$= -981Pa$$

所以，液位计的测量范围为 $-5886 \sim -981Pa$，量程为 $[-981-(-5886)]=4905Pa$，迁移量为 5886Pa，变送器的特性曲线如图 3-51 所示。

从上述分析可知，正、负迁移的实质是通过迁移装置改变差压变送器的零点，即同时改变变送器的测量范围，但变送器的量程不变。在差压变送器产品手册中，通常注明是否带有迁移装置以及相应迁移量范围。

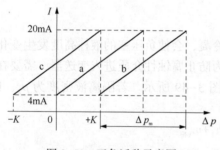

图 3-50　正负迁移示意图

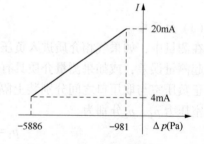

图 3-51　负迁移特性曲线

3.4.2.3 特殊介质的液位测量

（1）法兰式差压变送器

法兰式差压变送器主要用来测量有腐蚀性或含有结晶颗粒以及黏度大、易凝固等液体的液位。

在插入式法兰、毛细管和变送器的测量室所组成的密闭系统内充有硅油，硅油作为传压介质，使被测介质不进入毛细管和变送器，以免堵塞。毛细管外套用金属蛇皮管保护。

法兰式差压变送器根据测量形式分为单法兰和双法兰两种，按法兰的结构又分为平法兰和插入式法兰。单法兰差压变送器适于测量敞开容器的液位，而气相不易结晶的可选用平法兰，反之，则选用插入式法兰。如图 3-52 所示。

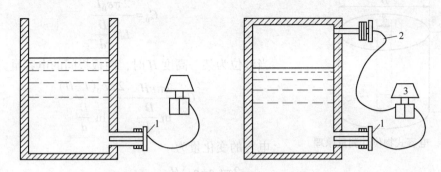

图 3-52 法兰式差压变送器

1—插入式法兰；2—毛细管；3—差压变送器

（2）吹气法测量

对于测量有腐蚀性、高黏度或含有结晶颗粒的液体的液位，也可以采用吹气法进行测量。如图 3-53 所示。在敞开容器中插入一根导管，压缩空气经过过滤器、减压阀、节流元件、转子流量计，最后由导管下端敞口处逸出。

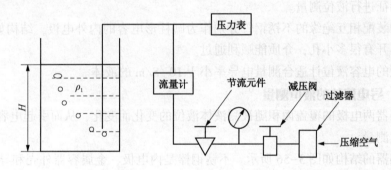

图 3-53 吹气法测量原理

压缩空气的压力根据被测液位的范围，由减压阀控制在某一数值上，调整节流元件，保证液位上升至最高点时，仍然有微量气泡从导管下端逸出。当液位上升或下降时，液封压力也随之升高或降低，导致从导管下端逸出的气量也要随之减少或增加。由于供气量恒定，当从导管排出的气体流量很小时，导管内气体压力基本上与导管口的液体压力相等，即导管内的压力随液封压力变化。因此，用压力表（或差压变送器）即可测量出液位的高度。

3.4.3 电容式物位计

3.4.3.1 测量原理

两同轴圆柱极板构成圆柱形电容器作为检测元件。如图 3-54 所示，设板极长度为 L，内、外电极的直径分别为 d、D，空气的介电常数为 ε_0，介质的介电常数为 ε_1，H 为被测液位。

当 $H=0$ 时，两板极间的电容量为

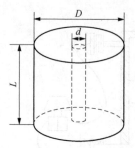

$$C_0 = \frac{2\pi\varepsilon_0 L}{LN\dfrac{D}{d}}$$

当液位为某一高度 H 时，两板极间的电容量为

$$C = \frac{2\pi\varepsilon H}{\ln\dfrac{D}{d}} + \frac{2\pi\varepsilon_0(L-H)}{\ln\dfrac{D}{d}}$$

图 3-54 电容式物位计测量原理   电容的变化量为

$$C_x = C - C_0 = \frac{2\pi(\varepsilon-\varepsilon_0)H}{\ln\dfrac{D}{d}} = KH \qquad (3-25)$$

由式(3-25)可知，当电容器的几何尺寸和介电常数保持不变时，电容的变化量 C_x 与被测液位 H 成正比，只要测出 C_x，就可知道液位的高度。

3.4.3.2 非导电液体的液位测量

利用被测液体液位变化时，两极之间的填充介质的介电常数发生变化，从而引起电容量的变化这一特征进行液位测量。

两根同轴装配相互绝缘的不锈钢管分别作为圆柱形电容的内外电极，结构如图 3-55 所示。外电极上开有很多小孔，介质能顺利通过。

这种类型的电容液位计适合测量电导率小于 10^{-2} S/m 的液体。

3.4.3.3 导电液体的液位测量

利用传感器两电极的覆盖面积随被测液体液位的变化而变化，从而引起电容量变化的关系，进行液位测量。

电容传感器的结构如图 3-56 所示。不锈钢棒是内电极，金属容器外壳和导电液体构成外电极，内外电极之间用聚四氟乙烯套管绝缘。

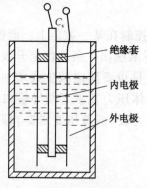

图 3-55 非导电液体的液位测量

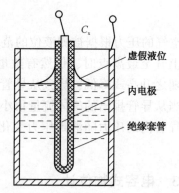

图 3-56 导电液体的液位测量

当液位上升时，两电极极板覆盖面积增大，电容量就增大，因此通过测量传感器的电容量大小，就可以获知被测液位的高度。

若介质是黏性导电液体，那么测量结果中将存在一个虚假液位，会影响仪表的测量精度，甚至使仪表不能工作。因此，这种类型的电容液位计不适于测量黏性导电介质。

3.4.4　超声波物位计

超声波在穿过介质(气体、液体、固体)时会被吸收而产生衰减，气体吸收最强，衰减最大，固体吸收最弱，衰减最小。当声波从一种介质向另一种介质传播时，在密度、声速不同的分界面上传播方向要发生改变，即一部分声波被反射，一部分声波折射入相邻介质内。如声波从液体或固体传播到气体，由于两种介质的密度相差悬殊，声波几乎全部被反射。因此，当置于容器底部的探头向液面发射短促的声脉冲波时，如图 3-57 所示，经过时间 t，探头便可接收到从液面反射回来的回波声脉冲。若设探头到液面的距离为 H，声波在液体中的传播速度为 v，则液位高度 H 与从发到收所用时间 t 之间的关系可表示为

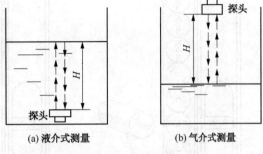

(a) 液介式测量　　(b) 气介式测量

图 3-57　超声波测量方法

$$H = \frac{1}{2}vt \qquad (3-26)$$

在声波传播速度 v 为已知的情况下，测出时间 t 即可知道液位高度。

根据传播介质的不同，有液介式如图 3-57(a)、气介式如图 3-57(b)和固介式，根据探头的工作方式，又有自发自收的单探头方式和收发分开的双探头方式，实际应用中可以相互组合得到不同的测量方案。雷达式液位计采用的就是气介式测量方法。

声波物位测量属于非接触式测量，特别适于腐蚀性、高压、有毒、高黏度等液体的液位测量，没有机械可动部件，寿命长，测量范围宽，但被测液体不能有气泡和悬浮物，液面要求平稳，探头不能承受高温，声速受到介质的温度、压力影响，电路复杂，造价较高。

3.4.5　核辐射式物位计

由放射源稳定地放射出的 γ 射线通过具有一定厚度的物料时，其中一部分射线被物料吸收，射线的透射强度随着通过的介质层厚度的增加呈指数规律衰减，剩余部分穿透物料，照射到接受器上，接受器输出的电信号大小反映了物料的多少。透射强度与介质层厚度的关系为

$$I = I_0 e^{-\mu H} \qquad (3-27)$$

式中，I_0、I 分别为物位高度为零和 H 时，探测处的辐射强度；μ 为介质对射线的吸收系数，随介质而变，固体最大，气体最小。

核辐射式物位计示意图如图 3-58 所示。

核辐射式物位计适用于高温、高压、强腐蚀、剧毒、有爆炸性、黏滞性、易结晶或沸腾状态的介质的物位测量，还可以测量高温融熔金属的液位。可在高温烟雾等环境下工作。但由于放射线对人体有害，使用范围受到一些限制。

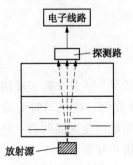

图 3-58　核辐射式物位计示意

3.4.6　磁翻板液位计

磁翻板液位计根据浮力原理和磁性耦合作用原理工作。结构如图 3-59 所示。

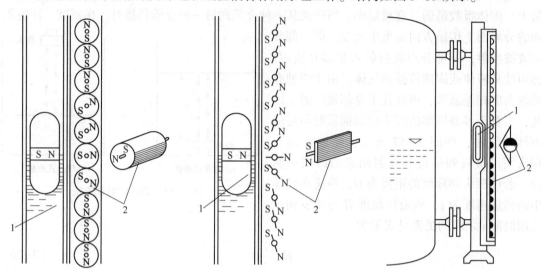

图 3-59　磁翻板液位计
1—内装磁铁的浮子；2—翻球

用非导磁的不锈钢制成的浮子室内装有带磁铁的浮子，浮子室与容器相连，紧贴浮子室壁装有带磁铁的红白两面分明的翻板或翻球的标尺。当被测容器中的液位升降时，液位计主导管中的浮子也随之升降，浮子内的永久磁钢通过磁耦合传递到现场指示器，驱动红、白翻板或翻球翻转 180°，当液位上升时，翻板或翻球由白色转为红色，当液位下降时，由红色转为白色，指示器的红、白界位处为容器内介质液位的实际高度，从而实现液位的指示。如果配合其他的开关和仪表则可更方便地实现远距离检测、控制和报警。

磁翻板液位计是一种新颖的现场检测仪表，具有指示直观、结构简单、测量范围大、不受容器高度的限制，可全面取代玻璃管(板)液位计用来测量密闭和敞开容器的液位。磁翻板液位计安装在容器的外侧或上面，特别适合用于高温、高压、强腐蚀性介质的场合。主体管采用无缝钢管，连接管处采用拉孔焊接，内部无划痕。主体下端密封形式可根据需要加装排污阀。

3.4.7　物位检测仪表故障及排除

3.4.7.1　液位检测故障判断

如某液位计指示不正常，偏高或偏低的话，首先要了解工艺状况、工艺介质，被测对象是蒸馏塔、反应釜，还是储罐(槽)、反应器。用浮筒液位计测量液位，往往同时配置玻璃液位计，工艺人员通常会以现场玻璃液位计为参照来判断电动浮筒液位变送器的指示是否偏高或偏低，因为玻璃液位计比较直观。液位控制仪表系统故障分析步骤如下：

① 液位控制仪表系统指示值变化到最大或最小时，可以先检查检测仪表是否正常，如指示正常，将液位控制改为手动方式遥控液位，看液位变化情况。如液位可以稳定在一定的

范围，则故障在液位控制系统；如无法控制液位，一般为工艺系统造成的故障，要从工艺方面查找原因。

② 差压式液位控制仪表指示和现场直读式指示仪表指示不一致时，首先检查现场直读式指示仪表是否正常，如指示正常，检查差压式液位仪表的负压导压管封液是否有渗漏；若有渗漏，重新灌封液位调零点；无渗漏，可能是仪表的负迁移量不正确，重新调整迁移量使仪表指示正常。

③ 液位控制仪表系统指示值变化波动频繁时，首先要从液面控制对象的容量大小来分析故障的原因，容量大一般是仪表故障造成，容量小首先要分析工艺操作情况是否有变化，如有变化很可能是工艺造成的波动频繁，如没有变化可能是仪表故障造成。

以电动浮筒液位变送器为检测仪表的液位检测故障判断流程如图 3-60 所示。

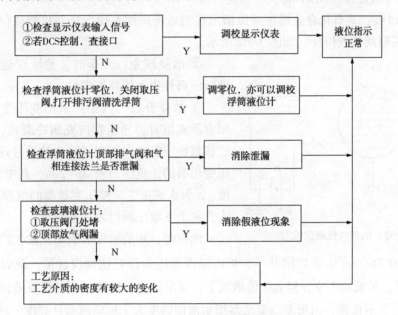

图 3-60　液位检测故障判断流程

3.4.7.2　液位检测故障实例分析

（1）两个液位计指示不一致

① 工艺过程：T-501 塔液位测量采用浮筒液位计，如图 3-61 所示。

② 故障现象：浮筒液位计指示 50%，而相同位置的玻璃板液位计指示已是满刻度。

③ 故障分析与判断：用浮筒液位计测量精馏塔的液位是常用的一种测量方法，在安装浮筒液位计的同时也常常安装玻璃板液位计，以便操作工在生产现场巡检时能比较直观地观察塔的液位。这种安装方法往往会出现两个仪表指示不一致的现象。出现这类故障，操作人员

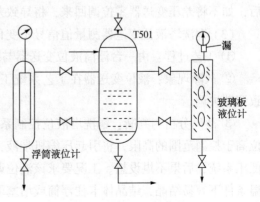

图 3-61　T-501 液位检测

往往会认为是浮筒液位计坏了，一般也首先检查浮筒液位计，关闭浮筒液位计取样阀，打开排污阀，检查零位，然后在外浮筒内加液，检查指示是否相应变化，对应刻度值，如不正确，加以校正。

针对此故障现象，首先检查浮筒液位计是否无故障，检查玻璃板液位计是否有堵塞情况，然后进行查漏试验，结果发现玻璃液面计顶部的压力计接头处漏，由于微量泄漏，造成压力计气相压力偏低，液面相对就上升了，造成玻璃板液位指示不正确。

处理方法是将气相压力表处接头拧紧不漏，仪表指示即恢复正常，两表指示一致。

还有一种情况，即玻璃板液位计取样阀处堵塞，当液位下降时，浮筒液位计指示随之下降，而玻璃板液位计由于取压阀门处堵塞，仪表内液位不变，造成两表指示不同。

（2）锅炉汽包液面指示不准

① 工艺过程：某石化企业锅炉液位指示控制系统采用差压变送器检测液位，同时在汽包另一侧安装玻璃板液位计，如图 3-62 所示。

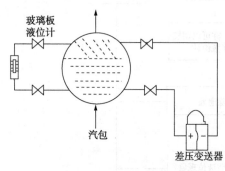

② 故障现象：开车时，差压变送器输出比玻璃板液面计指示值高很多。

③ 故障分析与判断：采用差压变送器检测密闭容器液位时，导压管内充满冷凝液，用 100% 负迁移将负压管内多于正压管内的液柱迁移掉，使差压变送器的正负压力差 $\Delta p = \rho g h$，其中，h 为液面高度，ρ 为水的密度。差压变送器的量程就是 $\rho g H$，H 为汽包上下取压阀门之间的距离。

图 3-62　锅炉汽包液位检测

调校时，水的密度取锅炉正常生产时沸腾状态的值，即 $\rho = 0.76\text{g/cm}^3$。锅炉刚开车，炉内温度和压力没有达到设计值，此时水的密度为 $\rho = 0.98\text{g/cm}^3$，虽液位不变，但 $\rho g h$ 值增大了，输出就相应增加。而玻璃板液位计只和 h 有关系，所以它指示正常，出现差压变送器指示液面高度大于玻璃液面计高度。这种情况是暂时的现象，过一段时间锅炉达到正常运行时，两表指示就能保持一致，不必加以处理。工艺人员也要清楚这种现象产生的原因，防止出现仪表工解释不清楚原因，而工艺人员又坚持要两表指示一致，这时仪表工将差压变送器零位下调，直至两表一致。待锅炉运行一段时间后，如不将差压变送器零位调回来，将导致差压变送器指示偏低。

（3）铜洗塔液位变送器测量值信号不变化

① 工艺过程：由一台浮筒液位变送器与控制室控制器组成铜洗塔液位调节系统。

② 故障现象：液位变送器在工艺系统工况变化时，常出现测量值信号不变化现象，导致调节失调。

③ 故障分析与判断：铜洗塔液位控制系统要保证铜洗塔液位控制在有效范围，如果液位高于控制范围的高限，将引起压缩机带液，如果液位低于控制范围低限，高压气体将进入低压系统，后果不堪设想。工况要求该液位调节系统必须灵、准、稳，但是铜铵液介质在低温条件下容易结晶，结晶体卡住浮筒或堵塞取样管，当液位变化时，变送器输出信号将不会变化，不能达到系统正常控制的目的。

④ 处理方法：

a. 更换高质量的大口径一次取压阀门；

b. 尽量缩短设备与浮筒的距离；

c. 在取压阀门和浮筒体周围安装蒸汽伴管保温，保温介质温度控制适当；

d. 在浮筒液位变送器旁装一就地变送器指示输出信号，在仪表工巡回检查时，观察液位变化情况。

§3.5　温度检测及仪表

温度是工业生产中既普遍又重要的操作参数，温度的测量和控制是保证生产过程正常进行，实现稳产、高产、安全、优质、低耗的重要参数。

温度是表征物体冷热程度的物理量。它标志着物质内部大量分子无规则运动的剧烈程度。温度越高，表示物体内部分子热运动越剧烈。

温度的数值表示方法称为温标。它规定了温度读数的起点（即零点）以及测量温度的单位。各类温度计的刻度均由温标确定。国际上规定的温标有摄氏温标、华氏温标、热力学温标、国际实用温标。我国法定计量单位已采用了国际实用温标。

国际实用温标的内容包括：温度单位的定义、定义固定温度点、复现固定温度点的方法。国际实用温标定义的温度单位是热力学温度为基本物理量（T），单位为 K。规定 1K 等于水的三相点温度的 1/273.16，一般温度可用开尔文（K）或摄氏度（℃）表示，关系为

$$t = T - 273.15 \tag{3-28}$$

3.5.1　温度检测方法

温度参数不能直接测量，一般只能根据物质的某些特性值与温度之间的函数关系，通过对这些特性参数的测量间接地获得。温度检测方法可以分为两类：接触式和非接触式测量方法。接触式测量是将测温元件直接与被测介质接触，通过热交换感知被测温度，测量测温元件的某一物理量的变化来测量温度。非接触式测量不与被测介质相接触，是通过测量辐射或对流来实现测量。

按测量原理的不同，温度检测方法有：

（1）利用物体的体积受热膨胀的原理

任何一种物体，受热以后特性参数都会发生变化，根据所用物体的不同，又分为液体式、气体式、固体式。

液体式就是利用被测液体的体积受热膨胀来测量温度，如玻璃管温度计等。气体式就是利用密封在固定容器（如温包）内的被测气体的压力受热变化来测量温度，如压力表式温度计等。固体式利用被测固体的体积受热膨胀来测量温度，如双金属温度计等。

（2）热电效应

将两种不同的金属两端分别焊接起来，就构成了一个回路，当两个接点端温度不同时，回路中就会产生电势，通过测量电势来测量温度。如热电偶温度计。

（3）利用导体或半导体电阻随温度变化

任何金属或非金属的电阻都会随温度而改变，利用这一原理来测量温度的仪表有热电阻温度计，常用的有铂电阻、铜电阻、热敏电阻温度计等。

按以上测量原理进行测量的都属于接触式仪表。

（4）利用物体的辐射能随温度变化

属于非接触式测温方法。任何物体都会向四周发射辐射能，其大小与被测介质的绝对温度的四次方成正比，通过测量介质发射的辐射能来测量温度。如热辐射温度计、光电高温计等。

3.5.2　膨胀式温度计

3.5.2.1　玻璃温度计

玻璃温度计由装有液体的温泡、毛细管和刻度标尺组成，如图 3-63 所示。

液体受热后体积膨胀和受热温度之间的关系为

$$\Delta V = \Delta V_液 - \Delta V_容 = V_0(\alpha - \alpha')\Delta t \tag{3-29}$$

式中，Δt 为温度的变化量；ΔV 为 Δt 引起液体体积的变化量；V_0 为温度 0℃时的液体体积；α、α' 分别为液体和盛液容器的体膨胀系数。

使用玻璃温度计时应注意以下几点：

① 要保证玻璃温度计与被测介质的接触时间和插入深度；

② 注意毛细现象引入的读数误差；

③ 不能在振动较大的环境下使用。

3.5.2.2　双金属温度计

双金属温度计根据感温元件的形状不同有平面螺旋型和直线型两大类。双金属温度计结构如图 3-64 所示。

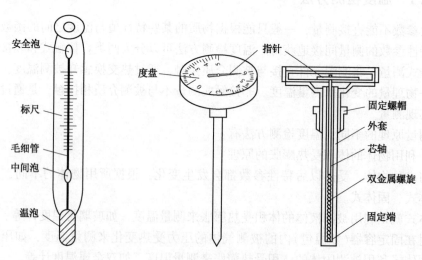

图 3-63　玻璃温度计　　　　图 3-64　双金属温度计结构

将感温元件不同线膨胀系数的两金属片叠焊在一起，双金属片受热后，由于两金属片的线膨胀系数不同而产生弯曲，如图 3-65 所示。温度越高，双金属片产生的弯曲角度越大。

双金属温度计将感温元件制成螺旋形,当温度变化时,螺旋的自由端便围绕着中心轴旋转,同时带动指针在刻度盘上指示出温度的数值。

图 3-66 是一种双金属温度开关的应用实例。当温度低于设定温度时,调整螺钉使双金属片与弹簧片接触,电源接通,电阻丝加热,温度上升。一旦温度达到设定值,双金属片向下弯曲,触点断开,切断电源。温度的控制范围可通过调整螺钉进行调整。

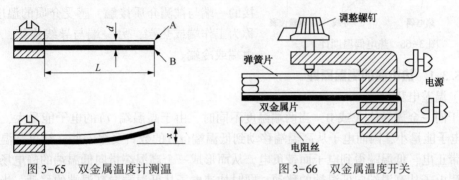

图 3-65　双金属温度计测温　　　　　　图 3-66　双金属温度开关

双金属温度计抗振性好,读数方便,其测温范围大致为-80~600℃,但精度不太高,精度等级通常为 1.5 级左右,只能用做一般的工业用仪表。

3.5.2.3　压力式温度计

利用封闭容器中的工作介质压力随温度变化来测量。

压力式温度计由温包、毛细管、弹簧管组成,如图 3-67 所示。温包感受温度变化,毛细管传递压力,弹簧管将压力转变成指针转角。

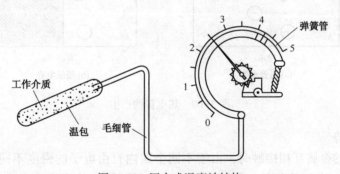

图 3-67　压力式温度计结构

根据温包中所充的工作介质不同,可以把压力式温度计分为气体压力式温度计、液体压力式温度计和蒸汽压力式温度计。

气体压力式温度计温包中充氮气,特点是温包大,线性好。

液体压力式温度计用二甲苯或甲醇作工作介质,特点是温包小,线性好。

蒸汽压力式温度计用低沸点液体丙酮或氯作工作介质,其饱和蒸气压随温度变化,饱和蒸气压与温度的关系为非线性,不适宜测量环境温度附近的介质温度。

3.5.3　热电偶温度计

热电偶温度计作为工业上最常用的温度检测仪表,以热电效应为测温的基础,以热电偶

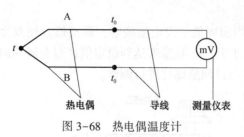

图 3-68　热电偶温度计

作为温度传感元件。具有测量精度高、性能稳定、结构简单、测量范围宽（500～1600℃）、响应时间快的特点，输出为电信号，可以远传，便于集中检测和自动控制。

　　热电偶温度计由热电偶、导线（补偿导线和铜导线）和测量仪表组成。构成如图 3-68 所示。焊接的一端与被测介质接触，感受介质的温度变化，称为工作端或热端，另一端与导线连接，称为自由端或冷端。

3.5.3.1　热电偶的测温原理

（1）温差电势

　　对于同一金属导体 A 或 B，当两端温度不同时，由于高温端（t）的电子能量大，低温端（t_0）的电子能量小，因而电子从高温端移动到低温端（t_0）的数目要多一些，结果高温端失去电子而带正电，低温端得到电子而带负电，从而形成一个高温端指向低温端的静电场，该静电场阻碍电子从高温端向低温端的移动，同时加速电子从低温端向高温端的移动。当从高温端向低温端移动的电子数等于从低温端向高温端移动的电子数时，达到动态平衡，则在高、低两端之间形成一个电位差，在导体内产生电动势，该电势称为温差电势，如图 3-69（a）所示。温差电势可表示为 $E_A(t,\ t_0)$ 或 $E_B(t,\ t_0)$。温差电势大小由材料的性质和两端点的温度决定，数值比较小，可忽略。

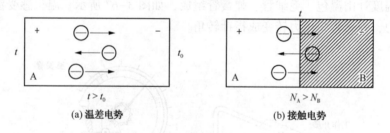

(a) 温差电势　　　　　　(b) 接触电势

图 3-69　热电势的产生

（2）接触电势

　　当两种不同的金属互相接触时，由于不同金属内自由电子的密度不同，设金属 A 的电子密度大于金属 B 的电子密度，在两金属 A 和 B 的接触点处会发生自由电子的扩散现象。自由电子将从密度大的金属 A 扩散到密度小的金属 B，使金属 A 失去电子带正电，金属 B 得到电子带负电，从而产生热电势，此热电势称为接触电势，如图 3-69（b）所示。接触电势表示为 $e_{AB}(t)$、$e_{AB}(t_0)$。

（3）回路总电势

　　将两根不同的导体 A、B 组成闭合回路，这样就形成两个接触电势 $E_{AB}(t)$、$E_{AB}(t_0)$ 和两个温差电势 $E_A(t,\ t_0)$、$E_B(t,\ t_0)$，各电势的方向如图 3-70 所示。由于温差电势较接触电势小得多，因此，回路总电势主要由接触电势的大小来决定。即

$$E_{AB}(t,\ t_0)=E_{AB}(t)+E_A(t,\ t_0)-E_B(t,\ t_0)-E_{AB}(t_0)$$
$$\approx E_{AB}(t)-E_{AB}(t_0) \tag{3-30}$$

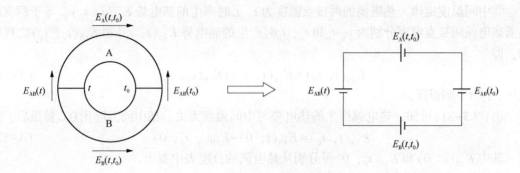

图 3-70 热电偶产生的回路总电势

由式(3-30)可知：

① 热电偶产生的回路热电势与所用材料的种类和两接点温度 t、t_0 有关，如果材料一定，热电势就是两接点温度的函数差；如果 t_0 保持不变，即 $E_{AB}(t_0)$ 为常数，则热电势 $E_{AB}(t, t_0)$ 只是温度 t 的单值函数，与热电偶的长度和粗细无关。通过测量热电势，即可测出温度的数值，这就是热电偶的测温原理。

② 热电偶产生的热电势是两接点温度的函数差，即热电势与温度之间不是线性关系，但工程上如果使用线性较好的热电偶的话，可以近似认为是温差的函数，即电势与温度之间近似成线性关系。

③ 在自由端温度为 0℃ 的条件下，把热电偶的热电势与工作端温度之间的关系制成表格，称为热电偶的分度表，不同材料的热电偶分度表不同，各材料的分度表见附录 3~附录 5。

④ 一般情况下，热电偶电子密度大的材料为正极，前标电极为正，电子密度小的材料为负极，后标电极为负。如果前标与后标调换位置，热电势前面加上一个"－"号，表示为：$E_{AB}(t, t_0) = -E_{BA}(t, t_0)$。如果热端温度 t 和冷端温度 t_0 调换位置，也应在热电势前面加上一个"－"号。

(4) 基本定律

① 均质导体定律　可以证明如果用同一种材料制成热电偶，那么产生的热电势为零。即热电偶必须由两种不同的均质材料制成。此外，此定律还可以检验热电极材料是否为均质材料。

② 中间导体定律　在热电偶回路中接入中间导体，只要中间导体的两端温度相同，则对热电偶的热电势没有影响。

利用热电偶来实际测温时，连接导线和显示仪表均可以看成是中间导体。只要保证中间导体各端点的温度相同，则它们的接入对热电偶的热电势不会产生影响，这对热电偶的实际应用十分重要。

同时，应用中间导体定律还可以采用开路热电偶对液态金属和金属壁面进行温度测量，即热电偶的工作端不焊接在一起，而是直接把两根电极插入熔融金属或焊接在被测金属壁面上。如图 3-71 所示。

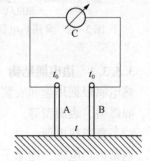

图 3-71　开路热电偶的应用

③中间温度定律　热电偶的两接点温度为 t、t_0 时产生的热电势 $E_{AB}(t, t_0)$，等于两支同性质热电偶两接点温度分别为 t、t_n 和 t_n、t_0 时产生的热电势 $E_{AB}(t, t_n)$ 和 $E_{AB}(t_n, t_0)$ 之代数和，即

$$E_{AB}(t, t_0) = E_{AB}(t, t_n) + E_{AB}(t_n, t_0) \tag{3-31}$$

式中，t_n 为中间温度。

由式（3-31）可知，热电偶产生的热电势与中间温度无关。把中间温度用0℃替换后，得

$$E_{AB}(t, t_0) = E_{AB}(t, 0) - E_{AB}(, t_0, 0) \tag{3-32}$$

其中 $E_{AB}(t, 0)$ 和 $E_{AB}(t_0, 0)$ 可分别从热电偶的分度表中查出。

3.5.3.2　常用热电偶

并不是所有的导体材料都能用来制成热电偶，工业上要求组成热电偶的材料必须是在测温范围内有稳定的物理与化学性质，产生的热电势要大，并与温度近似成线性关系，有良好的复现性和互换性。目前国际电工委员会制定了热电极材料的统一标准。表3-2为常用的标准型热电偶主要特性。

表 3-2　几种常用的标准型热电偶

热电偶名称	分度号	测温范围/℃		特点
		长期	短期	
铂铑-铂铑	B	300~1600	1800	性能稳定，热电势小，不用冷端修正，贵重，适用于氧化和中性介质
铂铑-铂	S	-20~1300	1600	性能稳定，热电势小，精度高，作标准表，适用于氧化和中性介质
镍铬-镍硅（铝）	K	-50~1000	1200	线性好，热电势大，便宜，应用广，适用于氧化和中性介质
镍铬-康铜	E	-40~600	900	价廉，热电势大，适用于氧化和弱还原性介质

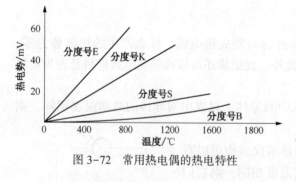

图 3-72　常用热电偶的热电特性

不同材质的热电偶，其热电势与温度的关系即热电特性不同，常用的标准型热电偶的热电特性如图3-72所示。

分度号是表示热电偶材料的标记符号，不同的热电偶所用材料不同，就有不同的分度号，如分度号S表示热电偶材料采用铂铑-铂，其中铂铑为正极（90%的铂与10%的铑的合成材料），铂为负极，其他类推。

3.5.3.3　热电偶结构

热电偶根据用途和安装位置不同，有不同的热电偶外形。按结构类型分为普通型、铠装型、隔爆型、表面型等。

（1）普通热电偶

通常由热电极、绝缘子、保护套管、接线盒四部分组成。如图3-73所示。

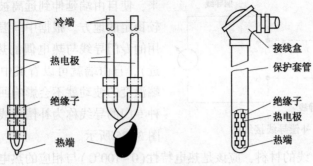

图 3-73　热电偶结构

绝缘子用于防止两根热电极短路，其材料取决于测温范围，结构有单孔、双孔及四孔管。

保护套管的作用是保护热电极不受化学腐蚀和机械损伤，其材质要求耐高温、耐腐蚀、不透气和具有较高的导热系数等。其结构有螺纹式和法兰式两种。热电偶加上保护套管后，动态特性会变慢，为减少测温的滞后，可在保护套管中加装传导良好的填充物。

接线盒用来连接热电极与补偿导线。通常用铝合金制成，一般分为普通型和密封型两种。

（2）铠装热电偶

铠装热电偶是由热电极、绝缘材料和金属套管经拉伸加工而成的组合体。在使用时可以根据测量需要进行弯曲，它可以做得很细、很长、最长可达 100m 以上，如图 3-74 所示。内部的热电偶丝与外界空气隔绝，有着良好的抗高温氧化、抗低温水蒸气冷凝、抗机械外力冲击的特性。测量端的热容量小，动态响应快，挠性好。

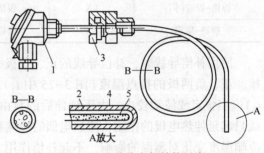

图 3-74　铠装热电偶结构示意
1—接线盒；2—金属套管；3—固定装置；
4—绝缘材料；5—热电极

（3）隔爆型热电偶

隔爆热电偶的接线盒在设计时采用防爆的特殊结构，它的接线盒是经过压铸而成的，有一定的厚度、隔爆空间，机构强度较高；采用螺纹隔爆接合面，并采用密封圈进行密封，因此，当接线盒内一旦放弧时，不会与外界环境的危险气体传爆，能达到预期的防爆、隔爆效果。常用于石油化工自控系统中。

（4）表面型热电偶

利用真空镀膜法将两电极材料蒸镀在绝缘基底上的薄膜热电偶，热容量很小，可对各种形状的固体表面温度进行动态测量，响应快，时间常数小于 0.01s。

3.5.3.4　补偿导线的选用

由热电偶的测温原理可知，热电偶只有在自由端（冷端）温度恒定的情况下。产生的热电势 $E_{AB}(t, t_0)$ 才与工作端（热端）温度 t 成单值的函数关系。但在实际工作中，由于热电偶的长度有限，自由端与工作端离得很近，而且自由端又暴露在大气中易受周围环境温度波动的影响，自由端温度难以保持恒定。因此，必须使用专门的导线，将热电偶的自由端延伸出

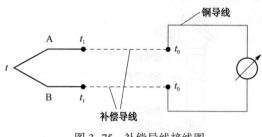

图 3-75　补偿导线接线图

来，使自由端延伸到远离被测对象且温度又比较稳定的地方。根据中间温度定律，如果所选用的专门导线与热电偶的热电特性相同（或相近），自由端就可以看成中间温度，那么自由端温度的波动就不会影响回路的总热电势。这种专门的导线称为补偿导线。补偿导线连接如图 3-75 所示。

用来作为补偿导线的材料，应该是热电特性（0~100℃）与相应的热电偶相同或相近，且材料价格比相应的热电偶低，来源比较丰富。常用热电偶的补偿导线见表 3-3。

表 3-3　常用热电偶的补偿导线

热电偶名称	补偿导线型号	补偿导线			
		正极		负极	
		材料	颜色	材料	颜色
铂铑-铂	SC	铜	红	铜镍	绿
镍铬-镍硅（铝）	KC	铜	红	康铜	蓝
镍铬-镍硅（铝）	KX	镍铬	红	镍硅	黑
镍铬-康铜	EX	镍铬	红	康铜	棕

使用补偿导线时，补偿导线的正、负极必须与所配套的热电偶的正、负极同名端对应连接。正、负两极的接点温度（图 3-75 中 t_1）应保持相同，延伸后的自由端温度（图 3-75 中 t_0）应当恒定或波动较小。由于延伸后的自由端温度并不是零度，必须指出，热电偶补偿导线只起延伸热电极的作用，使热电偶的冷端移动到控制室的仪表端子上，它本身并不能消除冷端温度变化对测温的影响，不起补偿作用。所以补偿导线的方法也称为热电偶冷端温度的部分（不完全）补偿法。

3.5.3.5　热电偶自由端温度补偿

补偿导线只是将热电偶的冷端从温度较高、波动较大的地方，延伸到温度较低，且相对稳定的操作室内，但冷端温度还不是 0℃。热电偶的冷端温度如果不是 0℃，会给测量带来误差。因为所有的显示仪表都是在冷端温度为 0℃ 进行刻度，且热电偶的分度表也是在冷端温度为 0℃ 时做出，温度变送器的输出信号又是根据分度表来确定的，因此，热电偶需要进行冷端温度补偿。常用的补偿方法有以下几种：

（1）冰点法（0℃ 恒温方法）

如图 3-76 所示，将热电偶的自由端浸入绝缘油试管中，再将试管置于装有冰水混合物（0℃）的恒温器中，这种方法多用于实验室。

（2）计算修正法

当热电偶的冷端温度，t_0 不为零时，如果热端温度为 t，这时测得的总热电势为 $E_{AB}(t, t_0)$，与冷端为 0℃ 时所测得的热电势 $E_{AB}(t, 0)$ 相比，少了 $E_{AB}(t_0, 0)$，只有对其进行修正，即加上 $E_{AB}(t_0, 0)$，得到的热电势才是真实的数值，即

$$E_{AB}(t, 0) = E_{AB}(t, t_0) + E_{AB}(t_0, 0)$$

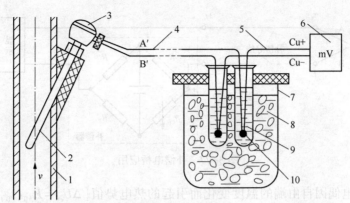

图 3-76 冰点法

1—被测流体管道；2—热电偶；3—接线盒；4—补偿导线；5—铜导线；

6—毫伏表；7—冰瓶；8—冰水混合物(0℃)；9—试管；10—新的冷端

其中 $E_{AB}(t_0, 0)$ 是热电偶的冷端温度对应的热电势，可从热电偶的分度表中查出。E_{AB} $(t, 0)$ 是热电偶的工作端温度相对于冷端温度为 0 ℃ 时对应的热电势。可根据其值的大小，从热电偶的分度表中查出工作端温度。

例 3-5 利用 K 型热电偶测温，热电偶冷端温度为 30℃，测得的热电势为 24.9mV，求被测介质的热端温度。

解：查 K 型热电偶的分度表，得

$E_{AB}(30, 0) = 1.203mV$，则

$$E_{AB}(t, , 0) = E_{AB}(t, t_0) + E_{AB}(t_0, 0)$$
$$= 24.9 + 1.203 = 26.103mV$$

反查分度表得 $t = 628.3℃$。

需要注意的是：由于热电偶所产生的热电势与温度之间不是线性关系，因此在冷端温度不为 0℃ 时，将所测得的热电势对应的温度值加上冷端的温度并不等于被测介质的热端温度。

计算修正法由于需要人工查表计算，使用时多有不便，特别是当热电偶冷端温度经常变动时，更是如此。故此法只能用于实验室热电偶校验或校验显示仪表的校验。

（3）校正仪表零点法

在自由端温度比较稳定的情况下，可预先将仪表的机械零点调整到相当于自由端温度的数值上，来补偿测量时仪表指示值的偏低。这种方法不够准确，但由于方法简单，常用于要求不高的场合。

（4）补偿电桥法（自由端温度补偿器）

利用不平衡电桥产生的不平衡电压来自动补偿热电偶因自由端的温度变化而引起的热电势值的变化。原理如图 3-77 所示。

设计补偿电桥在 20℃ 时，$R_1 = R_2 = R_3 = R_{cu}$，其中 R_1、R_2、R_3 为锰铜丝线绕电阻，温度系数很小，R_{cu} 为铜丝线绕电阻，有较大的正温度系数。此时电桥处于平衡状态，即桥路输出为零，对仪表读值无影响。此时要把显示仪表的机械零点调整到 20℃。

当环境温度高于 20℃ 时，R_{cu} 增大，R_{cu} 上的电压也增大，电桥失去平衡，电桥产生的不

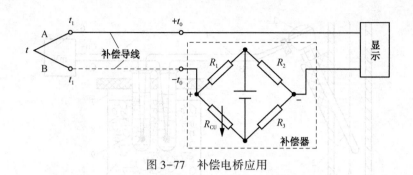

图 3-77　补偿电桥应用

平衡电压等于热电偶因自由端的温度变化而引起的热电势值 $[\Delta U_{cu}=E_{AB}(t_0,20)]$，正好补偿热电偶因自由端的温度上升而引起的热电势减小量。若适当选取桥臂电阻和电流值，可达到很好的补偿效果。这时输入到显示仪表的电势为

$$E_{AB}(t,20)=E_{AB}(t,t_0)+E_{AB}(t_0,20) \tag{3-33}$$

由式(3-33)可知，$E_{AB}(t,t_0)$ 随热电偶自由端温度 t_0 的增加而减小。$E_{AB}(t_0,20)$ 随热电偶自由端温度 t_0 的增加而增加。如果减小量等于增加量，两者可以互相抵消，就可以保证输入到显示仪表的电势 $E_{AB}(t,20)$ 不受自由端温度变化的影响。

如果设计补偿电桥在 0℃ 下平衡，则显示仪表的机械零点应调整到 0℃。

使用补偿电桥时应注意：补偿器与热电偶测量系统连接时，正负不能接错；且补偿器要与所配的热电偶同型号(分度号要一致)；自由端温度变化范围为 0~50℃。

3.5.4　热电阻温度计

热电阻温度计是利用导体或半导体的电阻值随温度变化而变化的特性来测量温度。其主要特点是低温段测量精度高，线性好，不用进行冷端温度补偿，工业上广泛应用热电阻温度计来测量 -200℃ ~ +500℃ 范围的温度。

热电阻温度计由热电阻(敏感元件)、显示仪表(不平衡电桥或平衡电桥)和连接导线(铜导线)组成。

3.5.4.1　热电阻的测温原理

导体或半导体的电阻值都有随温度变化的性质，实验证明，大多数金属导体当温度上升 1℃ 时，其电阻值会增加 0.4%~0.6%，而半导体当温度上升 1℃ 时，其电阻值会减少 3%~6%。

对于金属导体，电阻和温度之间的关系为

$$R_t=R_{t_0}[1+\alpha(t-t_0)]$$

或 $\qquad\qquad\qquad\qquad \Delta R_t=\alpha R_0\Delta t \tag{3-34}$

式中，ΔR_t 为温度变化 Δt 时电阻变化量；R_t 为温度为 t℃ 时的电阻值；R_{t_0} 为温度为 t_0℃ 时的电阻值；α 为电阻温度系数，随金属导体材料和温度变化，在某一温度范围可近似看成常数。

对于半导体，电阻和温度之间的关系为

$$R_T=Ae^{B/T} \tag{3-35}$$

式中，R_T 为热力学温度 T 时的电阻值；A、B 为常数，与半导体材料、结构有关。

热电阻温度计就是将温度的变化转变成电阻的变化，通过测量电路(电桥)转换成电压信号，进行远传显示、自动记录和控制。

3.5.4.2 热电阻的种类

并不是大多数金属导体或半导体材料都能用来制成测温用的热电阻。用来做热电阻的材料必须满足电阻温度系数，电阻率要大，物理、化学性能稳定，电阻和温度的关系接近线性，价格便宜等要求。

（1）铂热电阻

铂热电阻测温元件的特点是测量精度高、稳定性好、性能可靠。铂在氧化性介质中，甚至在高温下，其物理、化学性能都很稳定。但在还原性介质中，特别是在高温下，易被污染使其变脆，性能变差。因此必须用保护套管将电阻体与有害的介质隔开。

在 0~650℃ 范围内，铂的电阻和温度之间的关系为

$$R_t = R_0(1 + At + Bt^2) \tag{3-36}$$

在 -200~0℃ 范围内，铂的电阻和温度之间的关系为

$$R_t = [1 + At + Bt^2 + C(t-100)t^3] \tag{3-37}$$

式中，R_0 为温度 0℃ 时的电阻值；A、B、C 为常数，由实验确定：

$A = 3.950 \times 10^{-3}/℃$，$B = -5.850 \times 10^{-7}/(℃)^2$，$C = -4.22 \times 10^{-22}/(℃)^3$。

由式（3-36）或式（3-37）可知，不同的 R_0，电阻 R_t 和温度 t 之间的关系是不同的，在已知 R_0 的情况下，将电阻 R_t 和温度 t 之间的关系制成分度表。

常用的铂电阻 R_0 取值有两种：

① $R_0 = 10\Omega$，对应分度号为 Pt10；

② $R_0 = 100\Omega$，对应分度号为 Pt100，分度表见附录 6。

（2）铜热电阻

铜热电阻温度系数大，其电阻值与温度呈线性关系，易提纯，价格便宜，在 -50~150℃ 范围内，有很好的稳定性，但超过 150℃ 后，容易被氧化，失去线性特性，机械强度较低。

在 -50~150℃ 范围内，电阻和温度之间的关系为

$$R_t = R_0[1 + \alpha(t - t_0)] \tag{3-38}$$

式中，α 为铜的电阻温度系数（$4.25 \times 10^{-3}/℃$）。

常用的铜电阻 R_0 取值有两种：

① $R_0 = 50\Omega$，对应分度号为 Cu50，分度表见附录 7。

② $R_0 = 100\Omega$，对应分度号为 Cu100。

3.5.4.3 热电阻的结构

工业用热电阻的结构型式有普通型、铠装型和专用型等。

（1）普通型热电阻

普通型热电阻通常由电阻体(测温元件)、绝缘子、保护套管和接线盒组成。如图 3-78 所示。

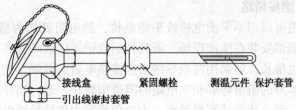

图 3-78 热电阻的结构

热电阻的电阻体将电阻丝采用无感双线绕制法，如图 3-79 所示。绕制在具有一定形状的支架上，目前支架有三种结构：平板形、圆柱形和螺旋形。一般情况，铂电阻体用平板形支架，如图 3-80(a) 所示，铜电阻体用圆柱形支架如图 3-80(b) 所示，而螺旋形支架作为标准或实验室用的铂电阻体支架。

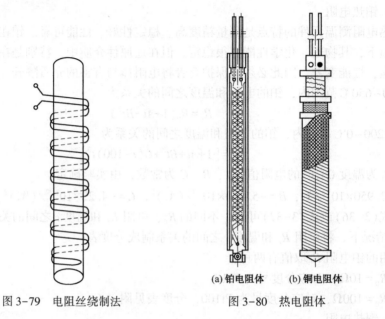

图 3-79　电阻丝绕制法　　　　　(a) 铂电阻体　(b) 铜电阻体
　　　　　　　　　　　　　　　　　　　图 3-80　热电阻体

（2）铠装热电阻

铠装热电阻是由感温元件（电阻体）、引线、绝缘材料、不锈钢套管组合而成的坚实体，它的外径一般为 2~8mm，最小可达 1mm。与普通型热电阻相比，它有下列优点：①体积小，内部无空气隙，热惯性、测量滞后小；②机械性能好、耐振，抗冲击；③能弯曲，便于安装；④使用寿命长。

（3）端面热电阻

端面热电阻感温元件由特殊处理的电阻丝材绕制，紧贴在温度计端面。它与一般轴向热电阻相比，能更正确和快速地反映被测端面的实际温度，适用于测量轴瓦和其他机件的端面温度。

（4）隔爆型热电阻

隔爆型热电阻通过特殊结构的接线盒，把其外壳内部爆炸性混合气体因受到火花或电弧等影响而发生的爆炸局限在接线盒内，生产现场不会引起爆炸。隔爆型热电阻可用于 Bla~B3c 级区内具有爆炸危险场所的温度测量。

3.5.4.4　热电阻测量桥路

测量热电阻的电路可以用不平衡电桥或平衡电桥，热电阻就作为桥路的一个桥壁电阻，工业上用的热电阻一般都安装在生产现场，而其指示或记录仪表则安装在控制室，其间的距离很长，需要的引线也很长，如果用两根导线来连接热电阻的两端，和热电阻一起接到一个桥臂上，这两根导线本身的阻值势必和热电阻的阻值串联一起，当环境温度变化时，连接导线电阻会发生变化，而直接造成测量误差。为避免或减少连接导线电阻对测温的影响，工业热电阻多采用三线制接法，如图 3-81 所示。

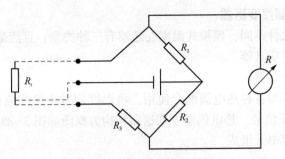

图 3-81　热电阻三线制接法

　　热电阻采用三根导线引出，一根连接电源，它不影响桥路平衡，另外两根引线分别连接到电桥相邻的两桥臂中，一根引线接在电桥的上支路桥臂，一根引线接在电桥的下支路桥臂，从而使引线电阻随温度变化对电桥的影响大致能相互抵消，也就减小了引线电阻对测量的影响。

　　需要注意的是：测量时，必须要保证三根引线电阻值相等（一般为 5Ω），实际应用时，实际测出引线的阻值后，不足的部分要加上一个固定电阻。如果采用平衡电桥来测量，对连接电源的那根引线阻值没有严格的要求。

3.5.4.5　半导体热敏电阻

　　利用半导体的电阻随温度显著变化的特性而制成。

　　半导体热敏电阻是某些金属氧化物按不同的配方比例烧结而成，在一定的范围内根据测量热敏电阻阻值的变化，便可知被测介质的温度变化。

　　半导体热敏电阻可分为三种类型，特性曲线如图 3-82 所示。

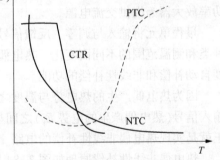

图 3-82　热敏电阻特性曲线

　　NTC 热敏电阻：具有负温度系数，它的电阻值与温度之间呈严格的负指数关系。

　　CTR 热敏电阻：具有负温度系数，但在某个温度范围电阻值急剧下降，曲线斜率在此区段特别陡峭，灵敏度极高。

　　PTC 热敏电阻：具有正温度系数，其特性曲线随温度升高而阻值增大。

　　CTR 和 PTC 最适合于温度开关。NTC 适合于做定量测量。

　　半导体热敏电阻具有温度系数大、灵敏度高、阻值大、便宜、体积小、反应快的优点，可用于温度测量、控制、温度补偿、稳压稳幅、过负荷保护、火灾报警以及红外探测等场合。

3.5.5　温度变送器

　　温度变送器与测温元件配合使用，将温度或温差信号转换成为标准的 4~20mA 或 1~5V 信号。温度变送器可以分为模拟式温度变送器和智能式温度变送器。

　　在结构上，有一体化结构和分体式结构之分。

3.5.5.1 模拟式温度变送器

根据所配的测温元件不同，模拟式温度变送器有三种类型：直流毫伏变送器、热电偶温度变送器和热电阻温度变送器。

（1）热电偶温度变送器

热电偶温度变送器与各种热电偶配合使用，将温度信号变换成成比例的 4~20mADC 电流信号和 1~5VDC 电压信号。热电偶温度变送器结构方框图如图 3-83 所示。热电偶温度变送器由放大单元和量程单元组成。

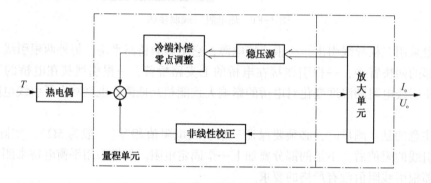

图 3-83　热电偶温度变送器结构方框图

放大单元是一个通用的部件，包括电压放大器、功率放大器、隔离输出电路及直流/交流/直流变换器。电压放大器将热电偶产生的 mV 级信号转变为 1~5V 电压信号，经功率放大器后，隔离输出 4~20mA。直流/交流/直流变换器的作用是为量程单元提供直流电源，为功率放大器等提供交流电源。

量程单元将输入与调零、反馈信号进行叠加后，送放大单元。量程单元随温度变送器的种类和测温范围的不同而变化。热电偶温度变送器的量程单元同时还具有热电偶的自由端温度自动补偿和非线性补偿的功能。

因为热电偶产生的热电势与温度之间是非线性关系，如果要使变送器的输出与变送器的输入信号（热电偶产生的电势 E_t）之间呈线性关系的话，就必须进行非线性补偿，非线性校正就是实现热电偶非线性补偿的电路。

热电偶非线性补偿原理如图 3-84 所示。

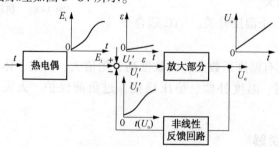

图 3-84　热电偶温度变送器非线性补偿电路

使反馈部分与传感器组件具有相同的非线性特性，即以反馈电路的非线性来补偿热电偶的非线性，使变送器输出电流与温度成线性关系。使用时如果测温范围变化，应重新调整反馈电路的非线性特性。

(2)热电阻温度变送器

与各种热电阻配合使用,可以将温度信号成比例地变换为 4~20mADC 电流信号和 1~5VDC 电压信号。热电阻温度变送器结构方框图如图 3-85 所示。除非线性补偿外,工作原理与热电偶温度变送器基本相同。

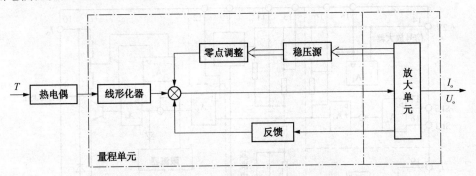

图 3-85 热电阻温度变送器结构方框图

热电阻非线性补偿原理如图 3-86 所示。

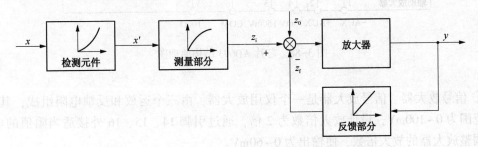

图 3-86 热电阻温度变送器非线性补偿原理图

图 3-86 中的测量部分与检测元件(热电阻)具有相反的非线性特性,即以测量部分电路的非线性来补偿热电阻的非线性,使变送器输出电流与温度成线性关系。

3.5.5.2 一体化温度变送器

一体化温度变送器将变送器模块和测温元件形成一个整体,可以直接安装在被测温度的工艺设备上,输出为标准统一信号。这种变送器具有体积小、重量轻、现场安装方便以及输出信号抗干扰能力强,便于远距离传输等优点,且对于测温元件采用热电偶的变送器,不必采用昂贵的补偿导线,可节省安装费用。

变送器模块大多数以一片专用变送器芯片为主,外接少量元器件构成。一体化温度变送器构成如图 3-87 所示。

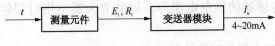

图 3-87 一体化温度变送器

（1）变送器芯片 AD693

可以直接接受传感器的直流低电平输入信号，并将其转换成 4~20mA 的直流输出电流。

变送器芯片 AD693 主要由信号放大器、U/I 变换器、基准电压源、辅助放大器等部分构成，如图 3-88 所示。

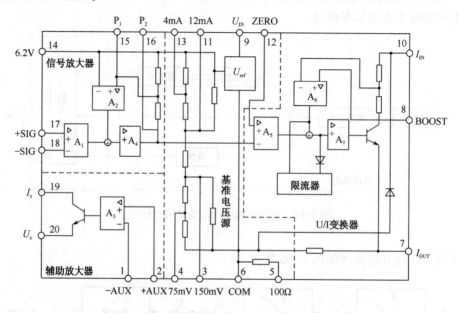

图 3-88　芯片 AD693 结构原理图

① 信号放大器　信号放大器是一个仪用放大器，由三个运放和反馈电阻组成，其输入信号范围为 0~100mV，设计放大倍数为 2 倍，通过引脚 14、15、16 外接适当阻值的电阻，可以调整放大器的放大倍数，使输出为 0~60mV。

② U/I 变换器　U/I 变换器将 0~60mV 的电压输入信号转换为 0~16mA 的电流输出信号，通过引脚 9、11~13，通过外接适当阻值的电阻或适当的连接方法，使输出为 4~20mA、0~20mA 或（12±8）mA。U/I 变换器中，还设置了输出电流限幅电路，使输出电流最大不超过 32mA。

③ 基准电压源　基准电压源由基准稳压电路和分压电路组成，通过将其输入引脚 9 与引脚 8 相连或外接适当的电压，可以输出 6.2V 及其他多种不同的基准电压，供零点调整、量程调整及用户使用。

④ 辅助放大器　辅助放大器是一个可以灵活使用的放大器，由运放和电流放大级组成，输出电流范围为 0.01~5mA。它主要作为信号调理用，另外也有多种用途，如作为输入桥路的供电电源、输入缓冲级和 U/I 变换器，提供大于或小于 6.2V 的基准电压，放大其他信号然后与主输入信号叠加；利用片内提供的 100Ω 和 75mV 或 150mV 的基准电压产生 0.75mA 或 1.5mA 的电流作为传感器的供电电流等。辅助放大器不用时须将同相输入端（引脚 2）接地。

（2）AD693 构成的热电偶温度变送器

AD693 构成的热电偶温度变送器的电路原理如图 3-89 所示。主要由热电偶、输入电路、AD693 等组成。

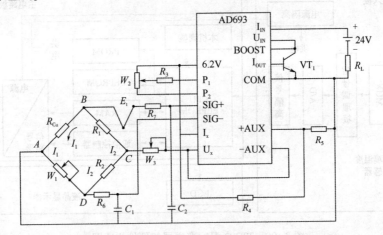

图 3-89　一体化热电偶温度变送器的电路原理

输入电路是一直流不平衡电桥，AD693 的输入信号 U_i 为热电偶所产生的热电势 E_t 与电桥的输出信号之代数和。由此可得变送器输出与输入之间的关系为

$$I_0 = KU_i = KE_t + KI_1(R_{Cu} - R_{W1}) \tag{3-39}$$

从式(3-39)可以看出：①变送器输出电流 I_0 与热电偶的热电势成正比关系；②利用 R_{Cu} 随温度变化，使变送器具有热电偶冷端温度补偿功能；③改变 R_{W1} 以实现变送器的零点调整和零点迁移；④改变转换系数 K，可以改变仪表的量程，通过调整电位器 W_2 来实现。

一体化温度变送器的特点是变送器直接从现场输出标准 4~20mA 信号，提高了长距离传输过程中的抗干扰能力，免去了补偿导线，节省了投资，变送器一般采用硅橡胶密封，不需要调整维护，耐震耐腐蚀，性能可靠，适用于多种恶劣环境。

3.5.5.3　智能式温度变送器

智能式温度变送器有采用 HART 协议通信方式，也有采用现场总线通信方式。特点是通用性强，量程比大，使用方便灵活，通过上位机或手持终端可进行远程参数调整(零点和满度值)和任意组态，具有各种补偿、控制、通信、自诊断功能。

下面以 TT302 温度变送器为例进行介绍。

TT302 温度变送器是一种符合 FF 通信协议的现场总线智能仪表，可接收毫伏(mV)信号，可与热电偶或热电阻配合使用，允许输入电压范围为 -50~500mV，电阻范围为 0~2000Ω。具有量程范围宽、精度高、环境温度和振动影响小、抗干扰能力强、安装维护方便等优点。TT302 温度变送器包括硬件部分和软件部分。

(1) TT302 温度变送器的硬件构成

TT302 温度变送器的硬件构成如图 3-90 所示。它包括输入板、主电路板、液晶显示器等。

① 输入板　作用是将输入信号转换成二进制的数字信号，传送给 CPU，并实现输入板与主电路板的隔离，温度传感器用于热电偶冷端温度补偿。

② 主电路板　是变送器的核心部分。CPU 控制整个仪表各组成部分的协调工作，完成数据传递、运算、处理、通信等功能。在 CPU 内部的 EEPROM 作为 RAM 备份使用，保存

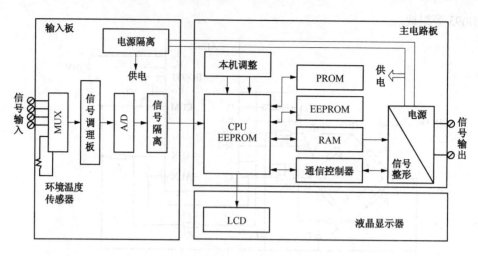

图 3-90 TT302 温度变送器的硬件构成图

标定、组态和辨识等重要数据，以保证变送器停电后来电能继续按原来设定状态进行工作。信号整形电路对发送和接收的信号进行滤波和预处理等。通信控制器实现物理层的功能，完成信息帧的编码和解码、帧校验、数据的发送与接收。

③ 液晶显示器 显示四位半数字和五位字母。

（2）TT302 温度变送器的软件构成

TT302 温度变送器的软件包括系统程序和功能模块两部分。

系统程序使硬件部分能正常工作，并实现所规定的功能，同时完成各组成部分之间的管理。功能模块提供了各种功能，用户可以选择所需要的功能模块以实现用户所要求的功能。

用户可以通过上位管理计算机或手持式组态器，对变送器进行远程组态，调用或删除功能模块，对于带有液晶显示的变送器，也可以使用磁性编程工具对变送器进行本地调整。

3.5.6 测温仪表的选用与安装

（1）工业温度计的选用

热电偶和热电阻都是工业上常用的测温元件，选用热电偶或热电阻时，应分析被测对象的温度变化范围及变化的快慢程度；被测对象是静止的还是运动的（移动或转动）。一般情况下，如果测量的温度较高，或被测温度变化较快、测量点温、表面温度时，选用热电偶比较合适，如果测温在 500℃ 以下（特别是 300℃ 以下）时，多数考虑选用热电阻。

另外，选用热电偶或热电阻，还要考虑仪表的精度、稳定性、变差及灵敏度，介质的性质（氧化性、还原性、防腐、防爆性）及测量周围的环境；输出信号是否远传，测温元件的体积大小及互换性；仪表防震、防冲击、抗干扰能力等。

（2）测温元件的安装

① 测量管道中介质温度时，应保证测温元件与流体充分接触，选择有代表性的测温位置，保证足够的插入深度，避免热辐射及外露部分的热损失。安装时，测温元件应迎着流动方向插入，如图 3-91（a）所示；至少与被测介质正交，如图 3-91（b）所示；不能与被测流体形成顺流，如图 3-91（c）所示。

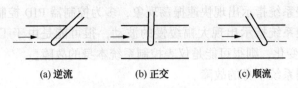

(a) 逆流   (b) 正交   (c) 顺流

图 3-91　测温元件安装示意图

②要有足够的插入深度，应尽量避免测温元件外露部分的热损失引起测量误差。

③安装水银温度计和热电偶，如果管道公称直径小于 50mm，以及安装热电阻温度计或双金属温度计的管道公称直径小于 80mm，应将温度计安装在加装的扩大管上，如图 3-92 所示。

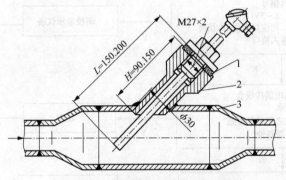

图 3-92　热电偶在扩大管上的安装
1—垫片；2—45°角连接头；3—扩大管

④ 测温元件的工作端应处于管道中流速最大之处，膨胀式温度计应使测温点的中心置于管道中心线上，热电偶、铂热电阻、铜热电阻保护套管的末端应分别越过流束中心线 5～10mm，50～70mm 和 25～30mm，压力表式温度计温包的中心应与管道中心线重合。

⑤ 热点偶和热电阻的接线盒应向下，以避雨水和其他液体渗入影响测量，热电偶处不得有强磁场；热电偶测量炉温时，避免测温元件与火焰直接接触。

⑥ 为减少测温的滞后，可在保护外套管与保护套管之间加装传热良好的填充物，如变压器油(<150℃)或铜屑、石英砂(>150℃)。

⑦ 测温元件安装在负压管道或设备中时，必须保证安装孔密封，以免外界冷空气进入，使读数降低。

3.5.7　温度检测仪表故障及排除

3.5.7.1　温度检测故障判断

在分析温度控制仪表系统故障时，如果出现温度指示不正常，出现偏高或偏低，或变化缓慢甚至不变化等现象，应注意温度测量系统的特点：即系统仪表多采用电动仪表测量、指示、控制；系统仪表的测量往往滞后较大。一般的温度控制仪表系统故障分析步骤如下：

① 温度仪表系统的指示值突然变到最大或最小，一般为仪表系统故障。因为温度仪表系统测量滞后较大，不会发生突然变化，此时的故障原因一般是热电偶、热电阻、补偿导线断线或变送器放大器失灵造成。

② 温度控制仪表系统指示出现快速振荡现象，多为控制器 PID 控制参数调整不当造成。

③ 温度控制仪表系统指示出现大幅缓慢的波动，很可能是由于工艺操作变化引起的，如当时工艺操作没有变化，则很可能是仪表控制系统本身的故障。

④ 检查温度控制系统本身的故障。

以热电偶测量元件为例，介绍具体的故障判断方法。

先了解工艺状况，了解被测介质的情况及仪表安装位置，热电偶的安装是处于气相还是液相位置。如果是正常生产过程中的故障，不是新安装热电偶的话，就可以排除热电偶和补偿导线极性接反、热电偶或补偿导线不配套等因素。排除上述因素后，可以按图 3-93 所示的思路逐步进行判断和检查。

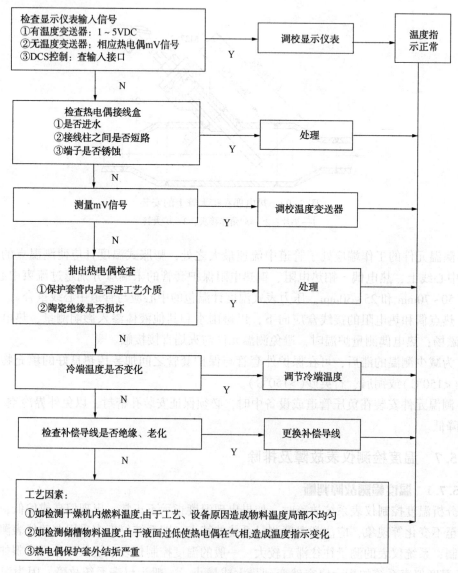

图 3-93　温度检测故障判断流程

3.5.7.2 温度检测故障及排除

（1）热电偶测温元件的故障原因及处理方法

热电偶测温元件的故障原因及处理方法如表 3-4 所示。

表 3-4 热电偶测温元件的故障原因及处理方法

故障现象	故障原因	处理方法
热电势比实际值小	短路	经检查若是由于潮湿引起，可烘干；若是由于瓷管绝缘不良，则应予以更换
	热电偶接线盒内接线柱间短路	打开接线盒，把接线板刷干净
	补偿导线因绝缘烧坏而短路	将短路处重新绝缘或更换新的补偿导线
	补偿导线与热电偶不匹配	更换成同类型的补偿导线
	补偿导线与热电偶极性接反	重新接正确
	插入深度不够和安装位置不对	改变安装位置和插入深度
	热电偶冷端温度过高	热电偶连接导线换成补偿线，使冷端移开高温区
热电势比实际大	补偿导线与热电偶型号不匹配	更换相同型号的补偿导线
	插入深度不够或安装位置不对	改变安装位置或插入深度
	热电极变质	更换热电偶
	有干扰信号进入	检查干扰源，并予以消除
	热电偶参考端温度偏高	调整参考端温度或进行修正
测量仪表指示不稳定，时有时无，时高时低	热电极在接线柱处接触不良	重新接好
	热电偶有断续短路或断续接地现象	将热电极从保护管中取出，找出故障并予以消除
	热电极已断或似断非断	更换新电极
	热电偶安装不牢固，发生摆动	安装牢固
	补偿导线有接地或断续短路现象	找出故障点并予以消除
热电偶电势误差大	热电极变质	更换热电偶
	热电偶的安装位置与安装方法不当	改变安装位置与安装方法
	热电偶保护套管的表面积垢过多	进行清理
	测量线路短路（热电偶和补偿导线）	将短路处重新更换绝缘
	热电偶回路断线	找到断线处，并重新连接
	接线柱松动	拧紧接线柱

（2）热电阻测温元件的故障原因及处理方法

工业热电阻的常见故障是工业热电阻断路和短路。一般断路更常见，这是因为热电阻丝较细所致。断路和短路是很容易判断的，可用万用表的"×1Ω"档，如测得的阻值小

于 R_0，则可能有短路的情况；若万用表指示为无穷大，则可判定电阻体已断路。电阻体短路一般较易处理，只要不影响电阻丝长短和粗细，找到短路处进行吹干，加强绝缘即可。电阻体断路修理必须要改变电阻丝的长短而影响电阻值，为此以更换新的电阻体为好，若采用焊接修理，焊接后要校验合格后才能使用。热电阻测温元件的故障原因及处理方法如表 3-5 所示。

表 3-5　热电阻测温元件的故障原因及处理方法

故障现象	故障原因	处理方法
仪表指示值比实际温度低或指示不稳定	保护管内有积水	清理保护管内的积水并将潮湿部分加以干燥处理
	接线盒上有金属屑或灰尘	清除接线盒上的金属屑或灰尘
	热电阻丝之间短路或接地	用万用表检查热电阻短路或接地部位，并加以消除，如短路应更换
仪表指示最大值	热电阻断路	用万用表检查断路部位并予以消除
		如连接导线断开，应予以修复或更换
		如热电阻本身断路，应更换
仪表指示最小值	热电阻短路	用万用表检查短路部位，若是热电阻短路，则应修复或更换
		若是连接导线短路，则应处理或更换

3.5.7.3　温度检测故障实例分析

（1）控制室温度指示比现场温度指示低

① 工艺过程：温度指示调节系统，采用热电偶作为测温元件。除热电偶测温外，在装置上采用双金属温度计进行就地指示。

② 故障现象：温度调节系统指示和双金属温度计就地指示不符，控制室温度指示比现场温度指示低 50℃。

③ 故障分析与判断：双金属温度计比较简单、直观，故障率极低；所以先从温度调节系统着手，在现场热电偶端子处测量热电势值，对照相应温度，如果温度偏低，说明不是调节器指示系统有故障，问题出在热电偶测温元件上。抽出热电偶，发现在热电偶保护套管内有积水，积水造成下端短路，一则热电势减小，二则热电偶测量温度是点温，即热电偶测温点的温度，由于有积水，积水部分短路，造成热电偶测量点变动，引起测量温度变化。

处理方法是将保护套管内的水分充分擦干或用仪表气源吹干，热电偶在烘箱内烘干后再安装，重新安装后要注意热电偶接线盒的密封和补偿导线的接线要求，防止雨水再次进入保护套管内。

（2）温度指示为零

① 工艺过程：温度指示系统，采用热电偶作为测温元件，用温度变送器把信号转变成标准的 4~20mA 信号送给 DCS 显示。

② 故障现象：DCS 系统上温度显示为零。

③ 故障分析与判断：首先对 DCS 系统的模块输入信号进行检查，测得输入信号为

4mA，这说明温度变送器的输出信号为 4mA。为了进一步判断故障是在温度变送器还是在测温元件，先对热电偶的热电势信号进行测量，从测得的热电势信号来判断，测温元件是否有问题；否则，就说明温度变送器存在故障。由于温度变送器存在故障导致温度变送器的输出为 4mA，致使温度在 DCS 系统上显示值为零。

处理方法：找到问题，其处理方法就是把温度变送器送检修理，如送检后不能修复，唯一的方法就是更换一台温度变送器。

（3）温度指示偏低，且变化滞缓

① 工艺过程：裂解炉出口温度指示控制 TIC-202 用热电偶作为测量元件，用改变燃料量来控制出口温度。

② 故障现象：TIC-202 温度指示偏低，当改变调节阀开度增加燃料油流量时，温度指示变化迟钝。

③ 故障分析与判断：温度控制系统出现这样的故障现象比较难以判断，控制系统调节不灵敏有许多因素，如：控制器的控制参数调整不合适，比例 P 和微分 D 控制作用不够；控制阀的调节裕量不够，如工艺负荷增加了，阀门尺寸没有变，调节阀就显得小了或调节阀有卡堵现象等；再者是测温元件滞后，造成控制系统不灵敏。经过检查发现热电偶芯长度不够，没有插到保护套管顶部，如图 3-94 所示，这样造成热电偶和套管顶部之间有一段空隙，由于空气热阻大，传热性能差，使套管内温度分布不均匀，那么 A 点和 B 点的温度就会有差

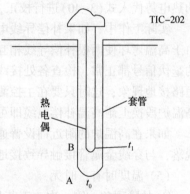

图 3-94　TIC-202 测温热电偶

异，造成很大的测量滞后；测量滞后大的测量系统一般 PID 调节器是很难改善调节品质的，所以出现温度变化迟钝等现象。再者，套管端点温度通过空气层传递到热电偶热端时，有热量损失，热电偶热端温度要低于保护套管顶部温度，所以温度指示偏低。

处理办法是按保护套管插入深度配置热电偶长度，使热电偶热端一直插到保护套管顶部，直到相碰为止。处理完后，温度指示正常，调节系统品质指标亦改善了。

（4）大量的温度测量指示偏低

① 工艺过程：某化工企业装置内有大批温度控制系统，用热电偶作为测温元件，经过温度变送器将信号传送至单回路控制器。

② 故障现象：仪表大修后投运，发现大量的温度测量指示偏低。

③ 故障分析与判断：仪表在大修时都校正过，但是出现大批的指示偏低现象，分析原因如下：采用热电偶作为测温元件，存在补偿导线和冷端补偿问题。对于大批量仪表指示偏低，冷端补偿处理不好的可能性极大。

设温度变送器输入信号为 V_0，它等于热电偶相应温度产生的热电势 E_1 减去冷端温度（环境温度）所产生的热电势 E_2（也称室温电势），即：

$$V_0 = E_1 - E_2 \tag{3-40}$$

冷端温度（或称室温）不同地点有不同温度。正确的环境温度是室温，即补偿电阻所在

的环境温度。对于温度变送器而言，环境温度就是温度变送器接线端子板小盒中的温度，它所产生的室温电势记为 E_{20}。

在大修校正温度变送器时，由于控制室有空调，环境温度比较低，它产生的室温电势记为 E_{21}，若考虑冷端补偿时采用 E_{21} 的值，由式(3-40)可得：

$$V_{01} = E_1 - E_{21}$$

而仪表正常运行时，室温电势应为 E_{20}，即：

$$V_{00} = E_1 - E_{20}$$

因 $E_{21} < E_{20}$，所以 $V_{01} > V_{00}$，如果发现温度变送器输出偏高，硬将温度变送器零位调下来，待实际投用时，则温度指示偏低了。

处理方法是实际测得温度变送器室温补偿电阻处的温度。具体办法是把温度计伸入到端子接线板小盒内，并用绝热材料包好，避免冷风吹，测得环境温度，用测得的环境温度相应的热电势代入式(3-40)进行校正，经过校正的读数就比较精确了。

实际工作中，如果补偿导线电缆穿线管距离某炉太近的话，补偿电缆中的补偿导线也会由于高温烤坏使两根补偿导线相互短接，导致在主控测量到的信号偏低，而现场热电偶产生的毫伏信号都正常，检查各处接线端子均接触良好，用万用表测量接地电阻，也没有发现有短路接地现象；这时只要在主控测量现场电缆电阻就会发现补偿导线已经短路，此时在靠近高温炉段换上耐高温补偿电缆即可。

如果在高温炉的附近铺设普通的补偿电缆，其绝缘层长期处于高温环境中，易老化变脆脱落，与穿线金属管接触导致接地，或两根电缆相互短接都会造成测量失真。

（5）温度时有，时无

① 故障现象：第一次，工艺显示该点无指示，现场检测后发现镍-康铜热电偶接线生锈，刮亮后恢复显示；第二次，工艺又显示该点无指示了，显示温度时有，时无，最后现场测量热电偶完全无显示。

② 故障分析及处理：热电偶热端处于似断非断状态，致使信号时有时无，换上一支新热电偶即可。

（6）温度指示不会变化

① 工艺过程：硫酸焚硫炉温度指示，共有三点温度分别来测量炉头、炉中、炉尾温度，用热电偶作为测温元件，信号直接送 DCS 系统显示。

② 故障现象：三点温度中有一点温度指示不会变化，而其他两点温度指示正常。

③ 故障分析与判断：三点温度同时测量焚硫炉温度，其中两点正常，而另外一点示值不会变化，说明该点温度的示值确实存在问题。首先在盘后测量该点温度的热电势信号，从测得的值来看，热电偶不存在问题，再对现场的热电偶进行检查，也没有发现问题。为了进一步确认，把该点温度接至显示正常的另外两点温度的通道上，温度指示正常。这说明该点温度的测温元件没有问题，问题出在模块输入通道或系统组态上。在随后对系统组态检查时，发现该点温度的组态模块输出参数处于手动状态。由于组态模块输出参数处于手动状态，致使模块输出值一直保持不变，导致该温度指示值不会变化。

处理方法：找到问题，把组态模块输出参数置于自动状态，问题得到解决，温度指示恢复正常。

§3.6 成分检测及仪表

3.6.1 概述

成分是指在多种物质的混合物中某一种物质所占的比例。在工业生产过程中，经常需要对物质的成分进行在线实时或离线检测，以便进行在线控制或离线分析各种物料的物理化学特性。例如在合成氨生产中，仅仅控制合成塔的温度、压力、流量并不能保证最高的合成效率，必须同时分析进气的化学成分，控制合成塔中氢气与氮气的最佳比例，才能获得较高的生产率。成分检测主要用于产品质量监督、工艺监督、安全生产、节约能源。

（1）成分检测仪表分类

成分检测项目繁杂，被测物料多种多样，按照工作原理分类主要有以下几种：

① 热学式　如热导式气体分析仪、热化学式气体分析仪等；

② 磁学式如热磁对流式、磁力机械式氧分析仪等；

③ 光学式　如红外线气体分析仪、光电比色式分析器等；

④ 电化学式　如氧化锆氧分析仪、电导式气体分析器等；

⑤ 色谱式　如气相、液相色谱仪等。

（2）工业成分检测仪表的构成

一般的工业成分仪表主要由以下几部分构成，如图 3-95 所示。

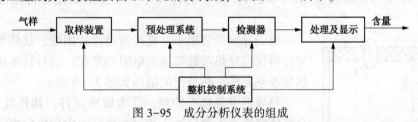

图 3-95　成分分析仪表的组成

① 取样及预处理系统　预处理是被测样品进入分析仪器之前需要进行的一项工作，是确保成分检测仪表正常工作的关键部分。预处理系统主要由取样、过滤、温度、压力、流量控制装置和其他辅助设备组成，具有针对性和专用性。对系统的要求是稳定、可靠。目前已向模块化、自动化和集成化方向发展。

② 检测器　又称传感器，是成分检测仪表的主要部分，它的任务是把被检测物质的成分含量或物理性质转换为电信号。不同分析仪器具有不同形式的检测器，成分检测仪表的技术性能主要取决于检测器。

③ 信息处理系统　信息处理系统的作用是对检测器输出的微弱电信号做进一步处理，如对信号进行放大、线性化等处理后，最终变换为标准统一的信号（4~20mA）送显示装置。

④ 显示装置　显示检测结果，一般有模拟显示、数值显示或屏幕图像显示，有的可与计算机联机。

⑤ 整机控制系统　控制各部分自动而协调地工作。如每个分析周期进行自动调零、校准、采样分析、显示等循环过程。

3.6.2　热导式气体成分分析仪

热导式气体成分分析仪是一种结构简单、性能稳定、价廉、技术上较为成熟的仪器。可用于气体浓度的在线检测，被广泛应用于石油化工生产。热导式气体成分检测是利用混合气体的总导热系数随待分析气体的含量不同而改变的原理制成。不同的气体有不同的导热系数，混合气体的总导热系数是各组分导热系数的平均值。常见气体的相对导热系数，见表3-6。

表3-6　常见气体的相对导热系数

气体名称	导热系数	气体名称	导热系数	气体名称	导热系数
氢	7.15	一氧化碳	0.96	氮	0.996
氧	1.013	二氧化碳	0.606	氯	0.323
甲烷	1.25	氨	0.897	氩	0.685
空气	1.00	二氧化硫	0.35	氖	1.991

从表3-3可以看出，氢气的导热系数最大，是空气的7倍多。在测量中必须满足两个条件：第一，待测组分的导热系数与混合气体中其他组分的导热系数相差要大，越大越灵敏。第二，其他各组分的导热系数要相等或十分接近。如果不能满足这两个条件，应采取相应措施对气样进行预处理（又称净化），使其满足以上两个条件。这样混合气体的导热系数随待测组分的体积含量而变化。因此只要测出混合气体的导热系数便可得知待测组分的含量。

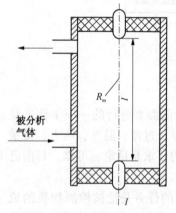

图3-96　热导式气体成分
分析仪热导池的结构

由于导热系数很小，直接测定比较困难，故热导式气体成分分析仪将导热系数转换为电阻的变化，这种转换由检测器即热导池来完成。热导池的结构如图3-96所示。

热导池中悬挂有铂丝，作为敏感元件，其长度为l，将混合气体缓慢送入热导池，通过在热导池内用恒定电流加热的铂丝，铂丝的平衡温度将取决于混合气体的导热系数，即待测组分的含量。例如，若待测组分为氢气，则当氢气的百分含量增加后，铂丝周围的气体导热系数升高，铂丝的平衡温度将降低，电阻值则减少，利用不平衡电桥即可将电阻值的变化转换成输出电压。

不平衡电桥有单臂和双臂两种结构，双臂不平衡电桥上相对桥臂上连接两个热导池，输入被分析气体，另外两个相对桥臂上连接两个密封热导池，里面装有参比样气，双臂电桥精度和灵敏度都比单臂电桥的要高。热导式成分分析仪对气体的压力波动、流量波动十分敏感，介质中水汽、颗粒等杂质对测量影响也较大，分析之前应对待测气体进行预处理。热导式气体成分分析仪还可用于氢气、二氧化碳、二氧化硫、氨等成分分析。

3.6.3 磁导式含氧量检测仪表

磁导式含氧量检测是利用被分析气体中氧气的磁化率特别高这一物理特性来测定被分析气体中的含氧量。从表 3-7 可以看出，氧的磁化率最高且为正值。即氧气为顺磁性气体(气体能被磁场所吸引的称为顺磁性气体)。热磁式氧气分析仪主要是利用氧的磁特性工作的。

表 3-7　常见气体相对磁化率

气体名称	氧	空气	一氧化氮	二氧化氮	氦	氢	氖	氮	水蒸气	二氧化碳	甲烷
相对磁化率	+100	+21.1	+36.2	+6.16	-0.06	-0.11	-0.22	-0.4	-0.4	-0.57	-0.68

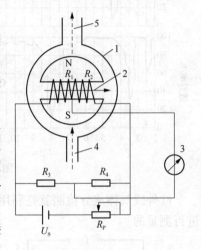

热磁式氧气分析仪中的检测部件是发送器，在经过了一系列复杂的变换过程后，最终将混合气体中氧含量的变化转换为电信号的变化。发送器的结构如图 3-97 所示。发送器是一个中间有通道的环形气室。被测气体由下部进入，到环形气室后沿两侧往上走，最后由上部出口排出。当中间通道上不加磁场时，两侧的气流是对称的，中间通道无气体流动。在中间通道外面，均匀地绕以热电阻丝(常用铂丝)，它既起加热中间通道的作用，同时也起温度的敏感元件作用。电阻丝的中间有一根抽头，把电阻丝分成两个阻值相等(在相同的温度下)的电阻 R_1、R_2，R_1、R_2 与另两个固定电阻 R_3、R_4 一起构成测量电桥。当电桥接上电源时，R_1、R_2 因发热使中间通道温度升高。若此时中间通道无气流通过，则中间通道上各处温度相同，$R_1 = R_2$，测量电桥输出为零。

图 3-97　热磁式氧分析原理图
1—环形管；2—中间通道；3—显示仪表；
4—被测气体入口；5—被测气体出口

在中间通道的左端装有一对磁极。当温度为 T_0、在环形气室中流动的气体流经该强磁场附近时，若气体中含有氧气等顺磁性介质，则这些气体受磁场吸引而进入中间通道，同时被加热到温度 T。被加热的气体由于磁化率的减小(磁化率与温度平方成反比)受磁场的吸引力变弱，而在磁极左边尚未加热的气体继续受较强的磁场吸引力而进入通道，结果将原先已进入通道受磁场引力变弱的气体推出。如此不断进行，在中间通道中自左向右形成一连续的气流，这种现象称热磁对流现象，该气流称作磁风。若控制气样的流量、温度、压力和磁场强度等不变，则磁风大小仅随气样中氧含量的变化而变化。

热磁对流的结果将带走电阻丝 R_1 和 R_2 上的部分热量，但由于冷气体先经 R_1 处，故 R_1 上被气体带走的热量要比 R_2 上带走的热量多，于是 R_1 处的温度低于 R_2 处的温度，电阻值 $R_1 < R_2$，电桥就有一个不平衡电压输出。输出信号的大小取决于 R_1 和 R_2 之间的差值，即磁风的大小，进而反映了混合气体中氧含量的多少。

3.6.4 红外线气体成分检测

凡是不对称结构的双原子和多原子气体分子，都能在某些波长范围内吸收红外线，并且都具有各自的特征吸收波长。如图 3-98 所示。

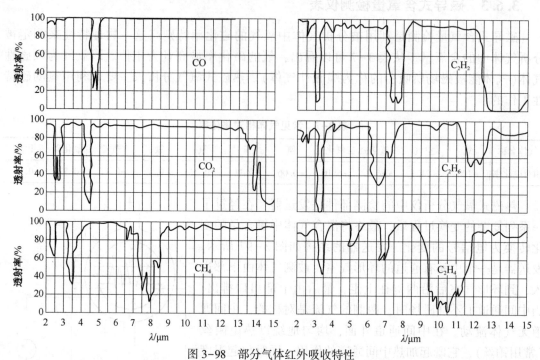

图 3-98　部分气体红外吸收特性

红外线气体成分检测就是利用不同气体对红外线波长的电磁波能量具有特殊的吸收特性进行测量的。

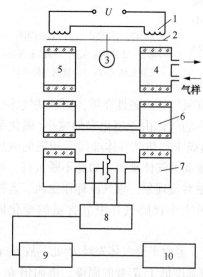

图 3-99　红外线气体分析仪原理图
1—光源；2—切光片；3—同步电机；4—测量
气室；5—参比气室；6—滤光气室；7—检测
气室；8—前置放大器；9—主放大器，
10—记录器

图 3-99 为红外线气体分析仪原理图。由碳化硅白炽棒通电发射红外线，经反光镜反射成两束平行光线。为了避免直流漂移，得到交流检测信号，用切光片将红外线调制成几赫兹的矩形波。经调制后的红外线分别进入测量气室和参比气室。待测混合气体连续通过测量气室，而参比气室内密封着对红外线完全不吸收的惰性气体。经过透射，两束红外线分别进入薄膜电容检测器的两个检测气室，检测气室内装有高浓度的待测组分气体，能将特征波长的红外线全部吸收，变为检测气室内的温度变化，并表现为压力变化。

当测量气室内通过待测混合气体时，待测组分气体会吸收特征波长的红外线，从测量气室透出的光强比参比气室的弱，于是两个检测气室间出现压力差，从而改变检测气室内电容的变化量，通过测量该变化量，测可知待测组分浓度。

如果混合气体中的某些组分与待测组分的红外线吸收峰有重叠，则其浓度的变化会对待测组分的测量造成干扰。为消除此干扰，可加设滤光气室，里面充高浓度的干扰气体，用来吸收混合气体中的干扰组分可能吸收的能量。

使用红外线气体分析仪时，必须了解被测混合气体的各组分结构，测量才准确。红外线气体分析仪测量范围广，可以用来测量一氧化碳、二氧化碳、甲烷、乙醇等气体的含量，灵敏度高、反应快，目前已得到广泛的应用。

3.6.5 氧化锆氧检测仪

氧化锆氧检测仪是利用氧化锆固体电解质作为敏感元件，将氧气含量转换为电信号，并进行远传和显示的一种高灵敏度、高稳定性、快速、测量范围宽的测量仪表。它可以置于恶劣环境(如烟道)中，采样和预处理十分简单，应用十分广泛。

氧化锆(ZrO_2)是一种陶瓷，一种具有离子导电性质的固体。在常温下为单斜晶体，当温度升高到1150℃时，晶型转变为立方晶体，同时约有7%的体积收缩；当温度降低时，又变为单斜晶体。若反复加热与冷却，ZrO_2就会破裂。因此，纯净的 ZrO_2 不能用作测量元件。如果在 ZrO_2 中加入一定量的氧化钙(CaO)或氧化钇(Y_2O_3)作稳定剂，再经过高温焙烧，则变为稳定的氧化锆材料，这时，四价的锆被二价的钙或三价的钇置换，同时产生氧离子空穴，所以 ZrO_2 属于阴离子固体电解质，主要通过空穴的运动而导电，当温度达到600℃以上时，ZrO_2 就变为良好的氧离子导体。

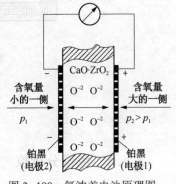

图 3-100 氧浓差电池原理图

在氧化锆电解质的两面各烧结一个铂电极，就构成氧浓差电池，如图 3-100 所示，当氧化锆两侧的氧分压不同时，如左侧为被测烟气，氧含量为4%～6%，氧分压为 p_1，右侧为参比气体如空气，氧含量 20.8%，氧分压为 p_2，当温度达800℃以上时，空穴型氧化锆就成为氧离子导体。氧分压高的一侧的氧以离子形式向氧分压低的一侧迁移，结果使氧分压高的一侧铂电极失去电子显正电，而氧分压低的一侧铂电极得到电子显负电，因而在两铂电极之间产生氧浓差电势。此电势在温度一定时只与两侧气体中氧气含量的差(氧浓差)有关。若一侧氧气含量已知(如空气中氧气含量为常数)，则另一侧氧气含量(如烟气中氧气含量)就可用氧浓差电势 E 表示为

$$E = \frac{RT}{nF} \ln \frac{p_2}{p_1}$$

或
$$E = \frac{RT}{nF} \ln \frac{\phi_2}{\phi_1}$$
(3-41)

式中，R 为气体常数；F 为法拉第常数；n 为一个氧分子携带电子数($n=4$)；T 为气体绝对温度；p_1、p_2 分别为被测气体与参比气体的氧分压；ϕ_1、ϕ_2 分别为被测气体与参比气体的氧浓度。

由式(3-41)得知，当其他参数一定时，浓差电势是烟道气中氧气含量的单值函数，测出氧浓差电势，就可知道氧气含量。但要此关系成立，必须满足以下条件：

① 保证温度 T 恒定，一般控制在850℃，需要恒温装置；

② 参比气体的氧含量恒定，保证探头内空气新鲜，装有空气泵；

③ 参比气体与被测气体的压力应该相等，这样被测气体与参比气体的氧分压之比才与

被测气体与参比气体的氧浓度之比相等。

此外，氧浓差电势 E 与烟气含氧量 ϕ_1 呈非线性关系，必须经线性化电路处理，才能得到与被测含氧量成正比的标准信号 4~20mA。

根据氧浓差电池原理制成的传感探头如图 3-101 所示。在氧化锆测量管内外侧烧结铂电极，内部热电偶与温度控制器连接，以控制加热丝的电流大小，使工作温度恒定。空气进入参比口，标准气口用于氧化锆校验。

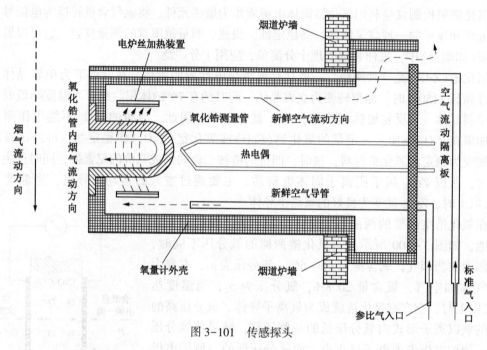

图 3-101　传感探头

3.6.6　色谱分析仪

利用混合物中各组分在不同两相间分配系数的差异，而使混合物得以分离，是一种高效、快速的分析方法。根据固定相的不同，可分为气-液色谱和气-固色谱。

下面主要介绍气相色谱分析仪。

色谱分析就是用色谱柱把混合物中的不同组分分离开，然后用检测器对其进行测量。色谱柱是一根气固填充柱，为直径约 3~6mm、长度约 1~4m 的玻璃或金属细管，管中填装一定的固定不动的吸附剂颗粒，称为固定相。当被分析样气在称为"载气"的运载气体携带下，按一定的方向通过吸附剂时，样气中各组分便与吸附剂进行反复的吸附和脱附分配过程，吸附作用强的组分前进很慢，吸附作用弱的组分则很快通过。这样，各组分由于前进速度不同而被分开，时间上先后不同地流出色谱柱，逐个进入检测器进行定量测量。

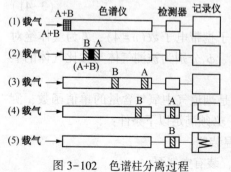

图 3-102　色谱柱分离过程

如图 3-102 为混合气体在色谱柱中进行分离的过程。样气中有两种不同的成分，色谱柱分离后，依次进入检测器，检测器输出随时间变化的曲线，称为色谱图，色谱图上峰的面积(或高度)就代表了样气中该组分浓度的大小。

检测器的作用是将色谱柱分离开的各组分进行定量测定，目前使用最多的是热导式和氢火焰电离检测器。

图 3-103 是一个工业气相色谱仪简化原理图，由高压气瓶供给的载气，经减压、净化干燥、稳流装置后，以恒定的压力和流量，进入汽化室，推动被分析的样气进入色谱柱。被分析的样气不能连续输入，只能是间隔一段时间的定量脉冲式输入，以保证各组分从色谱柱流出时不重叠。

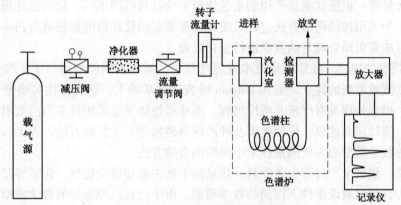

图 3-103 工业气相色谱仪原理图

§3.7 现代检测技术与发展

3.7.1 软测量技术

随着工业对过程控制系统的测量要求越来越高，软测量技术，自 20 世纪 80 年代中后期作为一个概括性的科学术语被提出，目前研究异常活跃，发展十分迅速，应用日益广泛，几乎渗透到工业领域的各个方面，已成为检测技术的主要研究方向之一。特别是近年来，国内外对软测量技术进行了大量的研究，著名国际过程控制专家 McaVoy 教授将软测量技术列为未来控制领域需要研究的几大方向之一，具有广阔的应用前景。

软测量技术的理论根源是基于软仪表的推断控制。推断控制的基本思想是采集过程中比较容易测量的辅助变量，通过构造推断估计器来估计并克服扰动和测量噪声对主导变量的影响。而估计器的设计是根据某种最优准则，选择一种既与主导变量有密切联系又容易测量的辅助变量，通过构造某种数学关系，实现对主导变量的在线估计。

（1）软测量技术构成

软测量技术主要由 4 个相关要素：中间辅助变量的选择、数据处理、软测量模型的建立、软测量模型的在线校正组成。其中软测量模型的建立是软测量技术最重要的组成部分。

① 中间辅助变量的选择 从间接质量指标出发进行中间辅助变量类型的选择，即应选择那些对被估变量的输出具有较大影响且变化较大的中间辅助变量，从工艺上分析，这些中

间辅助变量对估计值的影响不能被忽略；根据系统的机理和需要确定中间辅助变量的数量，应该根据软测量采用的系统建模方法及其机理，结合具体过程进行分析；采用奇异值分解或工业控制仿真软件等方法进行检测点的选取，在使用软测量技术时，检测位置对模型的动态特性有一定影响。因此，对输入中间辅助变量各个检测点的检测方法、位置和仪表精确度等有一定要求。

② 数据处理　数据预处理：由于工业现场采集的数据具有一定随机性，数据预处理主要是消除突变噪声和周期性波动噪声的污染。为提高数据处理的精确度，除去随机噪声，可采用数据平滑化方法如时域平滑滤波和频域滤波法等。

数据二次处理：根据软测量采用的系统建模方法及其机理不同，须对预处理后的数据进行二次处理，如采用神经网络方法进行系统建模需要对预处理后的数据进行归一化处理，采用模糊逻辑方法需对预处理后的数据进行量化处理。

③ 数学模型的建立　在软测量技术发展过程中，推理控制模型经历了从线性到非线性过程。线性软测量模型的建立一般在 Kalman 滤波理论基础上，这类方法对模型误差和测量误差很敏感，很难处理具有严重非线性过程。而非线性软测量采用许多当前前沿技术，可采用机理建模、统计回归建模、模糊建模及神经网络建模等人工智能方法。人工智能技术因无需对象精确的数学模型成为软测量技术中建模的有效方法。

机理建模：根据生产过程中各物料、热量间平衡关系和有关物理、化学等基本规则及定理等，在较为合理的假设条件下得到的数学模型。由于过程机理推导的数学模型比较符合生产过程特性，具有较高模型精确度，在多数应用场合不必再进行在线或离线校正。在实际应用时，由于对工业生产过程机理的认识不够，建立机理模型估计一些过程变量具有一定困难。

统计回归建模：根据统计学原理，通过大量在线实时检测的现场数据，由统计回归方法建立难以检测的过程变量与可检测的过程变量间的数学模型。模糊建模：根据过程检测变量的实时数据及领域专家的经验，通过划分输入输出模糊空间及建立模糊规则进行系统模型辨识。这种建模方法能有效辨识复杂和病态结构及具有时延、时变、多输入单输出的非线性系统，能辨识性能优越的人类控制器，可得到实控对象的定性与定量相结合的模型，但需要定期校正规则库及输入输出模糊空间的划分。

神经网络建模：根据神经网络的自学习功能对大量过程检测变量的实时数据进行学习，并根据学习结果建立数学模型。这种建模方法具有较强鲁棒性，且不需先验知识，对于非线性和较大滞后的系统有较好应用效果；需对模型输入变量中超出正常操作条件的数据组进行手工剔除。

在实际应用中，可具体分析工业过程系统的特点，综合上述两种或多种方法进行系统建模。随着人工智能技术的发展，也为建模提供了新的手段和方法，如将小波变换与神经网络相结合进行系统建模。

④ 数学模型的修正　由于过程的随机噪声和不确定性，所建数学模型与实际对象间有误差，如果误差大于工艺允许的范围时，应对数学模型进行校正。校正方法可以是自学习方法，也可根据当前数据进行重新建模。采用卡尔曼-布西观测器进行状态估计时，可通过闭环校正进行数学模型修正。

软测量技术与其他技术互相推进，也不断提出新的问题，如最优过程变量数目的选择，推理估计器(软传感器)的优化设计等问题。

（2）软测量技术的应用

应用软测量技术的仪表打破了传统单输入单输出仪表格局，是多输入多输出智能型仪表，它可以是专用仪表，也可以是由用户进行编程的通用仪表，一些价格较贵难维护的仪表将为软测量仪表所代替；另外，软测量仪表将软测量技术与控制技术结合起来，使在一台仪表中实现多个回路的控制成为可能；软测量仪表修改方便：软测量的本质是面向对象的，通过编程或组态来实现软测量数学模型，可以通过编程器或组态操作方便地对模型参数进行修改，甚至可以对推理控制模型进行修正；在分散控制系统中，一些较简单的数学模型还可在单回路控制器中实现。对过程控制系统来说，原来因缺少检测手段而采用的一些间接控制方案将被采用软测量技术的以直接控制目标为目的的控制方案所代替，以提高控制性能指标。

3.7.2　检测传感器的发展

未来的传感器必须具有微型化、智能化、高灵敏化、多功能化、数据上行通用化和网络化等优良特征。

（1）传感器的微型化、新型式

微型传感器是以微机电系统技术为基础的。微机电系统技术的核心技术是微电子机械加工技术，主要包括体硅微机械加工技术、表面抹微加工技术、光深层光刻、微电铸和微复制技术、激光微加工技术和微型封装技术等。微型传感器具有体积小、质量轻、反应快、灵敏度高及成本低等特点。比较成熟的微型传感器有压力传感器、微加速度传感器、微机械陀螺等。

新型传感器，大致应包括采用新原理、填补传感器空白、仿生传感器等诸方面。它们之间是互相联系的。传感器的工作机理是基于各种效应和定律，由此启发人们进一步探索具有新效应的敏感功能材料，并以此研制出具有新原理的新型物性型传感器件，这是发展高性能、多功能、低成本和小型化传感器的重要途径。结构型传感器发展得较早，目前日趋成熟。结构型传感器，一般说它的结构复杂，体积偏大，价格偏高。物性型传感器大致与之相反，具有不少诱人的优点，加之过去发展也不够，世界各国都在物性型传感器方面投入大量人力、物力加强研究，从而使它成为一个值得注意的发展动向。其中利用量子力学诸效应研制的低灵敏限传感器，用来检测微弱的信号，是发展新动向之一。例如：利用核磁共振吸收效应的磁敏传感器，可将灵敏限提高到地磁强度；利用约瑟夫逊效应的热噪声温度传感器，可测得超低温；利用光子滞后效应，做出了响应速度极快的红外传感器等。此外，利用化学效应和生物效应开发的、可供实用的化学传感器和生物传感器，更是有待开拓的新领域。另外研究某些动物的特殊功能的机理，开发仿生传感器，也是引人注目的方向。

（2）传感器的多功能化、集成化

传感器集成化包括两种定义，一是同一功能的多元件并列化，即将同一类型的单个传感元件用集成工艺在同一平面上排列起来，排成一维的为线性传感器，CCD 图像传感器就属于这种情况。集成化的另一个定义是多功能一体化，即将传感器与放大、运算以及温度补偿等环节一体化，组装成一个器件。目前，各类集成化传感器已有许多系列产品，有些已得到广泛应用。集成化已经成为传感器技术发展的一个重要方向。

随着集成化技术的发展，各类混合集成和单片集成式压力传感器相继出现，有的已经成为商品。集成化压力传感器有压阻式、电容式等类型，其中压阻式集成化传感器发展快、应用广。自从压阻效应发现后，有人把4个力敏电阻构成的全桥做在硅膜上，就成为一个集成化压力传感器。国内在20世纪80年代就研制出了把压敏电阻、电桥、电压放大器和温度补偿电路集成在一起的单块压力传感器，其性能与国外同类产品相当。由于采用了集成工艺，将压敏部分和集成电路分为几个芯片，然后混合集成为一体，提高了输出性能及可靠性，有较强的抗干扰能力，完全消除了二次仪表带来的误差。

20世纪70年代国外就出现了集成温度传感器，它基本上是利用晶体管作为温度敏感元件的集成电路。其性能稳定，使用方便。国内在这方面也有不少进展，例如近年来研制集成热电堆红外传感器等。集成化温度传感器具有远距离测量和抗干扰能力强等优点，具有很大的实用价值。

传感器的多功能化也是其发展方向之一。所谓多功能化的典型实例，美国某大学传感器研究发展中心研制的单片硅多维力传感器可以同时测量3个线速度、3个离心加速度(角速度)和3个角加速度。主要元件是由4个正确设计安装在一个基板上的悬臂梁组成的单片硅结构，9个正确布置在各个悬臂梁上的压阻敏感元件。多功能化不仅可以降低生产成本，减小体积，而且可以有效地提高传感器的稳定性、可靠性等性能指标。为同时测量几种不同被测参数，可将几种不同的传感器元件复合在一起，做成集成块。例如一种温、气、湿三功能陶瓷传感器已经研制成功。把多个功能不同的传感元件集成在一起，除可同时进行多种参数的测量外，还可对这些参数的测量结果进行综合处理和评价，可反映出被测系统的整体状态。由上还可以看出，集成化为固态传感器带来了许多新的机会，同时它也是多功能化的基础。

(3) 传感器的数字化、智能化、系统化和网络化

智能化的传感器是一种涉及多学科的新型传感器，它将传感器与微处理机相结合，使之不仅具有检测功能，还具有信息处理、逻辑判断、自诊断、网络通信和数字信号输出以及"思维"等人工智能，就称之为传感器的智能化。借助于半导体集成化技术把传感器部分与信号预处理电路、输入输出接口、微处理器等制作在同一块芯片上，即成为大规模集成智能传感器。可以说智能传感器是传感器技术与大规模集成电路技术相结合的产物，它的实现将取决于传感技术与半导体集成化工艺水平的提高与发展。嵌入式技术、集成电路技术和微控制器的引入，使传感器成为硬件和软件的结合体，一方面传感器的功耗降低、体积减小、抗干扰件和可靠性提高，另一方面利用软件技术实现传感器的非线性补偿、零点漂移和温度补偿等，同时网络接口技术的应用使传感器能方便地接入工业控制网络，为系统的扩充和维护提供了极大的方便。

习题与思考题

1. 测量值、真值、误差、修正值之间有何关系？测量误差的表示方法有哪些？我国电工仪表的精度等级是按哪一种表示方法确定的？

2. 检测仪表的常用技术性能有哪些？

3. 某一标尺为0~1000℃的温度计出厂前经校验得到如下数据：

标准表读数/℃	0	200	400	600	800	1000
被校表读数/℃	0	201	402	604	806	1001

(1) 求出该表的最大绝对误差;

(2) 求出该表的允许误差,确定该表的精度等级。

4. 按测量误差出现的规律来分类,它可分为哪几类?各类有何特点?产生该类误差的主要原因是什么?

5. 某温度测量系统,最高温度为 700℃,要求测量的绝对误差不超过 ±10℃,现有两台测量范围分别为 0~1600℃ 和 0~1000℃ 的 1.0 级温度检测仪表,问应选择哪台仪表更合适?如果有测量范围均为 0~1000℃,精度等级分别为 1.0 级和 0.5 级的两台温度变送器。那么又选择哪台仪表更合适?试说明理由。

6. 某压力表刻度范围 0~100kPa,在 50kPa 处计量检定值 49.5kPa,求在 50kPa 处仪表指示值的绝对误差、示值相对误差和示值引用误差。

7. 有一测温点,热电偶的基本误差 $\sigma_1 = \pm4\%$,补偿导线的基本误差 $\sigma_2 = \pm4\%$,温度记录仪表的记录基本误差 $\sigma_3 = \pm6\%$,由于线路中的接触电阻、仪表桥路电阻值的变化,仪表工作环境电磁场的干扰等原因所引起的附加误差为 $\sigma_4 = \pm6\%$,试计算这一温度测量系统的误差是多少?

8. 如果有一台压力表,其测量范围为 0~100MPa,经校验得出下列数据:

被校表读数/MPa	0	2	4	6	8	10
标准表正行程读数/MPa	0	1.98	3.96	5.94	7.97	9, 99
标准表反行程读数/MPa	0	2.02	4.03	6.06	8.03	10.01

(1) 求出该压力表的变差;

(2) 问该压力表是否符合 1.0 级精度?

9. 检测仪表由哪几部分构成?各部分起什么作用?

10. 测压仪表有哪几种?各有何特点?

11. 弹簧管压力表的测压原理是什么?使用中如何进行选择?

12. 什么叫应变效应?什么叫霍尔效应?

13. 简述电容式压力传感器的测量原理和结构特点。

14. 常用的压力变送器有哪几种?各有何特点?

15. 现有一种测量范围为 0~6MPa,1.5 级的压力表,用来测量锅炉的蒸汽压力,若工艺要求测量误差不许超过 0.07MPa,试问此压力表能否适用?如不适用,请合理选用一台压力表。

16. 现有一台检测范围是 0~1.6MPa,精度为 1.5 级的普通压力表。校验结果如下表,问该表是否合格?它能否用于某容器罐的压力检测?(容器罐工作压力为 0.8~1.0MPa,要求检测的绝对误差不允许大于 0.05MPa)

标准值/MPa	0.0	0.4	0.8	1.2	1.6
被校表读数(上行程)/MPa	0.000	0.385	0.790	1.210	1.595
被校表读数(下行程)/MPa	0.000	0.405	0.810	1.215	1.595

17. 什么叫节流现象?应用节流现象测量的仪表有哪些?

18. 什么叫标准节流装置?

19. 常用的标准节流装置有哪些节流件，它们分别可用哪些取压方式？

20. 写出差压式流量计的流量公式，并说明公式中各符号代表的意义？

21. 分析差压式流量计和转子流量计的异同点。

22. 椭圆齿轮流量计、电磁流量计、涡轮流量计、旋涡流量计是如何工作的？适用于什么场合？各有什么特点？

23. 说明测量蒸汽流量的差压变送器安装后初次启动的操作步骤。

24. 怎样判断现场运行中差压变送器的工作是否正常？

25. 在工业介质为液体的水平管道上，垂直安装一套差压式流量测量系统，差压变送器是经过校验后安装上去的，启表后发现指示值偏低，经核实工业与孔板设计均无问题，试分析可能原因并说明解决办法。

26. 液位测量有哪些方法？它们各有何特点？

27. 试述电容式、超声波式、吹气式液位计的工作原理。

28. 差压式液位计的工作原理是什么？为什么会有零点迁移问题？怎样进行迁移？

29. 测量某储罐的液位，安装位置如图 3-104 所示，请导出变送器所测差压与液位之间的关系。变送器零点是否需要迁移？为什么？

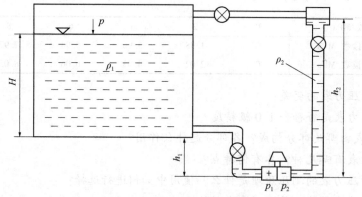

图 3-104 差压变送器测液位

30. 一台压力变送器的测量范围原为 $0 \sim 100 kPa$，现零位正迁移 100%，则

①仪表的测量范围变为多少？

②仪表的量程是多少？

③输入多少压力时，仪表的输出为 4、12、20mA？

31. 生产中欲连续测量液体的密度，根据已学的测量压力及液位的原理，试考虑一种利用差压原理来连续测量液体密度的方案。

32. 测温仪表有哪些测量方法？

33. 工业上常用的热电偶有哪些类型？分度号如何表示？各有何特点？

34. 利用热电偶测温，为什么要用补偿导线？并说明使用补偿导线时要注意什么？

35. 利用热电偶测温时，为什么要进行自由端温度补偿？有哪几种自由端温度补偿方法？

36. 试述热电阻温度计的工作原理，并指出常用热电阻的种类。

37. 热电阻与显示仪表配套测量时，为什么要采用三线制接法？

38. 已知某 K 型热电偶测温线路，由于疏忽将热电偶第二段补偿导线接反，如图 3-105 所示，求：

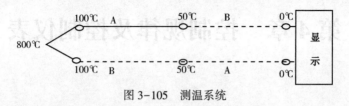

图 3-105　测温系统

① 输入到显示仪表的总电势为多少？

② 由于第二段补偿导线接反引入的误差是多少？

39. 题 38 中，如果第二段错接了分度号为 S 型热电偶的补偿导线，正负极性正确，问输入到显示仪表的热电势为多少？

40. 如何选用热电偶和热电阻？

41. 用 Pt100 铂电阻测温，在查表时错用了 Cu50 的分度表，查得温度为 140℃，问铂电阻所测的实际温度应为多少？

42. 某 DDZ-Ⅲ型温度变送器输入范围为 200~1000℃，输出为 4~20mA，当变送器输出为 10mA 时，对应的被测温度是多少？

43. 工业上的成分检测仪表由哪几部分构成？各部分起什么作用？

44. 试比较热导式气体分析仪和热磁式气体分析仪的测量原理。

45. 为什么说红外线气体分析仪同时只能测量一种组分的浓度？如果背景气体中含有与待测气体具有相近吸收光谱的某气体组分，则在使用时应如何处理？

46. 氧化锆的测量原理是什么？测量过程中为什么要求介质温度恒定？

第4章 控制规律及控制仪表

§4.1 概 述

控制仪表是控制系统的核心部件，在石油炼制、油气储运和化工等工业生产过程中，工艺上往往要求生产装置中的压力、流量、液位、温度和成分等参数维持在一定的数值上或按一定规律变化，这就需要控制器来实现这些要求。控制器接收检测仪表送过来的信号，与被控制变量的给定值相比较，产生一定的偏差信号，在控制器中对该偏差信号进行一定的运算处理，产生相应的控制信号送给执行机构，通过执行机构动作实现对被控制变量自动控制的目的。

§4.2 基本控制规律及其对系统过渡过程的影响

控制系统中控制仪表的作用是给出输出控制信号，以消除被控制变量与给定值之间的偏差，它是构成自动控制系统的基本环节，控制系统的运行质量很大程度上取决于控制仪表的性能，即控制规律的选取。不同的控制规律适应不同的生产要求，因此必须根据生产要求来选用合适的控制规律，若选用不当，不但不能起到控制被控变量的目的，相反往往会造成生产过程恶化，进而发生生产事故。要选用合适的控制仪表，首先必须了解几种常用的控制规律的特点和适用条件，然后根据过渡过程品质指标要求，结合具体对象特性，做出正确的选择。

目前，工程上常用的控制规律有比例控制（P）、比例积分控制（PI）、比例微分控制（PD）、比例积分微分控制（PID）等。PID控制规律是长期生产实践的经验总结，是对熟练操作工人经验的模仿，故PID控制规律应用最为广泛（占85%以上）。

研究控制规律时通常是把控制仪表的输出和系统断开，即系统开环时单独研究控制仪表本身的特性。控制规律指的是控制仪表输出信号与输入信号之间的关系，即 $u(t)=f[e(t)]$，如图4-1所示。控制仪表的输入信号 $e(t)$ 为检测变送送过来的测量信号 $z(t)$ 与给定信号 $r(t)$ 之差，即偏差信号 $e(t)=z(t)-r(t)$，但在自动控制系统分析中往往把偏差信号定义为给定信号与测量信号之差，即 $e(t)=r(t)-z(t)$，控制仪表的输出信号就是控制仪表送往执行机构的信号 $u(t)$。

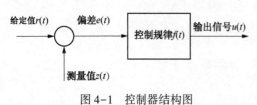

图4-1 控制器结构图

在研究控制仪表的控制规律时，通常假定控

制仪表的输入信号 $e(t)$ 是一个阶跃信号，然后来研究控制仪表的输出信号 $u(t)$ 随时间的变化规律。

4.2.1　比例控制(P)

(1)比例控制规律(P)

如图 4-2 所示的液位控制系统，当液位高于给定值时，控制阀就关小，液位越高，阀关得越小，若液位低于给定值，控制阀就开大，液位越低，阀开得越大。图中浮球是测量元件，杠杆就是一个最简单的控制仪表。

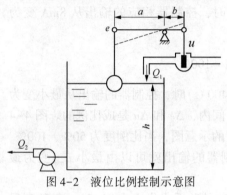

图 4-2　液位比例控制示意图

图 4-2 中，若杠杆在液位改变前的位置用实线表示，改变后的位置用虚线表示，根据相似三角形原理，有

$$\frac{b}{a} = \frac{u}{e}$$

即

$$u = \frac{b}{a}e \tag{4-1}$$

式中，e 为杠杆左端的位移，即液位的变化量；u 为杠杆右端的位移，即阀杆的位移量；a、b 分别为杠杆支点与两端的距离。

由此可见，在该控制系统中，阀门开度的改变量与被控变量(液位)的偏差值成比例，这就是比例控制规律，其输出信号的变化量 u 与输入信号(指偏差，当给定值不变时，偏差就是被控变量测量值的变化量)的变化量 e 之间成比例关系，即

$$u(t) = K_p e(t) \tag{4-2}$$

式中，K_p 是一个可调的放大倍数，通常称为比例增益，根据式(4-1)，可知图 4-2 所示的比例控制器的 $K_p = \dfrac{b}{a}$，改变杠杆支点的位置，便可改变 K_p 的数值。

由式(4-2)可以看出，具有比例作用(通常称为 P 控制规律)的控制仪表其输出能立即响应输入，图 4-3 所示为当输入阶跃信号时，在系统开环的情况下，比例控制作用的输出响应曲线。

比例控制的放大倍数 K_p 是一个重要的系数，它决定了比例控制作用的强弱，K_p 越大，比例控制作用越强。在实际的比例控制器中，习惯上使用比例度 δ 而不用放大倍数 K_p 来表示比例控制作用的强弱。

(2)比例度

比例度定义为控制器输入变化的相对值与相应的输出变化相对值之比的百分数，用公式表示为

$$\delta = \left(\frac{\Delta e}{r_{max} - r_{min}} \Big/ \frac{\Delta u}{u_{max} - u_{min}} \right) \times 100\% \tag{4-3}$$

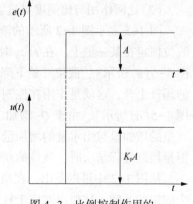

图 4-3　比例控制作用的
阶跃响应曲线

式中，Δe 为输入变化量；Δu 为相应的输出变化量；$r_{max} - r_{min}$ 为输入信号的变化范围，即仪表的量程；$u_{max} - u_{min}$ 为输

出信号的变化范围，即控制器输出的工作范围。

由式(4-3)可以从控制器表盘上的指示值变化看出比例度δ的具体意义，比例度就是使控制器的输出变化满刻度时(也就是控制阀从全关到全开或相反)，相应的仪表测量值变化占仪表测量范围的百分数。或者说，使控制器输出变化满刻度时，输入偏差变化对应于指示刻度的百分数。

例如一台 DDZ-Ⅲ型比例作用温度控制器，其温度变化范围为 400~800℃，控制器的输出工作范围为 4~20mA，当温度从 600℃ 变化到 700℃ 时，控制器相应的输出从 8mA 变为 12mA，其比例度的值为

$$\delta = \left(\frac{700-600}{800-400} \Big/ \frac{12-8}{20-4}\right) \times 100\% = 100\%$$

这说明在这个比例度下，温度全范围变化(相当于 400℃)时，控制器的输出从最小变为最大，在此区间内，Δe 和 Δu 是成比例的。图 4-4 所示是比例度的示意图，当比例度为 50%、100%、200%时，控制器的输出就可以由最小 $u_{\min}$ 变为最大 $u_{\max}$。

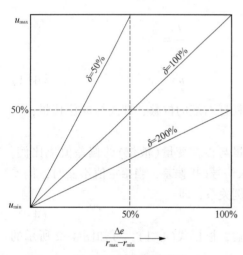

图 4-4　比例度示意图

将式(4-3)的关系式代入式(4-2)，经整理后可得

$$\delta = C \times \frac{1}{K_{\mathrm{p}}} \times 100\% \qquad (4-4)$$

式中，$C = \dfrac{u_{\max}-u_{\min}}{r_{\max}-r_{\min}}$ 为控制器输出信号的变化范围与输入信号的变化范围之比，称为仪表系数。从中可以看出，比例度 δ 与放大倍数 K_{p} 为反比关系，比例度 δ 越小，控制器的放大倍数 K_{p} 就越大，它将偏差(控制器输入)放大的能力就越强；反之亦然。由此可见，比例度 δ 与放大倍数 K_{p} 都能表示比例控制器控制作用的强弱，只不过 K_{p} 越大，表示比例控制作用越强，而 δ 越大，表示比例控制作用越弱。

(3)比例作用与比例度对过渡过程的影响

图 4-5 表示图 4-2 所示的液位比例控制系统的过渡过程。如果系统原来处于平衡状态，液位恒定在某一值上，在 $t=t_0$ 时，系统外加一个干扰作用，使出水量 Q_2 有一阶跃增加[如图 4-5(a)所示]，液位开始下降[如图 4-5(b)所示]，浮球也跟着下降，通过杠杆使进水阀的阀杆上升，这就是作用在控制阀上的信号 u[如图 4-5(c)所示]，于是进水量 Q_1 增加[如图 4-5(d)所示]，由于 Q_1 增加，促使液位下降速度逐渐缓慢下来，经过一段时间后，待进水量的增加量与出水量的增加量相等时，系统又建立起新的平衡，液位稳定在一个新值上。但是控制过程结束时，液位的新稳态值将低于给定值，它们之间的差称为余差。

从图 4-2 中可以看出，在负荷未变化前，进水量与出水量是相等的，此时调节阀有一个固定的开度，比如说对应于杠杆为水平的位置，而当 $t=t_0$ 时刻，出水量有一个阶跃增大后，进水量也必须增加到与出水量相等时，新的平衡才能建立起来，液位才不再变化。要使进水量增加，调节阀开度必须增大，阀杆必须上移，然而阀杆是一种刚性的机构，阀杆上移

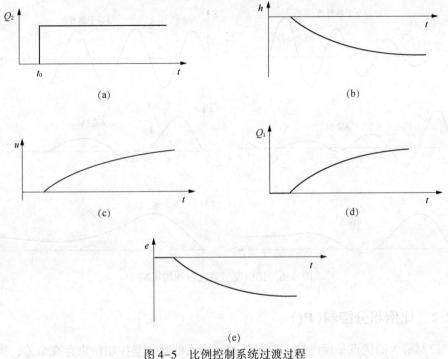

图 4-5　比例控制系统过渡过程

时浮球杆必然下移，这说明浮球所在的液位比原来低，液位稳定在一个比原稳态值（即给定值）要低的一个位置上，它与给定值之差就是余差。对于这个简单的比例控制系统，可以直观地看出过渡过程结束时必然存在余差，这也是比例控制的不足之处。

比例控制的优点是反应快，控制及时。有偏差信号输入时，输出立刻与它成比例变化，偏差越大，输出的控制作用越强。

为了减少余差，就要增大 K_p（即减小比例度 δ），但这会使系统的稳定性变差。比例度对控制过程的影响如图 4-6 所示。由图可见，比例度越大（即 K_p 越小），过渡过程曲线越平稳，但余差也越大。比例度越小，则过渡过程曲线越振荡，比例度过小时就可能出现发散振荡，系统不稳定。当比例度大（即放大倍数 K_p 小）时，在干扰产生后，控制器的输出变化较小，控制阀开度改变也较小，被控变量的变化就很缓慢（曲线 6）。当比例度减小时，K_p 增大，在同样的偏差下，控制器输出较大，控制阀开度改变较大，被控变量变化也就比较灵敏，开始有些振荡，余差不大（曲线 5、4）。比例度再减小，控制阀开度改变更大，大到有点过分时，被控变量也就跟着过分地变化，再调整回来时又会调整过头，结果会出现激烈振荡（曲线 3）。当比例度继续减小到某一数值时系统出现等幅振荡，这时的比例度称为临界比例度 δ_k（曲线 2）。一般除反应很快的流量及管道压力等系统外，这种情况大多出现在 $\delta<20\%$ 时，当比例度小于 δ_k 时，在干扰产生后将出现发散振荡（曲线 1），这是很危险的。工艺生产通常要求比较平稳而余差又不太大的控制过程（例如曲线 4），一般来说，若对象的滞后较小、时间常数较大和放大倍数较小时，控制器的比例度可以选得小些，以提高系统的灵敏度，使反应快些，从而过渡过程曲线的形状较好，反之，比例度就要选大些以保证系统稳定。

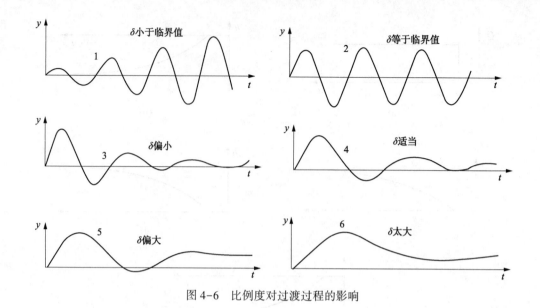

图 4-6　比例度对过渡过程的影响

4.2.2　比例积分控制（PI）

比例控制最大的优点是反应快，控制及时，最大的缺点是控制结束存在余差，当工艺对控制质量有更高要求，不允许控制结果存在余差时，就需要在比例控制的基础上，再加上能消除余差的积分控制（通常称为 I 控制规律）作用。

（1）积分控制规律（I）

积分控制作用的输出量 u_I 与输入偏差的变化量 e 的积分成正比，其关系式为

$$u_I = \frac{1}{T_i}\int e(t)\,\mathrm{d}t \tag{4-5}$$

式中，T_i 称为积分时间。当输入偏差为一幅度为 A 的阶跃信号时，积分作用 u_I 的响应为

$$u_I = \frac{1}{T_i}\int e(t)\,\mathrm{d}t = \frac{1}{T_i}\int A\mathrm{d}t = \frac{1}{T_i}At \tag{4-6}$$

其响应曲线如图 4-7 所示。

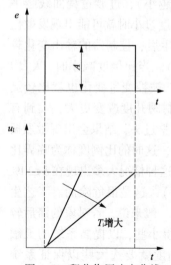

图 4-7　积分作用响应曲线

由图可见，只要有偏差存在，输出 u_I 就会一直变化下去，直到偏差为零为止。输出信号的变化速度与积分时间 T_i 成反比，故积分时间表征了积分速度的快慢，T_i 越大，在同样的输入作用下，输出的变化速度越慢，即积分作用越弱；反之，T_i 越小，在同样的输入作用下，输出的变化速度越快，即积分作用越强。

积分作用的特点是控制器的输出 u_I 与偏差 e 存在的时间有关。只要有偏差存在，即使偏差很小，控制器的输出也会随时间累积而增加，导致施加的控制作用不断增大，直到偏差消除，控制作用才停止。因此，积分作用可以消除余差，这是积分控制的一个主要优点。但是积分控制作用不够及时，在偏差

刚出现时，u_I 还很小，控制作用很弱，不能及时克服干扰的影响。所以，实际上很少单独采用积分作用，而是将积分作用与比例作用结合起来，组成兼有两者优点的比例积分控制作用。

（2）比例积分控制规律（PI）

比例积分控制规律（通常称为 PI 控制规律）可用下式表示

$$u(t) = K_p \left[e(t) + \frac{1}{T_i} \int e(t)\,\mathrm{d}t \right] \tag{4-7}$$

比例积分作用是比例作用与积分作用的叠加。在阶跃偏差输入 A 作用下，其输出响应曲线如图 4-8 所示。由图可见，在 $t=0$ 时刻由于比例作用，控制器的输出立即跃变到 K_pA，而后积分起作用，使输出随时间等速变化。在比例增益 K_p 及干扰幅值 A 确定的情况下，输出变化的速度取决于积分时间 T_i，T_i 越大，积分速度越小，积分作用越弱，当 $T_i \to \infty$ 则积分作用消失。

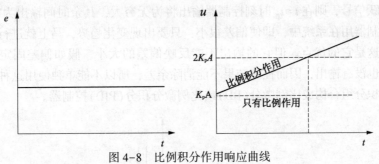

图 4-8　比例积分作用响应曲线

（3）积分时间对过渡过程的影响

采用比例积分控制作用时，积分时间对过渡过程的影响具有两重性，在同样的比例度下，缩短积分时间 T_i，将使积分作用加强，容易消除余差，这是有利的一面，但加强积分调节作用后，会使系统振荡加剧，有不易稳定的趋势，积分时间越短，振荡趋势越强烈，甚至会造成不稳定的发散振荡，这是不利的一面。图 4-9 表示在同样比例度下积分时间对过渡过程的影响，由图可以看出，积分时间过大或过小均不合适，积分时间过大，积分作用不明显，消除余差的速度很慢（曲线 3），积分时间过小，过渡过程振荡太剧烈，稳定程度降低（曲线 1），曲线 2 比较合适。

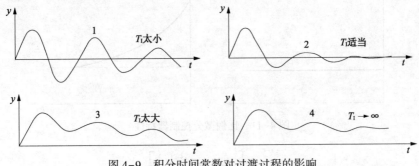

图 4-9　积分时间常数对过渡过程的影响

比例积分控制器对于多数系统都可采用，比例度和积分时间两个参数均可调整。当对象滞后很大时，可能控制时间较长，最大偏差也较大，负荷变化过于剧烈时，由于积分动作缓慢，会使控制不及时，此时可增加微分作用。

4.2.3　比例微分控制(PD)

对于惯性较大的对象，为了使控制及时，常常希望能根据被控变量变化的快慢来控制。在人工控制时，虽然偏差可能还小，但看到参数变化很快，估计很快会有更大偏差，此时操作人员会过分地改变阀门开度以克服干扰的影响，这就是按偏差变化速度进行控制。在自动控制中，这就要求控制器具有微分控制规律，就是控制器的输出信号与偏差信号的变化速度成正比，即

$$u_{\mathrm{D}} = T_{\mathrm{D}}\frac{\mathrm{d}e}{\mathrm{d}t} \tag{4-8}$$

式中，T_{D} 为微分时间；$\dfrac{\mathrm{d}e}{\mathrm{d}t}$ 为偏差信号变化速度。此式表示理想微分控制器的特性，若在 $t = t_0$ 时输入一个阶跃信号，则在 $t = t_0$ 时刻控制器输出将为无穷大，其余时间输出为零，如图 4-10 所示。这种控制器用在系统中，即使偏差很小，只要出现变化趋势，马上就进行控制，故有提前控制之称，这是它的优点。但它的输出不能反映偏差的大小，假如偏差固定，即使数值很大，微分作用也没有输出，因而控制结果不能消除余差，所以不能单独使用这种控制器，它常与比例或比例积分组合构成比例微分(PD)或比例微分积分(PID)控制器。

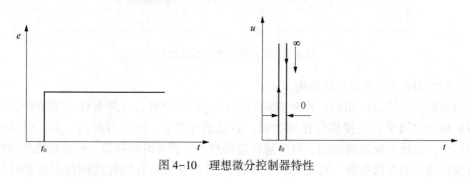

图 4-10　理想微分控制器特性

比例微分控制规律(图 4-11)为

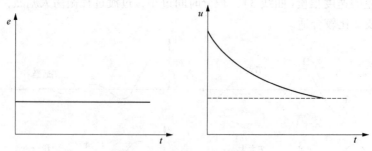

图 4-11　比例微分控制器特性

$$u = K_{\mathrm{p}}\left[e(t) + T_{\mathrm{D}}\frac{\mathrm{d}e(t)}{\mathrm{d}t}\right] \tag{4-9}$$

微分作用按偏差的变化速度进行控制，其作用比比例作用快，因而对惯性大的对象用比例微分控制规律可以改善控制质量，减小最大偏差，节省控制时间。微分作用力图阻止被控

变量的变化，有抑制振荡的效果，但如果加得过大，由于控制过强，反而会引起被控变量大幅度的振荡（如图 4-12 所示）。微分作用的强弱由微分时间来决定，T_D 越大，微分作用越强，T_D 越小，微分作用越弱。

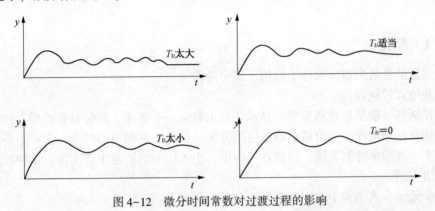

图 4-12　微分时间常数对过渡过程的影响

4.2.4　比例积分微分控制（PID）

在生产实际中常将比例、积分、微分三种作用规律结合起来，可以得到较为满意的控制质量。包括这三种控制规律的控制器称为比例积分微分控制器，习惯上称为 PID 控制规律，其输出与输入之间的关系为

$$u(t) = K_p \left[e(t) + \frac{1}{T_i} \int e(t) \, dt + T_D \frac{de(t)}{dt} \right] \tag{4-10}$$

在阶跃输入作用下，PID 控制器的响应曲线如图 4-13 所示。

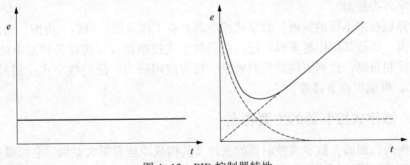

图 4-13　PID 控制器特性

三种控制规律可概括为：比例作用的输出是与偏差值成正比的；积分作用输出的变化速度与偏差值成正比；微分作用的输出是与偏差的变化速度成正比。PID 控制规律结合比例、积分、微分三种控制作用的特点，在被控变量的偏差刚出现时，比例微分同时先起作用，由于微分的提前控制作用，可以使起始偏差幅度减小，降低最大偏差，由于比例作用是经常的、起主要作用的控制作用，可使系统比较稳定，接着积分作用会慢慢消除余差。所以只要 PID 控制器参数 δ、T_i、T_D 选择得当，就可充分发挥三种控制作用的优点，使系统获得较好的控制效果。

§4.3　数字式控制器

4.3.1　概述

从控制器的发展来看，大体上经历了三个阶段：

（1）基地式控制器

这类控制器一般是与检测装置、显示装置组装成一个整体，同时具有检测、控制与显示功能，其特点是结构简单、价格低廉、使用方便。但由于它的通用性差，信号不易传送，故一般应用于一些简单控制系统。目前在一些中、小工厂中的特定生产岗位，这种控制器尚有一定的应用空间。

（2）单元组合式仪表中的控制单元

单元组合式仪表是将仪表按其功能的不同分成若干单元，如检测变送单元、控制单元、显示单元等，每个单元完成其相应的功能，各个单元之间以统一的标准信号相互联系。单元组合式仪表中的控制单元接受检测变送单元送过来的测量信号，并与给定单元产生的给定值信号相比较，产生一定的偏差信号，对该偏差信号进行运算处理，产生对应的控制信号，送给执行机构，通过执行机构动作达到自动控制的目的。目前尚在使用的单元组合式仪表有 DDZ-II 型电动调节器（联络信号 $0\sim10\text{mA}$ 的电流信号）、DDZ-III 型电动调节器（联络信号 $4\sim20\text{mA}$ 的电流信号）。

基地式控制器单元组合式仪表中的控制单元属于模拟式控制器，所传送的信号形式为连续的模拟信号，目前在生产实际中已较少使用。

（3）数字式控制器

随着计算机技术迅猛的发展，数字式控制器具有工作灵敏、可靠、价廉、通信方便和性能优良等特点，以致其应用越来越广泛。应用数字式控制器可以构建各种复杂的控制系统，实现不同的控制策略，达到更优的控制效果。目前应用较为广泛的数字式控制器有单片机、PC 机、PLC、可编程调节器等。

4.3.2　数字式控制器的主要特点

相比于模拟控制器，数字式控制器的硬件及其构成原理有很大差别，它以微处理器为核心，具有丰富的运算控制功能和数字通信功能、灵活方便的操作手段、形象直观的数字或图形显示、高度的安全可靠性，比模拟控制器能更方便有效地控制和管理生产过程，因而在工业生产过程中得到了越来越广泛的应用。归纳起来，数字控制器有如下主要特点。

①实现了模拟仪表与计算机一体化　将微处理器引入控制器，充分发挥了计算机的优越性，使数字控制器的功能得到了很大的增强，提高了性价比。同时考虑到人们长期以来的习惯，数字控制器在外形结构、面板布置、操作方式等方面保留了模拟控制器的特征。

②运算控制功能强　数字控制器具有比模拟控制器更丰富的运算控制功能，一台数字控制器既可以实现简单的 PID 控制，也可以实现串级控制、前馈控制和变增益控制等；既可以进行连续控制，也可以进行采样控制、选择控制和批量控制。此外，数字控制器还可以对输入信号进行处理，如线性化、数字滤波、标度变换、逻辑运算等。

③通过软件实现所需功能　数字控制器的运算控制功能是通过软件实现的。在可编程调节器中，软件系统提供了各种功能模块，用户选择所需的功能模块，通过编程将它们连接起来，构成用户程序，便可实现所需的运算与控制功能。

④具有与模拟调节器相同的外特性　尽管数字控制器内部信息均为数字量，但是为了保证数字式控制器能够与传统的常规仪表相兼容，数字控制器模拟量输入输出均采用国际统一标准信号（4~20mA 或 1~5VDC），可以方便地与 DDZ-Ⅲ相连。同时数字控制器还有数字量输入输出功能。

⑤具有通信功能，便于系统扩展　数字控制器除了用于代替模拟控制器构成独立的控制系统之外，还可以与上位计算机一起组成 DCS 控制系统。数字控制器与上位计算机之间实现串行双向的数字通信，可以将手动/自动状态、PID 参数及输入输出值等信息送到上位计算机进行显示与监控，必要时上位计算机也可以对控制器施加干预，如工作状态的变更、参数的修改等。

⑥可靠性高，维护方便　在硬件方面，一台数字式控制器可以替代数台模拟仪表，同时控制器所用硬件高度集成化，可靠性高，在软件方面，数字式控制器的控制功能主要通过模块软件组态来实现，具有多种故障的自诊断功能，能及时发现故障并采取保护措施。

数字式控制器的规格型号很多，它们在构成规模上、功能完善程度上都有很大的差别，但它们的基本构成原理却大同小异。

4.3.3　数字式控制器的基本构成

模拟式控制器只是由模拟元器件构成，它的功能也完全是由硬件构成形式所决定，因此其控制功能比较单一；而数字式控制器由以微处理器为核心构成的硬件电路和由系统程序、用户程序构成的软件两大部分组成，其控制功能主要是由软件所决定。

4.3.3.1　数字式控制器的硬件电路

数字式控制器的硬件电路由主机电路、过程输入通道、过程输出通道、人机接口电路和通信接口电路等部分组成，其构成框图如图 4-14 所示。

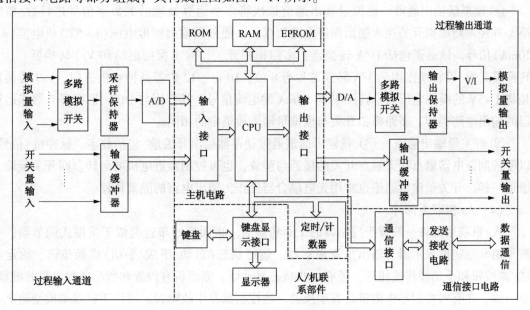

图 4-14　数字式控制器的硬件框图

（1）主机电路

主机电路是数字式控制器的核心，用于实现仪表数据运算处理及各组成部分之间的管理。主机电路由微处理器（CPU）、只读存储器（ROM、EPROM）、随机存储器（RAM）、定时/计数器（CTC）以及输入/输出接口（I/O 接口）等组成。

（2）过程输入通道

过程输入通道包括模拟量输入通道和开关量输入通道，模拟量输入通道用于连接模拟量输入信号，开关量输入通道用于连接开关量输入信号。通常，数字式控制器都可以接收几个模拟量输入信号和几个开关量输入信号。

① 模拟量输入通道　模拟量输入通道将多个模拟量输入信号分别转换为 CPU 所接受的数字量。它包括多路模拟开关、采样/保持器和 A/D 转换器。多路模拟开关将多个模拟量输入信号逐个连接到采样/保持器，采样/保持器暂时存储模拟量输入信号，并把该值保持一段时间，以供 A/D 转换器转换。A/D 转换器的作用是将模拟信号转换为相应的数字量。常用的 A/D 转换器有逐位比较型、双积分型和 V/F 转换型等几种。

② 开关量输入通道　开关量指的是在控制系统中电接点的通和断，或者逻辑电平为"1"和"0"这类两种状态的信号。例如各种按钮开关、液（料）位开关、接近开关、继电器触点的接通与断开，以及逻辑部件输出的高电平与低电平等。开关量输入通道将多个开关输入信号转换成能被计算机识别的数字信号。为了抑制来自现场的干扰，开关量输入通道常采用光电耦合器件作为输入电路进行隔离传输。

（3）过程输出通道

过程输出通道包括模拟量输出通道和开关量输出通道，模拟量输出通道用于输出模拟量信号，开关量输出通道用于输出开关量信号。通常，数字式控制器都可以具有几个模拟量输出信号和几个开关量输出信号。

① 模拟量输出通道　模拟量输出通道依次将多个运算处理后的数字信号进行数/模转换，并经多路模拟开关送入输出保持电路暂存，以便分别输出模拟电压（1~5V）或电流（4~20mA）信号。该通道包括 D/A 转换器、多路模拟开关、输出保持电路和 V/I 转换器。D/A 转换器起数/模转换作用，D/A 转换芯片有 8 位、10 位、12 位等品种可供选用。V/I 转换器是将 1~5V 的模拟电压信号转换成 4~20mA 的电流信号，其作用与 DDZ-Ⅲ型调节器或运算器的输出电路类似。多路模拟开关与模拟量输入通道中的相同。

② 开关量输出通道　开关量输出通道通过锁存器输出开关量（包括数字、脉冲量）信号，以便控制继电器触点和无触点开关的接通与释放，也可控制步进电机的运转。同开关量输入通道一样，开关量输出通道也常用光电耦合器件作为输出电路的隔离传输。

（4）人/机联系部件

人/机联系部件一般置于控制器的正面和侧面。正面板的布置类似于模拟式调节器，有测量值和给定值显示器、输出电流显示器、运行状态（自动/串级/手动）切换按钮、给定值增/减按钮和手动操作按钮等，还有一些状态显示灯。侧面板有设置和指示各种参数的键盘、显示器。在有些控制器中附带后备手操器。当控制器发生故障时，可用手操器来改变输出电流，进行遥控操作。

（5）通信接口电路

控制器的通信部件包括通信接口芯片和发送、接收电路等。通信接口将欲发送的数据转换成标准通信格式的数字信号，经发送电路送至通信线路（数据通道）上，同时通过接收电路接收来自通信线路的数字信号，将其转换成能被计算机接收的数据。数字式控制器大多采用串行传送方式。

4.3.3.2　数字式控制器的软件

数字式控制器的软件包括系统程序和用户程序两大部分。

（1）系统程序

系统程序是控制器软件的主体部分，通常由监控程序和功能模块两部分组成。

监控程序使控制器各硬件电路能正常工作并实现所规定的功能，同时完成各组成部分之间的管理。

功能模块提供了各种功能，用户可以选择所需要的功能模块以构成用户程序，使控制器实现用户所规定的功能。

（2）用户程序

用户程序是用户根据控制系统的要求，在系统程序中选择所需要的功能模块，并将它们按一定的规则连接起来的结果，其作用是使控制器完成预定的控制与运算功能。使用者编制程序实际上是完成功能模块的连接，即组态工作。

用户程序的编程通常采用面向过程 POL 语言，这是一种为了定义和解决某些问题而设计的专用程序语言，程序设计简单，操作方便，容易掌握和调试。通常有组态式和空栏式语言两种，组态式又有表格式和助记符式之分。控制器的编程工作是通过专用的编程器进行的，有"在线"和"离线"两种编程方法。

§4.4　数字式控制器应用实例

4.4.1　以 PC 机作为控制器的控制系统

随着计算机技术的发展，PC 机（个人计算机）的运算速度越来越快，存储容量不断扩大，在自动化领域的应用愈加广泛，只要配置适当的输入、输出和通信模块，就能实现对多个工艺参数的有效控制。

PCT-II 型过程控制系统实验装置，通过输入、输出和通信三个牛顿模块与 PC 机构成了数字式控制器，可以实现对实验对象的压力、流量、液位和温度等参数的控制。

4.4.1.1　控制器的结构

PCT-II 型过程控制系统实验装置在计算机控制和通信上采用数据采集模块，配置有三个牛顿模块，7520 是 RS-232 转 485 通信模块，7024 是 D/A 模块，4 通道模拟输出模块。7017 是 A/D 模块，8 通道模拟输入模块；分别实现与 PC 机的通信、控制信号的数模转换和现场参数的模数转换功能。

PC 机通过软硬件配合，在其组态王应用软件中实现数据的采集、滤波、PID 运算和控制信号的输出等功能。控制器的结构如图 4-15 所示。

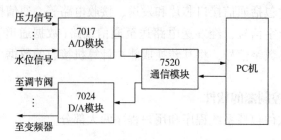

图 4-15　PC 机型的数字控制器原理图

4.4.1.2　应用实例

PCT-II 型过程控制系统实验装置通过接线可以构建以 PC 机为核心的水位、压力、流量和温度简单自动控制系统和串级、前馈和比值等复杂自动控制系统。

以 PC 机为核心的上水箱水位自动控制系统如图 4-16 所示。

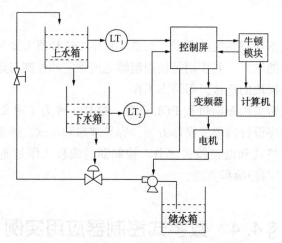

图 4-16　上水箱水位自动控制系统原理图

图中上水箱为被控对象，其水位是工艺上要求控制的参数，水位变送器 LT$_1$ 检测上水箱水位，并转换成 4~20mA 的标准电流信号，送到控制屏，经 7017A/D 牛顿模块送入 PC 机中，在 PC 机中与给定值进行对比，产生水位偏差信号，经 PID 运算处理后，产生控制信号，经 7024D/A 牛顿模块送到控制屏上，再转送到电动调节阀上，调节阀产生动作，开大或关小阀门，进而达到控制水箱水位的目的。

4.4.2　以 PLC 作为控制器的控制系统

PLC(Programmable Logic Controller) 即可编程逻辑控制器，它是以微处理器为基础，综合计算机技术、自动化技术和通信技术而发展起来的一种新型工业控制装置。它将传统的继电器技术和现代计算机信息处理两者的优点结合起来，成为工业自动化领域中最重要和应用最多的控制设备。

4.4.2.1　PLC 的分类与特点

（1）可编程序控制器的分类

PLC 的分类方法很多，大多是根据外部特性来分类的。以下三种分类方法用得较为普遍。

① 按照点数、功能不同分类根据输入输出点数、存储器容量和功能分为小型、中型和大型三类。

小型 PLC 又称为低档 PLC。它的输入输出点数一般从 20 点到 128 点，用户程序存储器容量小于 2K 字节，具有逻辑运算、定时、计数、移位等功能，可以用来进行条件控制、定时计数控制，通常用来代替继电器、接触器控制，在单机或小规模生产过程中使用。

中型 PLC 的 I/O 点数一般在 128~512 点之间，用户存储器容量为 2K~8K 字节，兼有开关量和模拟量的控制功能。它除了具备小型 PLC 的功能外，还具有数字计算、过程参数调节[如比例、积分、微分(P、I、D)调节]、模拟定标、查表等功能，同时辅助继电器数量增多，定时计数范围扩大，适用于较为复杂的开关量控制如大型注塑机控制、配料及称重等小型连续生产过程控制等场合。

大型 PLC 又称为高档 PLC，I/O 点数超过 512 点，最多可达 8192 点，进行扩展后还能增加，用户存储容量在 8K 字节以上，具有逻辑运算、数字运算、模拟调节、联网通信、监视、记录、打印、中断控制、智能控制及远程控制等功能，用于大规模过程控制(如钢铁厂、电站)、分布式控制系统和工厂自动化网络。

② 按照结构形状分类根据 PLC 各组件的组合结构，可将 PLC 分为整体式和机架模块式两种。

③ 按照使用情况分类从应用情况又可将 PLC 分为通用型和专用型两类。通用型 PLC 可供各工业控制系统选用，通过不同的配置和应用软件的编制可满足不同的需要，是用作标准工业控制装置的 PLC，如前面所举的各种型号。专用型 PLC 是为某类控制系统专门设计的 PLC，如数控机床专用型 PLC 就有美国 AB 公司的 8200CNC、8400CNC，德国西门子公司的专用型 PLC 等。

（2）PLC 的特点

① 可靠性高，抗干扰能力强。

② 编程简单，使用方便。

③ 控制程序可变，具有很好的柔性。

④ 功能完善。

⑤ 扩充方便，组合灵活。

⑥ 减少了控制系统设计及施工的工作量。

⑦ 体积小、重量轻，是"机电一体化"特有的产品。

4.4.2.2 PLC 的应用范围与应用类型

随着微电子技术的快速发展，PLC 的制造成本不断下降，而其功能却大大增强。目前在先进工业国家中 PLC 已成为工业控制的标准设备，应用面几乎覆盖了所有工业企业，诸如石油、化工、电力、轻工、造纸、交通和食品等各行各业。

PLC 的应用类型非常广泛，主要体现在以下方面：

（1）逻辑控制

逻辑控制是 PLC 最基本和最广泛的应用方面，PLC 取代了传统的继电器系统和顺序控制器，可实现单机控制、多机控制和生产线的自动控制，如化工生产中的配料控制和日常生活中常用设备电梯的控制等。

在石油、化工和油气储运生产过程中为防止装置在开、停工和生产操作过程中可能出现重大事故导致重大人身和经济损失，保护操作人员和装置的安全，装置根据工艺过程和设备，设置了必要的安全仪表系统(SIS)，实现装置的联锁保护、紧急停车系统及关键设备联锁保护，SIS 系统由 PLC 通过逻辑控制实现设备的联锁和保护。

(2) 运动控制

PLC 配用合适的变频器可实现对石油化工生产过程中大量的流体输送设备的控制，既能有效地控制流体的流量，同时可以降低能耗和经济运行成本。

(3) 过程控制

过程控制是通过配用 A/D、D/A 转换模块及智能 PID 模块实现对生产过程中的温度、压力、流量和液位等连续变化的模拟量进行单回路或多回路闭环调节控制，使这些物理参数保持在设定值上。在各种加热炉、锅炉等的控制以及石油、化工和制药等许多领域的生产过程中有着广泛的应用。

4.4.2.3　应用实例

某三种液体混合装置如图 4-17 所示，图中 L_1、L_2、L_3 为液面传感器，液体淹没传感器时，传感器的控制接点接通，否则断开，A 种液体的注入由电磁阀 Y_1 控制，B 种液体的注入由电磁阀 Y_2 控制，C 种液体的注入由电磁阀 Y_3 控制，混合搅拌后的液体通过混合液体阀门 Y_4 流出，M 为搅拌电机，T 为温度传感器，H 为加热器。

(1) 控制要求

① 初始状态容器是空的，电磁阀 Y_1、Y_2、Y_3、Y_4 均处于关闭状态，液位传感器 L_1、L_2、L_3 均为断开状态，电动机 M 未启动，加热器 H 未接通。

② 启动操作按下启动按扭，开始下列操作：

a. 电磁阀 Y_1、Y_2 打开，液体 A 和 B 同时注入容器。当液面达到 L_2 时，液位传感器 L_2 控制接点接通，使电磁阀 Y_1、Y_2 关闭，电磁阀 Y_3 打开。

b. 液面达到 L_1 时，电磁阀 Y_3 关闭，搅拌机 M 启动，开始搅拌。

c. 经 10s 搅匀后，搅拌机 M 关闭，停止搅动，加热器 H 开始加热。

d. 当混合液温度达到某一指定值时，停止加热，使电磁阀 Y_4 打开，开始放出搅拌均匀的混合液体。

e. 液面低于 L_3 时，液位传感器 L_3 控制接点从接通到断开，再经过 5s，容器放空，使电磁阀 Y_4 断开，开始下一周期。

③ 停止操作按下停止键，无论处于什么状态均停止。

(2) 控制流程图

根据控制要求，绘制的三种液体自动混合控制系统流程图如图 4-18 所示。根据流程图可以设计出相应的控制应用程序。

(3) PLC 接线图

根据控制流程要求，设计的三种液体自动混合控制系统接线图如图 4-19 所示，PLC 选用三菱公司生产的 FX2n-16MR-001，继电器输出。

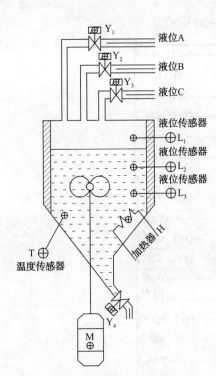

图 4-17　液体混合装置

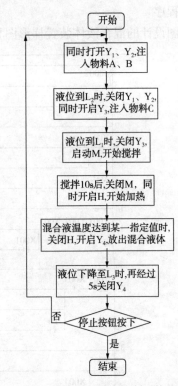

图 4-18　液体自动混合控制系统流程图

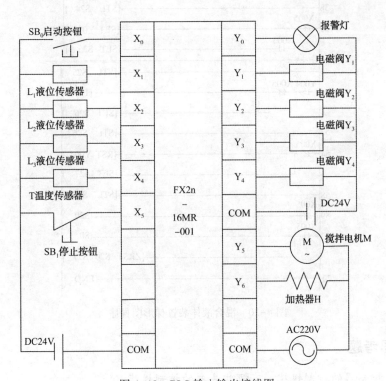

图 4-19　PLC 输入输出接线图

（4）应用程序

根据流程图设计的混合液体装置梯形图程序如图 4-20 所示。

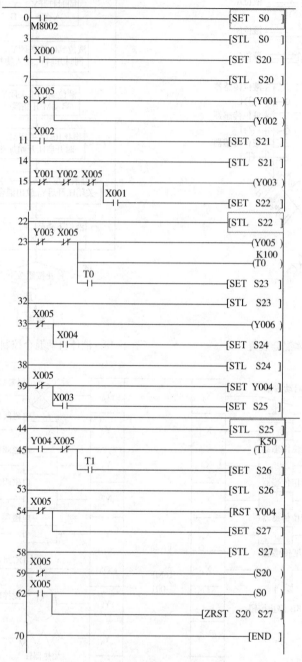

图 4-20　混合液体装置梯形图程序

习题与思考题

1. 什么是控制器的控制规律，有哪些基本的控制规律？

2. 比例控制为什么会产生余差？

3. 为什么积分控制可以消除余差？纯积分控制为什么在生产实际中不常用？

4. 某 DDZ-III 控制器，采用 PI 控制规律，若将比例度设为 100%，积分时间设为 2min，稳态时输出调为 5mA，某时刻控制器输入增加 0.2mA，试问经过 5min 后，控制器输出将由 5mA 变化到多少？

5. 比例控制器的比例度大小对控制过程有什么影响？

6. 比例积分控制器的积分时间大小对控制过程有什么影响？

7. 比例微分控制器的微分时间大小对控制过程有什么影响？在什么情况下要引入微分控制规律？

8. 数字式控制器由哪几部分组成，各部分的作用是什么？

第5章 执 行 器

执行器是实际执行改变对象操作变量的设备。是自动控制系统中的必不可少的重要组成部分。在生产过程自动控制中的执行器主要是人们常说的调节阀或控制阀。执行器根据接收的控制信号大小，改变阀门的开度，使通过它的流体量发生变化，达到执行控制的作用。

目前炼油化工生产使用的执行器主要有气动和电动两种形式。气动执行器是以压缩空气作为动力能源，具有结构简单、动作可靠、本质安全防暴等主要特点，广泛应用于石油、化工等生产过程；电动执行器是以电源作为动力能源，具有电源配备方便，信号传输快、损失小，可远距离传输等主要特点。

§5.1　执行器的结构原理

执行器是由执行机构和控制机构两个部分构成。图5-1是气动执行器的示意图。

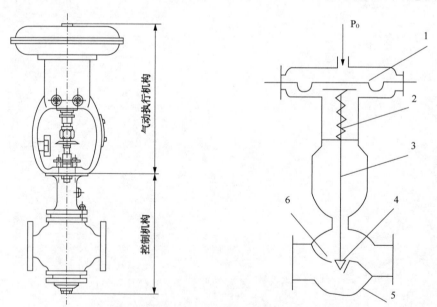

图5-1　气动执行器外形和内部结构示意图
1—薄膜；2—平衡弹簧；3—阀杆；4—阀芯；5—阀体；6—阀座

执行机构是执行器的推动装置，其作用是接收控制信号，转换成对应的位移量。气动执行机构接收的是0.02~0.1MPa的压力信号，主要转换成直线位移。电动执行机构接收的是4~20mA的直流信号，转换成直线位移或角位移。

控制机构也称阀体，执行机构产生的位移直接作用使其开度改变，从而改变通过的流体量。控制机构通常与气动执行机构配合是个整体结构，与电动执行机构配合是分开的两个部分。

5.1.1 气动执行机构

气动薄膜式执行机构是气动执行器最为常见的推动装置，结构主要由膜片、推杆、平衡弹簧和上下阀盖等组成。图 5-2 为结构示意图。

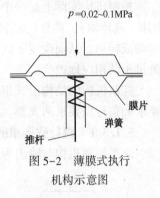

$p=0.02\sim0.1\text{MPa}$

膜片

弹簧

推杆

图 5-2 薄膜式执行机构示意图

执行机构接受 0.02~0.1MPa 的压力信号，经膜片转换成推力，使推杆移动，并压缩弹簧，当弹簧反弹力与推力达到力平衡时，系统恒定，推杆有对应的位移。推杆位移 l 与压力信号 p 成比例关系，可用下式表达：

$$l=\frac{A}{K}p \tag{5-1}$$

式中，A 为膜片的有效面积；K 为平衡弹簧的弹性系数。

推杆最大位移也称执行器行程。常见行程规格有：10、16、25、40、60、100mm 等。

5.1.2 电动执行机构

电动执行机构有角行程、直行程和多转式等类型。接收输入的 4~20mA 标准直流信号后，转换成不同类型的输出驱动相应的控制机构。角行程电动执行机构转换为相应的角位移（0°~90°），这种执行机构适用于旋转式控制阀。直行程执行机构转换为直线位移输出，去操纵直线式控制机构。多转式电动执行机构主要用来开启和关闭多转式阀门。由于它的电机功率比较大，最大的有几十千瓦，一般多用于就地操作和遥控。

电动执行机构主要由伺服放大器、伺服电动机、减速器、位置发送器和操纵器组成。几种类型的电动执行机构在电气原理上基本上是相同的，只是减速器不一样。

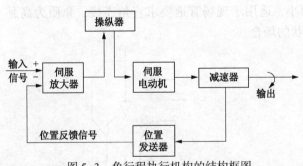

图 5-3 角行程执行机构的结构框图

图 5-3 为角行程的电动执行机构的结构框图。其工作过程：伺服放大器将输入的 4~20mA 标准直流信号与位置反馈信号进行比较，偏差信号经放大驱动伺服电动机。当偏差信号为零或无信号输入（此时位置反馈信号也为零）时，放大器输出为零，电机不转；如有信号输入，且与反馈信号比较产生偏差，根据偏差极性和大小，放大器输出足够的功率，驱动电机正转或反转，经减速器减速后带动输出轴转动，与输出轴相连的位置发送器的输出电流信号发生改变，直到与输入信号相等为止。此时输出轴就稳定在与该输入信号相对应的转角位置上，实现了输入电流信号与输出转角的转换。

电动执行机构通常还装有操纵器，可通过其实现自动控制和手动操作的相互切换。当操纵器的切换开关置于手动操作位置时，由正、反操作按钮直接控制电机的电源，以实现手动操作执行机构输出轴的正转或反转。

5.1.3　控制机构

控制机构实际上是一个局部阻力可以改变的节流元件。阀体内主要部件是阀芯、阀座与阀杆(或转轴)，阀杆(或转轴)上部与执行机构相连，下部与阀芯相连。由于阀芯在阀体内移动或转动，从而改变了阀芯与阀座之间的流通面积，即改变了阀的阻力系数，通过的流体流量也就相应地改变。

控制机构的结构形式很多，可配合不同的执行机构适应不同的使用要求，主要有直行程要求和角行程要求两大类。

5.1.3.1　直行程要求的控制机构

此类控制机构与输出为直行程的执行机构配套使用。主要类型有：

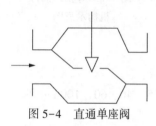
图 5-4　直通单座阀

（1）直通单座阀

阀体内只有一个阀芯与阀座，图 5-4 为结构简图。其特点是结构简单、全关时泄漏量小。但是在流体通过阀芯时，由于节流原理，阀芯上下的压力不同，使得作用在阀芯上下的推力不平衡，当压差大时这种不平衡力会影响阀芯的移动，甚至发生强烈抖动。因此这种阀一般应用在小口径、低压差的场合。

（2）直通双座阀

阀体内有两个阀芯和两个阀座，如图 5-5 所示。当流体流过的时候，由于分别在两个阀芯上形成的推力方向相反而大小近似相等，相互基本抵消，所以不平衡力小。但是，加工精度要求较高，通常全关时由于阀芯阀座结构尺寸问题不易保证同时密闭，因此泄漏量较大。

（3）角形阀

角形阀的两个接管方向呈直角，如图 5-6 所示。一般为底进侧出，此时调节阀稳定性好；在高压差场合下，为了延长阀芯使用寿命，也可采用侧进底出，但侧进底出在小开度时易发生振荡。这种阀的流路简单、阻力较小，适用于现场管道要求直角连接，介质为高黏度、高压差和含有少量悬浮物和固体颗粒状的场合。

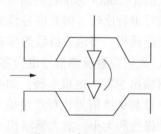
图 5-5　直通双座阀

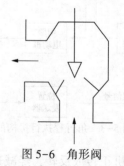
图 5-6　角形阀

（4）三通阀

阀体外有三个接管口，内有两个阀芯和两个阀座。有合流阀和分流阀两种类型。合流阀将两路介质混合成一路；而分流阀将一路介质分成两路。分别如图 5-7(a)、(b)所示。这种阀适用于三个方向流体的管路，主要适用于配比控制与旁路控制。

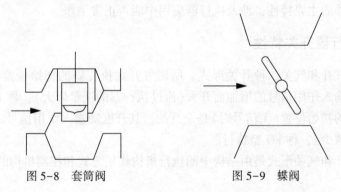

(a)分流型   图 5-7 三通阀   (b)合流型

（5）套筒阀

套筒阀与一般的直通阀相似，如图 5-8 所示。但阀芯外面套有一个圆柱形筒子（简称套筒，又称笼子），套筒壁开有一定形状的节流孔（窗口），利用套筒导向，阀芯可在套筒中上下移动。由于这种移动改变了流体经过时的节流孔面积，使得流量得到改变。套筒阀分为单密封和双密封两种结构，前者类似于直通单座阀，适用于单座阀的场合；后者类似于直通双座阀，适用于双座阀的场合。套筒阀是一种性能优良的阀，具有稳定性好、结构简单、拆装维修方便、尤其是更换不同的套筒（窗口形状不同）即可得到不同的流量特性等优点，得到广泛应用，特别适用于要求低噪声及压差较大的场合，但不适用高温、高黏度及含有固体颗粒的流体。其价格比较贵。

5.1.3.2 角行程要求的控制机构

此类控制机构与输出为角行程（转角）的执行机构配套使用。主要类型有：

（1）蝶阀

又名翻板阀，如图 5-9 所示。蝶阀是以转轴为中心旋转带动挡板转动，改变流通面积，达到控制流体通过的流量的目的。蝶阀通常工作转角应小于 70°。蝶阀具有结构简单、重量轻、价格便宜、流阻极小的优点，但泄漏量大。主要适用于大口径、大流量、低压差的场合，也可以用于含少量纤维或悬浮颗粒状介质的控制。

图 5-8 套筒阀   图 5-9 蝶阀

（2）球阀

球阀的阀芯与阀体都呈球形体，阀芯球上有"O"形和"V"形两种开口形式，分别如图 5-10（a）、（b）所示。转动阀芯使之与阀体处于不同的相对位置时，就具有不同的流通面积，以达到流量控制的目的。

O 形球阀的节流元件是带圆孔的球形体，转动球体可起控制和切断的作用，常用于双位

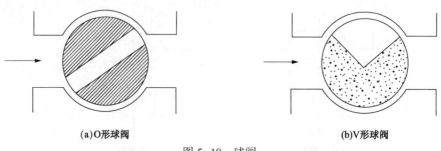

(a)O形球阀　　　　　　　　　　　　(b)V形球阀

图 5-10　球阀

式控制。V 形球阀的节流元件是 V 形缺口球形体，转动球心使 V 形缺口起节流和剪切的作用，适用于高黏度和污秽介质的控制。

（3）凸轮挠曲阀

又名偏心旋转阀。它的阀芯呈扇形球面状，与挠曲臂及轴套一起铸成，固定在转动轴上，如图 5-11 所示。凸轮挠曲阀的挠曲臂在压力作用下能产生挠曲变形，使阀芯球面与阀座密封圈紧密接触，密封性好。同时，它的重量轻、体积小、安装方便，适用于高黏度或带有悬浮物的介质流量控制。

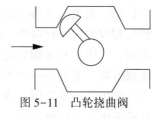

图 5-11　凸轮挠曲阀

除以上所介绍的阀以外，还有一些特殊的控制阀。例如小流量阀适用于小流量的精密控制，超高压阀适用于高静压、高压差的场合。

§5.2　执行器的特性

执行器根据输入信号进行流量调节。其所能通过的流量大小以及流量与输入信号的关系，是反映执行器的主要特性，涉及执行器应用中能否正常工作。

5.2.1　执行器开关特性

执行器具有气开和气关二种开关形式。所谓气开式执行器的初始位置（无信号时）是关闭的，其开度随输入作用信号的增加而开大（流过执行器的流量增大），称 FC 型执行器；所谓气关式执行器的初始位置（无信号时）是全开的，其开度随输入作用信号的增加而关小（流过执行器的流量减少），称 FO 型执行器。

执行器的气开和气关形式是由结构中的执行机构作用方式和控制机构的安装方式不同组合具体形成。

执行机构有正作用和反作用二种作用方式，正作用是作用信号增加时，推杆是向下位移的。反作用是作用信号增加时，推杆是向上位移的。图 5-12 是气动薄膜执行机构二种不同作用方式的原理图。正作用是气压信号从上阀盖进入作用于膜片上方，国产正作用式执行机构称为 ZMA 型；反作用则是气压信号从下阀盖进入作用于膜片下方，国产反作用式执行机构称为 ZMB 型。较大口径的控制阀都是采用正作用的执行机构。

控制机构有正装和反装二种安装方式，正装是阀杆向下位移时开度减少；反装是阀杆向下位移时开度加大。图 5-13 是直通单座阀体的二种不同安装方式的原理图。

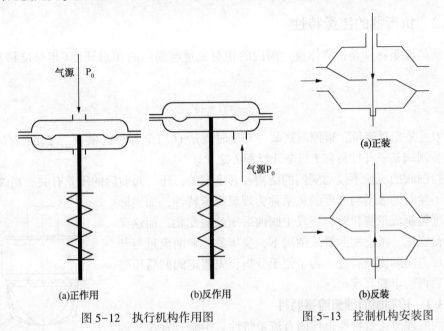

图 5-12 执行机构作用图 　　图 5-13 控制机构安装图

图 5-14 是执行机构和控制机构四种不同组合方式的简化示意图。其中 a、b 是气开式，c、d 是气关式。

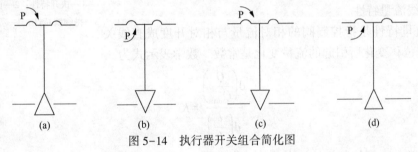

图 5-14 执行器开关组合简化图

5.2.2 执行器的流量系数

控制阀的流量系数亦可称控制阀的流通能力，表示控制阀容量大小(流通能力)的参数。控制阀流量系数 C_V 的定义为：当阀两端压差为 100kPa，流体密度为 1g/cm^3，阀全开时，流经控制阀的流体流量(单位为：m^3/h)。

对于不可压缩的流体，且阀前后压差 Δp 不太大时，流量系数 C_V 的计算公式为

$$C_V = 10Q\sqrt{\frac{\rho}{\Delta p}} \tag{5-2}$$

式中，ρ 为流体密度，g/cm^3；Δp 为阀前后的压差，kPa；Q 为流经阀的流量，m^3/h。

例如：某控制阀在全开时，当阀两端压差为 100kPa，流经阀的水流量为 40m^3/h，则该控制阀的流量系数 C_V 值为 40。

对于可压缩的流体流量系数公式在式(5-2)基础上修正。C_V值的计算与介质的特性、流动的状态等因素有关，具体计算时请参考有关计算手册或应用相应的计算机软件。

5.2.3　执行器的流量特性

控制阀的流量特性是指流体流过阀门的相对流量与阀门的相对开度(相对位移)间的关系，即

$$\frac{Q}{Q_{max}}=f\left(\frac{l}{L}\right) \tag{5-3}$$

式中，Q/Q_{max}是相对流量，指控制阀某一开度时流量Q与全开时流量Q_{max}之比；l/L是相对开度，指控制阀某一开度行程l与全开行程L之比。

通过控制阀的流量不仅与阀门的结构和开度有关，还与阀前后的压差有关。当阀前后的压差保持不变时的流量与开度的关系称为理想流量特性，而实际上改变开度控制流量变化时，还发生阀前后压差的变化，而这又将引起流量变化。考虑实际管线情况下，受压差影响的流量与开度的关系称为实际流量特性。为了便于分析，先假定阀前后压差固定，然后再引申到真实情况。

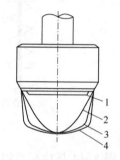

图5-15　阀芯形状示意图
1—快开特性；2—直线特性；
3—抛物线特性；4—等百分比特性

5.2.3.1　控制阀的理想流量特性

控制阀的理想流量特性也称固有流量特性。主要有直线、等百分比(对数)、抛物线及快开等几种。它取决于阀芯的形状，图5-15是直通阀的阀芯形状示意图。

(1)直线流量特性

直线流量特性是指控制阀的相对流量与相对开度成直线关系，即单位位移变化所引起的流量变化是常数。数学表示式为

$$\frac{d\left(\dfrac{Q}{Q_{max}}\right)}{d\left(\dfrac{l}{L}\right)}=K \tag{5-4}$$

式中，K为常数，即控制阀的放大系数。将式(5-4)积分可得

$$\frac{Q}{Q_{max}}=K\frac{l}{L}+C \tag{5-5}$$

式中，C为积分常数。

当行程$l=0$时，阀门通过最小流量$Q=Q_{min}$(注意Q_{min}并不等于控制阀全关时的泄漏量)；当行程$l=L$时，阀门通过最大流量$Q=Q_{max}$。上述关系称为边界条件，将其代入式(5-4)，可分别得到C、K表达式：

$$C=\frac{Q_{min}}{Q_{max}}=\frac{1}{R} \qquad\qquad K=1-\frac{Q_{min}}{Q_{max}}=1-\frac{1}{R}$$

将C、K代入式(5-5)，可得

$$\frac{Q}{Q_{max}}=\frac{1}{R}+\left(1-\frac{1}{R}\right)\frac{l}{L} \tag{5-6}$$

式中，R 为控制阀所能控制的最大流量 Q_{max} 与最小流量 Q_{min} 的比值，称为控制阀的可调范围或可调比。最小流量 Q_{min} 一般是最大流量 Q_{max} 的 2%~4%。国产直通单座、直通双座、角形阀理想可调范围 R 为 30，隔膜阀的可调范围为 10。

直线流量特性在直角坐标上是一条直线，即 Q/Q_{max} 与 l/L 之间是线性关系（如图 5-16 中直线 1 所示）。当可调比 R 不同时，特性曲线在纵坐标上的起点是不同的。为便于分析和计算，假设 $R=\infty$，即特性曲线以坐标原点为起点，这时当位移变化 10% 所引起的流量变化总是 10%。但流量变化的相对值是不同的，以行程的 10%、50% 及 80% 三点为例，若位移变化量都为 10%，则

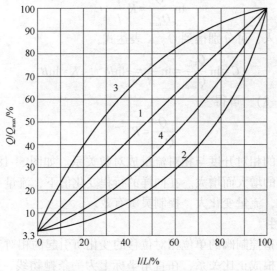

图 5-16　控制阀的理想流量特性（$R=30$）
1—直线；2—等百分比（对数）；3—快开；4—抛物线

在 10% 时，流量变化的相对值为

$$\frac{20-10}{10}\times100\%=100\%$$

在 50% 时，流量变化的相对值为

$$\frac{60-50}{50}\times100\%=20\%$$

在 80% 时，流量变化的相对值为

$$\frac{90-80}{80}\times100\%=12.5\%$$

计算结果表明，直线流量特性的阀门在小开度时，流量小，但流量变化的相对值大，这时的控制作用很强；而在大开度时，流量大，但流量变化的相对值小，这时的控制作用较弱。从控制系统来讲，这种特性通常不利于控制系统的正常运行。一般系统处于小负荷（流量较小）时，要克服外界干扰的影响，希望控制阀动作所引起的流量变化量不要太大，以免控制作用太强产生超调，甚至发生振荡；但当系统处于大负荷时，要克服外界干扰的影响，希望控制阀动作所引起的流量变化量要大一些，以免控制作用微弱而使控制不够灵敏。

(2) 等百分比(对数)流量特性

等百分比流量特性是指控制阀的单位相对行程变化所引起的相对流量变化与此点的相对流量成正比关系，即控制阀的放大系数随相对流量的增加而增大。用数学式表示为

$$\frac{d\left(\dfrac{Q}{Q_{max}}\right)}{d\left(\dfrac{l}{L}\right)}=K\frac{Q}{Q_{max}} \tag{5-7}$$

将式(5-7)积分，得

$$\ln\frac{Q}{Q_{max}}=K\frac{l}{L}+C \tag{5-8}$$

将前述边界条件代入，可分别得到 C、K 表达式：

$$C=\ln\frac{Q_{min}}{Q_{max}}=\ln\frac{1}{R}=-\ln R \qquad K=\ln R$$

将 C、K 代入式(5-8)，可得

$$\frac{Q}{Q_{max}}=R^{\left(\frac{l}{L}-1\right)} \tag{5-9}$$

等百分比流量特性的相对开度与相对流量成对数关系。如图 5-18 中曲线 2 所示。曲线斜率即放大系数随行程的增大而增大。在同样的行程变化值下，流量小时，流量变化小，控制平稳缓和；流量大时，流量变化大，控制灵敏有效。

(3) 抛物线流量特性

抛物线流量特性是指控制阀的单位相对位移的变化所引起的相对流量变化与此点的相对流量值的平方值的平方根成正比关系，在直角坐标上为一条抛物线，如图 5-18 中曲线 4 所示。它介于直线及对数曲线之间。数学表达式为

$$\frac{d\left(\dfrac{Q}{Q_{max}}\right)}{d\left(\dfrac{l}{L}\right)}=K\left(\frac{Q}{Q_{max}}\right)^{\frac{1}{2}} \tag{5-10}$$

$$\frac{Q}{Q_{max}}=\frac{1}{R}\left[1+(\sqrt{R}-1)\frac{l}{L}\right]^{2} \tag{5-11}$$

抛物线流量特性是为了弥补直线特性在小开度时调节性能差的缺点，在抛物线特性基础上派生出的一种修正抛物线特性，它在相对位移 30% 及相对流量变化 20% 这段区间内为抛物线关系，而在此以上的范围是线性关系。

(4) 快开特性

这种流量特性在开度较小时就有较大流量，随开度的增大，流量很快就达到最大，故称为快开特性。在直角坐标上如图 5-18 中曲线 3 所示。快开特性的阀芯形式是平板形的，适用于迅速启闭的切断阀或双位控制系统。数学表达式为

$$\frac{d\left(\dfrac{Q}{Q_{max}}\right)}{d\left(\dfrac{l}{L}\right)}=K\left(\frac{Q}{Q_{max}}\right)^{-1} \tag{5-12}$$

$$\frac{Q}{Q_{max}} = \frac{1}{R}\left[1+(R^2-1)\frac{l}{L}\right]^{1/2} \tag{5-13}$$

5.2.3.2 控制阀的工作流量特性

在实际生产应用中，不同的管线情况下，流体流过阀门的相对流量与阀门的相对开度间的关系不同于其固有流量特性。下面从串联管道和并联管道两种情况分析对应的工作流量特性。

(1) 串联管道的工作流量特性

以图 5-17 所示结构讨论串联管道中的控制阀特性。Δp 为系统总压差，Δp_V 为控制阀前后的压差，Δp_F 为管路系统 (除控制阀外的全部设备和管道的各局部阻力之和) 的压差，$\Delta p = \Delta p_V + \Delta p_F$。阀上压差 Δp_V 将会随开度增加，节流面积加大 (流量增加) 而减少 (如图 5-18 所示)，使得实际流量增加量低于理想特性流量。

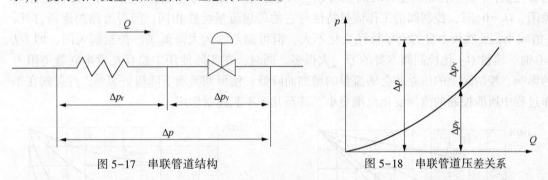

图 5-17 串联管道结构　　　　　图 5-18 串联管道压差关系

图 5-19 是串联管道工作流量特性。S 表示控制阀全开时阀上压差与系统总压差 (即系统中最大流量时动力损失总和) 之比。Q_{max} 表示管道阻力等于零 (此时阀上压差为系统总压差) 时控制阀的全开流量。图中 $S=1$ 时，管道阻力损失为零，系统总压差全降在阀上，工作特性与理想特性一致。随着 S 值的减小，直线特性渐渐趋近于快开特性，等百分比特性渐渐接近于直线特性。在实际使用中，为使流量特性畸变不过大，一般希望 S 值不低于 0.3~0.5。

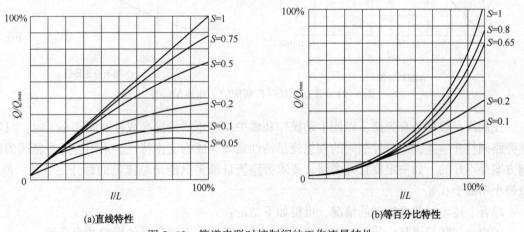

(a) 直线特性　　　　　(b) 等百分比特性

图 5-19 管道串联时控制阀的工作流量特性

在现场使用中，如控制阀选得过大或生产在低负荷状态，控制阀将工作在小开度。有时，为了使控制阀有一定的开度而把工艺阀门关小些以增加管道阻力，使流过控制阀的流量降低，这样，S 值下降，使流量特性畸变，控制质量恶化。

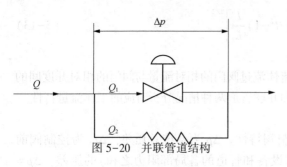

图 5-20　并联管道结构

（2）并联管道的工作流量特性

图 5-20 表示并联管道时的情况。假设压差 Δp 为一定，当旁路阀关闭时，控制阀为理想流量特性；但当旁路阀打开时，虽然控制阀上的流量特性没有改变，但影响生产过程的是总管流量 Q（控制阀流量 Q_1 和旁路流量 Q_2 之和，即 $Q=Q_1+Q_2$），此时考虑的工作流量特性是总管相对流量与阀门的相对开度间的关系。

图 5-21 是压差 Δp 为一定时并联管道工作流量特性。纵坐标流量以总管最大流量 Q_{max} 为参比值，x 表示控制阀全开时的流量 Q_{1max} 与总管最大流量 Q_{max} 之比。图中 $x=1$（即旁路阀关闭、$Q_2=0$）时，控制阀的工作流量特性与它的理想流量特性相同。随着旁路阀逐渐打开，x 值减小，虽然阀本身的流量特性变化不大，但可调范围大大降低了。控制阀关闭，即 $l/L=0$ 时，流量 Q_{min} 比控制阀本身的 Q_{1min} 大得多。同时，在实际使用中总存在着串联管道阻力的影响，控制阀上的压差还会随流量的增加而降低，使可调范围下降得更多些，控制阀在工作过程中所能控制的流量变化范围更小，甚至几乎不起控制作用。

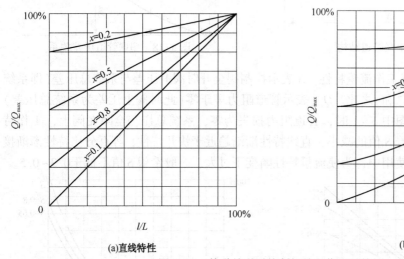

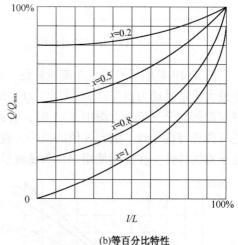

(a)直线特性　　　　　　　　　　　　　(b)等百分比特性

图 5-21　管道并联时控制阀的工作流量特性

控制阀一般都装有旁路，以便手动操作和维护。当生产量提高或控制阀选小了时，只好将旁路阀打开一些，此时控制阀的理想流量特性就改变成为工作特性。采用打开旁路阀的控制方案是不好的，如一定要打开旁路，要求旁路流量最多只能是总流量的百分之十几，使 x 值最小不低于 0.8。

综合上述串、并联管道的情况，可得如下结论：

①串、并联管道都会使阀的理想流量特性发生畸变，串联管道的影响尤为严重。

②串、并联管道都会使控制阀的可调范围降低，并联管道尤为严重。

③串联管道使系统总流量减少，并联管道使系统总流量增加。

④串、并联管道会使控制阀的放大系数减小，即输入信号变化引起的流量变化值减少。串联管道时控制阀若处于大开度，则 S 值降低对放大系数影响更为严重；并联管道时控制阀

若处于小开度，则 x 值降低对放大系数影响更为严重。

§5.3 执行器的选择和安装

为了保证控制系统的控制质量、安全性和可靠性。控制阀在使用过程中必须进行合理的选择，合适的安装及必要的日常维护。

5.3.1 执行器的选择

控制阀的选择一般要综合考虑操作工艺条件(如温度、压力)、介质的物理化学特性(如腐蚀性、黏度等)、被控对象的特性、控制的要求、安装的地点等因素，参考各种类型控制阀的特点合理地选用。通常主要从下列几个方面考虑。

(1)结构的选择

控制阀的结构包括执行机构及控制机构。

目前在石油化工生产过程中，由于其易燃、易爆的特点，执行机构主要采用本质安全的气动执行机构，为了准确定位及加大推动力，一般配阀门定位器。其他应用场合可考虑选择电动执行机构，可以较快速动作，并且无需电气转换设备。

控制机构主要根据工艺条件和流体性质来选择。当控制阀前后压差较小，要求泄漏量也较小时应选用直通单座阀；当控制阀前后压差较大，并且允许有较大泄漏量时选用直通双座阀；当介质为高黏度，含有悬浮颗粒物时，为避免黏结堵塞现象，便于清洗应选用角型控制阀，对于强腐蚀介质可采用隔膜阀，高温介质可选用带翅形散热片的结构形式。

(2)流量特性的选择

控制阀流量特性目前使用比较多的是等百分比流量特性。流量特性的选择有理论分析法和经验法。前者还在研究中，目前较多采用经验法。一般可从以下几方面考虑。

①依据过程特性选择 一个过程控制系统，在负荷变动的情况下，要使系统保持期望的控制品质，则必须要求系统总的放大系数在整个操作范围内保持不变。一般变送器、已整定好的调节器、执行机构等放大系数基本上是不变的，但过程特性则往往是非线性的，其放大系数随负荷而变。因此，必须通过合理选择调节阀的工作特性，以补偿过程的非线性，其选择依照如下公式：

$$K_V K_0 = 常数 \tag{5-14}$$

式中，K_V 为控制阀的放大系数；K_0 为被控过程的放大系数。

②依据配管情况选择 一般是先按控制系统的特点来选择阀的希望流量特性，然后再考虑工艺配管情况来选择相应的理想流量特性。使控制阀安装在具体的管道系统中，畸变后的工作流量特性能满足控制系统对它的要求。可参照表 5-1 进行选择。

表 5-1 流量特性选择对照表

配管状况	$S = 0.6 \sim 1$		$S = 0.3 \sim 0.6$	
工作特性	直线	等百分比	直线	等百分比
理想特性	直线	等百分比	等在分比	等百分比

③依据负荷变化情况选择　在负荷变化较大的场合,宜选用等百分比流量特性,因为等百分比流量特性的放大系数可随阀芯位移的变化而变化,但它的相对流量变化率则是不变的,所以能适应负荷变化大的情况。此外,当调节阀经常工作在小开度时,则宜选用等百分比流量特性。因为直线流量特性工作在小开度时,其相对流量的变化率很大,不宜进行微调。

（3）执行器开关形式的选择

气开、气关的选择主要从工艺生产上安全要求出发。考虑原则是:供气、供电中断时,应保证设备和操作人员的安全。如果阀处于打开位置时危害性小,则应选用气关式,以使气源系统发生故障,气源中断时,阀门能自动打开,保证安全。反之阀处于关闭时危害性小,则应选用气开阀。例如,加热炉的燃料气或燃料油应采用气开式控制阀,即当信号中断时应切断进炉燃料,以免炉温过高造成事故。又如控制进入设备易燃气体的控制阀,应选用气开式,以防爆炸,若介质为易结晶物料,则选用气关式,以防堵塞。

（4）执行器口径的选择

控制阀口径通常用公称直径 Dg 和阀座直径 dg 表示,其大小直接影响控制效果。口径选择得过小,最大流量会达不到要求。在强干扰作用下,系统会因介质流量(即操纵变量的数值)的不足而失控。此时若企图通过开大旁路阀来弥补介质流量的不足,则会使阀的流量特性产生畸变,因而使控制效果变差。口径选择得过大,则控制阀会经常处于小开度工作,控制系统容易不稳定,控制性能不好,而且也浪费设备投资。

控制阀口径的选择是根据特定的工艺条件(即给定的介质流量、阀前后的压差以及介质的物性参数等)进行其流量系数的计算,然后按控制阀生产厂家的产品目录,选出相应的控制阀口径,使得通过控制阀的流量满足工艺要求的最大流量且留有一定的裕量,但裕量不宜过大。一般是算出最大流量系数 C_{max},然后选取大于 C_{max} 的最低级别的 C 值。直通单座阀和直通双座阀可参考表5-2选择。

表5-2　流通能力 C 与其尺寸的关系

公称直径 Dg/mm		<20						20			25
阀门直径 dg/mm		2	4	5	6	7	8	10	12	15	20	25
流通能力 C	单座阀	0.08	0.12	0.20	0.32	0.50	0.80	1.2	2.0	3.2	5.0	8
	双座阀											10
公称直径 Dg/mm		32	40	50	65	80	100	125	150	200	250	300
阀门直径 dg/mm		32	40	50	65	80	100	125	150	200	250	303
流通能力 C	单座阀	12	20	32	56	80	120	200	280	450		
	双座阀	16	25	40	63	100	160	250	400	630	1000	1600

5.3.2　执行器的安装及维护

为了保证执行器能正常工作,发挥其应有效用,必须正确安装和维护。一般应注意下列几个问题。

①为便于维护检修，执行器应安装在靠近地面或楼板的地方。当装有阀门定位器或手轮机构时，更应保证观察、调整和操作的方便。手轮机构的作用是：在开停车或事故情况下，可以用它来直接人工操作控制阀，而不用信号驱动。

②执行器应安装在环境温度不高于+60℃和不低于-40℃的地方，并应远离振动较大的设备。对于气动控制阀，为了避免膜片受热老化，控制阀的上膜盖与载热管道或设备之间的距离应大于200mm。

③阀的公称通径与管道公称通径不同时，应加异径管连接。

④执行器应该是正立垂直安装于水平管道上。当阀的自重较大、安装在有振动场合和特殊情况下需要水平或倾斜安装时，应加支撑。

⑤注意控制阀安装方向，不能装反。

⑥控制阀前后通常要装切断阀及旁路阀。以便拆装维护，旁路阀用于维护流体通路，以保证工艺生产能继续进行，如图5-22所示。

⑦控制阀安装前，应对管路进行清洗，排去污物和焊渣。安装后还应再次对管路和阀门进行清洗，并检查阀门与管道连接处的密封性能。当初次通入介质时，应使阀门处于全开位置以免杂质卡住。

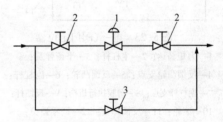

图 5-22 控制阀在管道中的安装
1—控制阀；2—切断阀；3—旁路阀

⑧在日常使用中，要对控制阀经常维护和定期检修。应注意填料的密封情况和阀杆上下移动的情况是否良好，气路接头及膜片有否漏气等。检修时重点检查部位有阀体内壁、阀座、阀芯、膜片及密封圈、密封填料等。

§5.4 阀门定位器

阀门定位器是气动控制阀的主要附件，它将输入信号（通常是控制器输出信号）与阀杆位移信号的反馈信号进行比较，当两者有偏差时，改变其到执行机构的输出信号，使执行机构动作，建立阀杆位移与输入信号之间的一一对应关系。阀门定位器能够增大控制阀的输出功率，加快阀杆的移动速度，提高阀门的线性度，克服阀杆的摩擦力并消除不平衡力的影响，从而保证调节阀的正确定位。

阀门定位器分为气动阀门定位器、电气阀门定位器和智能阀门定位器。气动阀门定位器的输入信号是标准气信号，其输出信号也是标准的气信号。电气阀门定位器和智能阀门定位器的输入信号是标准电信号，输出信号是标准的气信号。智能阀门定位器内部带有微处理器，可以进行智能组态设置相应的参数，达到改善控制阀性能的目的。现在的控制信号主要是电信号，因此气动阀门定位器已经很少使用。

5.4.1 电-气阀门定位器

配薄膜执行机构的电-气阀门定位器的动作原理如图5-23所示，它是按力矩平衡原理工作的。当信号电流通入力矩马达1的线圈时，它与永久磁钢作用后，对主杠杆产生一个力

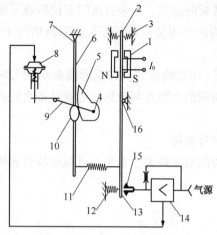

图 5-23　电-气阀门定位器

1—力矩马达；2—主杠杆；3—平衡弹簧；
4—反馈凸轮支点；5—反馈凸轮；6—副杠杆；
7—副杠杆支点；8—薄膜执行机构；9—反馈杆；
10—滚轮；11—反馈弹簧；12—调零弹簧；
13—挡板；14—气动放大器；15—喷嘴；
16—主杠杆支点

矩，于是挡板靠近喷嘴，经放大器放大后，送入薄膜气室使杠杆向下移动，并带动反馈杆绕其支点 4 转动，连在同一轴上的反馈凸轮也做逆时针方向转动，通过滚轮使副杠杆绕其支点偏转，拉伸反馈弹簧。当反馈弹簧对主杠杆的拉力与力矩马达作用在主杠杆上的力两者力矩平衡时，仪表达到平衡状态，此时，一定的信号电流就对应于一定的阀门位置。

电-气阀门定位器如果改变反馈凸轮的形状或安装位置，还可以改变控制阀的流量特性和实现正、反作用（即输出信号可以随输入信号的增加而增加，也可以随输入信号的增加而减少）。

5.4.2　智能阀门定位器

智能阀门定位器与电-气阀门定位器原理很相似，结构框图如图 5-24 所示。输入信号与阀门位移反馈信号比较后调制成数字信号，由微处理器运算，产生的信号经电气转换成标准气信号驱动气动执行机构。

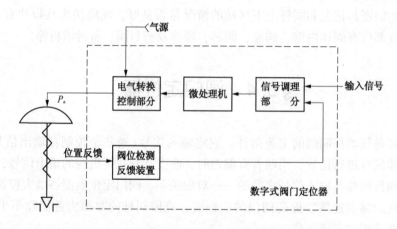

图 5-24　智能阀门定位器

智能阀门定位器以微处理器为核心，具有许多模拟式阀门定位器无法比拟的优点：

①定位精度和可靠性高　智能式阀门定位器机械可动部件少，输入信号、反馈信号的比较是数字比较，不易受环境影响，工作稳定性好，不存在机械误差造成的死区影响，因此具有更高的精度和可靠性。

②流量特性修改方便　智能式阀门定位器一般都包含有常用的直线、等百分比和快开特性功能模块，可以通过按钮或上位机、手持式数据设定器直接设定。

③零点、量程调整简单　零点调整与量程调整互不影响，因此调整过程简单快捷。许多品种的智能式阀门定位器不但可以自动进行零点与量程的调整，而且能自动识别所配

装的执行机构规格，如气室容积、作用型式等，自动进行调整，从而使调节阀处于最佳工作状态。

④具有诊断和监测功能 除一般的自诊断功能之外，智能式阀门定位器能输出与调节阀实际动作相对应的反馈信号，可用于远距离监控调节阀的工作状态。

接受数字信号的智能式阀门定位器，具有双向的通信能力，可以就地或远距离地利用上位机或手持式操作器进行阀门定位器的组态、调试、诊断。

§5.5 数字执行器与智能执行器

随着计算机控制系统的发展，为了能够直接接收数字信号，执行器出现了与之适应的新品种，数字阀和智能控制阀就是其中两例，下面简单介绍一下它们的功能与特点。

5.5.1 数字阀

数字阀是一种位式的数字执行器，由一系列并联安装而且按二进制排列的阀门所组成。

图 5-25 表示一个 8 位数字阀的控制原理。数字阀体内有一系列开闭式的流孔，它们按照二进制顺序排列。例如每个流孔的流量按 2^0，2^1，2^2，2^3，2^4，2^5，2^6，2^7 来设计，如果所有流孔关闭，则流量为 0，如果流孔全部开启，则流量为 255(流量单位)，分辨率为 1(流量单位)。

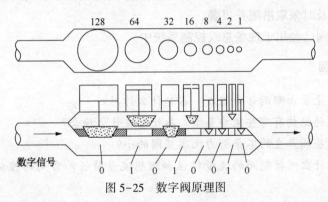

图 5-25 数字阀原理图

因此数字阀能在很大的范围内(如 8 位数字阀调节范围为 1~255)精密控制流量。数字阀的开度按步进式变化，每步大小随位数的增加而减小。

数字阀主要由流孔、阀体和执行机构三部分组成。每一个流孔都有自己的阀芯和阀座。

执行机构可以用电磁线圈，也可以用装有弹簧的活塞执行机构。

数字阀有以下特点。

①高分辨率。数字阀位数越高，分辨率越高。8 位、10 位的分辨率比模拟式控制阀高得多。

②高精度。每个流孔都装有预先校正流量特性的喷管和文丘里管，精度很高，尤其适合小流量控制。

③反应速度快、关闭特性好。

④直接与计算机相连。数字阀能直接接收计算机的并行二进制数码信号，有直接将数字信号转换成阀开度的功能。因此数字阀能用于直接由计算机控制的系统中。

⑤没有滞后、线性好、噪声小。

但是数字阀结构复杂、部件多、价格贵。此外由于过于敏感，导致输送给数字阀的控制信号稍有错误，就会造成控制错误，使被控流量大大高于或低于所要求的量。

5.5.2　智能控制阀

智能控制阀是近年来迅速发展的执行器，集常规仪表的检测、控制、执行等作用于一身，具有智能化的控制、显示、诊断、保护和通信功能，是以控制阀为主体，将许多部件组装在一起的一体化结构。智能控制阀的智能主要体现在以下几个方面。

（1）控制智能

除了一般的执行器控制功能外，还可以按照一定的控制规律动作。此外还可能配有压力、温度和位置等传感器，可对流量、压力、温度、位置等参数进行控制。

（2）通信智能

智能控制阀采用数字通信方式与主控制室保持联络，主计算机可以直接对执行器发出动作指令。智能控制阀还允许远程检测、整定、修改参数或算法等。

（3）诊断智能

智能控制阀安装在现场，但都有自诊断功能，能根据配合使用的各种传感器通过微机分析判断故障情况，及时采取措施并报警。

目前智能控制阀已经用于现场总线控制系统中。

习题与思考题

1. 气动执行器主要由哪两部分组成？各起什么作用？

2. 试问控制阀的结构有哪些主要类型？各使用在什么场合？

3. 为什么说双座阀产生的不平衡力比单座阀的小？

4. 试分别说明什么叫控制阀的流量特性和理想流量特性？常用的控制阀理想流量特性有哪些？

5. 为什么说等百分比特性又叫对数特性？与线性特性比较起来它有什么优点？

6. 什么叫控制阀的工作流量特性？

7. 什么叫控制阀的可调范围？在串、并联管道中可调范围为什么会变化？

8. 什么是串联管道中的阻力比 S？S 值的变化为什么会使理想流量特性发生畸变？

9. 什么是并联管道中的分流比 x？试说明 x 值对控制阀流量特性的影响。

10. 如果控制阀的旁路流量较大，会出现什么情况？

11. 什么叫气动执行器的气开式与气关式？其选择原则是什么？

12. 要想将一台气开阀改为气关阀，可采取什么措施？

13. 什么是控制阀的流量系数 K_V？如何选择控制阀的口径？

14. 试述电-气转换器的用途与工作原理。

15. 试述电-气阀门定位器的基本原理与工作过程。

16. 电-气阀门定位器有什么用途?

17. 控制阀的日常维护要注意什么?

18. 电动执行器有哪几种类型? 各使用在什么场合?

19. 数字阀有哪些特点?

20. 什么是智能控制阀? 它的智能主要体现在哪些方面?

第6章 简单控制系统

简单控制系统是最基本、最常见且应用最广泛的控制系统，约占控制回路的80%以上。其特点是结构简单，易于实现，适应性强。它解决了工业生产过程中大量的参数定值控制系统。

§6.1 简单控制系统的结构及工作原理

自动控制系统是由被控对象和自动化装置两大部分组成，由于构成自动化装置的数量、连接方式及其目的不同，自动控制系统可以有许多类型，而简单控制系统指的是由被控对象、一个测量元件及变送器、一个控制器和一个执行器所组成的单回路负反馈控制系统。

PCT-II型过程控制系统实验装置压力控制系统是由进水管道、压力测量变送器、控制器(计算机)和执行器(由变频器、交流电动机和泵组合而成)所组成，如图6-1所示，控制的目的是保持进水管道压力恒定。当存在进水阀门开大或电网电压波动等扰动时，进水管道压力将偏离给定值。利用压力测量变送器，将检测压力信号并转化为4~20mA的标准电流信号，该信号经接口电路送至控制器(计算机)中，与压力给定值进行比较，计算机根据其偏差信号的大小进行运算处理后将控制命令送至变频器中，通过改变交流电源的频率，调整了交流电动机的运行转速，从而改变了泵输送水的流量，进而影响了进水管道的压力，使压力维持在设定值上。

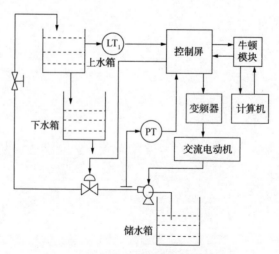

图6-1 进水管道压力控制系统原理图

上述系统的控制方框图如图6-2所示。

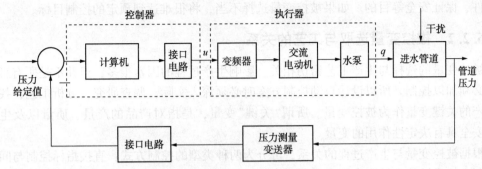

图 6-2　进水管道压力控制系统方框图

图 6-3 所示的是换热器温度控制系统，它由换热器、温度变送器 TT、温度控制器 TC 和蒸汽流量控制阀组成。控制的目标是保持流体出口温度恒定。当进料流量或温度等因素的变化引起出口物料温度变化时，通过温度变送器 TT 测得温度的变化，并将其信号送至温度控制器 TC 与给定值进行比较，温度控制器 TC 根据其偏差信号进行运算后将控制命令送至控制阀，以改变蒸汽流量来维持物料的出口温度。

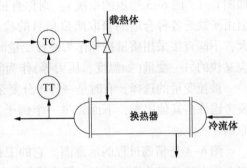

图 6-3　换热器温度控制系统

图 6-1 所示的压力控制系统与图 6-3 所示的温度控制系统都是简单控制系统的实例。简单控制系统有着共同的特征，它由下列基本单元组成。

① 被控对象　也称对象。是指被控制的生产设备或装置。以上两例分别是进水管道和换热器。被控对象需要控制的变量称为被控变量，以上两例分别是压力和温度。

② 测量变送器　测量被控变量，并按一定的规律将其转换成标准信号的输出，作为测量值。

③ 执行器　常用的是控制阀。接受控制器送来的信号 u，直接改变操纵变量 q。操纵变量是被控对象的某输入变量，通过操作这一变量可克服扰动对被控变量的影响，通常是由执行器控制的某工艺流量。如图 6-3 中的载热体流量。并不是所有的执行器都是控制阀，如图 6-1 所示的压力控制系统其执行器是由变频器、交流电动机和水泵组合而成。

④ 控制器　也称调节器。它将被控变量的给定值与测量值进行比较得出偏差信号 e，并按一定规律给出控制信号 u。如图 6-1 中 PC 计算机和图 6-3 中的温度控制器 TC。

§6.2　简单控制系统与工艺的关系

6.2.1　自动控制的目的

自动控制的目的是使生产过程自动按照预定的目标进行，并使工艺参数保持在预先规定的数值上(或按预定规律变化)。因此，在构成一个自动控制系统时，被控变量的选择尤为重要。它关系到自动控制系统能否达到稳定运行、增加产量、提高质量、节约能源、改善劳动条件、保证安全等目的。如果被控变量选择不当，将很难达到预定的控制目标。

6.2.2 被控变量选取与工艺的关系

被控变量的选择与生产工艺密切相关。影响生产过程的因素很多，但并不是所有影响因素都必须加以控制。所以设计自动控制方案时必须深入实际，调查研究，分析工艺，找出影响生产的关键变量作为被控变量。所谓"关键"变量，是指对产品的产量、质量以及生产过程的安全具有决定性作用的变量。

根据被控变量与生产过程的关系，可分为两种类型的控制方式：直接指标控制与间接指标控制。如果被控变量本身就是需要控制的工艺指标（温度、压力、流量、液位、成分等，如图 6-1、图 6-3 所示的系统），则称直接指标控制；如果工艺是按质量指标进行操作的，但由于缺乏各种合适的获取质量信号的检测手段，或虽然能检测，但信号很微弱或滞后很大，不能直接采用质量指标作为被控变量时，则可选取与直接质量指标有单值对应关系而反应又快的另一变量（如温度、压力等）作为间接控制指标，进行间接指标控制。

被控变量的选择，有时是一件十分复杂的工作，除了前面所说的要找出关键变量外，还要考虑许多其他因素，下面先举一个例子来略加说明，然后再归纳出选择被控变量的一般原则。

图 6-4 是精馏过程的示意图。它的工作原理是利用被分离物各组分的挥发度不同，把混合物中的各组分进行分离。假定该精馏塔的操作是要使塔顶（或塔底）馏出物达到规定的纯度，那么塔顶（或塔底）馏出物的组分 x_D（或 x_W）应作为被控变量，因为它就是工艺上的质量指标。

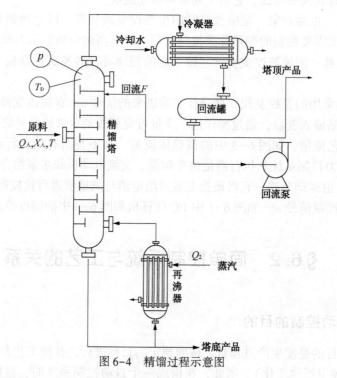

图 6-4　精馏过程示意图

如果检测塔顶(或塔底)馏出物的组分 x_D(或 x_W)尚有困难，或滞后太大，那么就不能直接以 x_D(或 x_W)作为被控变量进行直接指标控制。这时可以在与 x_D(或 x_W)有关的参数中找出合适的变量作为被控变量，进行间接指标控制。

在二元系统的精馏中，当气液两相并存时，塔顶易挥发组分的浓度 x_D、塔顶温度 T_D、压力 p 三者之间有一定的关系。当压力恒定时，组分 x_D 和温度 T_D 之间存在有单值对应的关系。图 6-5 所示为苯-甲苯二元系统中易挥发组分的百分浓度与温度之间的关系。易挥发组分的浓度越高，对应的温度越低；相反，易挥发组分的浓度越低，对应的温度越高。

当温度 T_D 恒定时，组分 x_D 和压力 p 之间也存在单值对应关系，如图 6-6 所示。易挥发组分的浓度越高，对应的温度越高；相反，易挥发组分的浓度越低，对应的温度越低。由此可见，在组分、温度、压力三个变量中，只要固定温度或压力中的一个，另一个变量就可以代替 x_D 作为被控变量。那么在温度与压力中，又应该选哪一个参数作为被控变量呢？

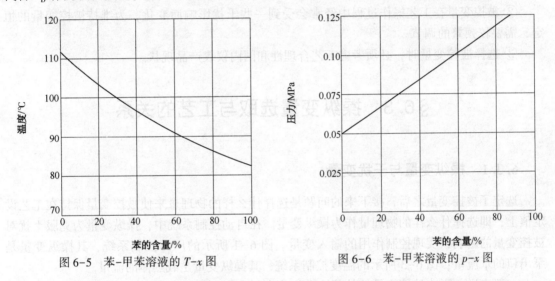

图 6-5　苯-甲苯溶液的 T-x 图　　　　图 6-6　苯-甲苯溶液的 p-x 图

从工艺合理性考虑，常常选择温度作为被控变量。这是因为：第一。在精馏塔操作中，压力往往需要固定。只有将塔操作在规定的压力下，才易于保证塔的分离纯度，保证塔的效率和经济性。如塔压波动，就会破坏原来的气液平衡，影响相对挥发度，使塔处于不良工况。同时，随着塔压的变化，往往还会引起与之相关的其他物料量的变化，影响塔的物料平衡，引起负荷的波动。第二。在塔压固定的情况下，精馏塔各层塔板上的压力基本上是不变的，这样各层塔板上的温度与组分之间就有一定的单值对应关系。由此可见，固定压力，选择温度作为被控变量是可能的，也是合理的。

在选择被控变量时，还必须考虑使所选变量有足够的灵敏度。在上例中，当 x_D 变化时，温度 T_D 的变化必须灵敏，有足够大的变化，容易被测量元件所感受，且使相应的测量仪表比较简单、便宜。

此外，还要考虑简单控制系统被控变量间的独立性。假如在精馏操作中，塔顶和塔底的产品纯度都需要控制在规定的数值，据以上分析，可在固定塔压的情况下，塔顶与塔底分别设置温度控制系统。但这样一来，由于精馏塔各塔板上物料温度相互之间有一定的联系，塔底温度提高，上升蒸汽温度升高，塔顶温度相应也会提高；同样，塔顶温度升高，回流液温度升高，会使塔底温度相应提高。也就是说，塔顶的温度与塔底的温度之间存在关联问题。

因此，以两个简单控制系统分别控制塔顶温度与塔底温度，势必造成相互干扰。使两个系统都不能正常工作。所以采用简单控制系统时，通常只能保证塔顶或塔底一端的产品质量。工艺要求保证塔顶产品质量，则选塔顶温度作为被控变量；若工艺要求保证塔底产品质量，则选塔底温度作为被控变量。如果工艺要求塔顶和塔底产品纯度都要保证，则通常需要组成复杂控制系统，增加解耦装置，解决相互关联问题。

6.2.3　被控变量的选择原则

要正确选择被控变量，必须了解工艺过程和工艺特点对控制的要求，仔细分析各变量之间的相互关系。选择被控变量时，从工艺的角度来看必须满足以下三点：

① 被控变量应能代表一定的工艺操作指标或能反映工艺操作状态，一般都是工艺过程中比较重要的变量。

② 被控变量在工艺操作过程中经常会受到一些干扰影响而变化，为维持被控变量的恒定，需要较频繁的调节。

③ 选择被控变量时，必须考虑工艺合理性和国内仪表产品现状。

§6.3　操纵变量选取与工艺的关系

6.3.1　操纵变量与干扰变量

选定了被控变量之后，接下来的问题是选择什么样的物理量来使被控变量保持在工艺设定值上，即选择什么样的物理量作为操纵变量。在自动控制系统中，操纵变量为克服干扰对被控变量的影响，实现控制作用的输入变量。图 6-1 所示的压力控制系统，其操纵变量是泵出口的水流量；图 6-3 所示的温度控制系统，其操纵变量是载热体的流量。

一般来说，影响被控变量的外部输入往往有很多个而不是一个，在这些输入中，有些是可控的，有些是不可控的。原则上，在诸多影响被控变量的输入中选择一个对被控变量影响显著而且可控性良好的输入，作为操纵变量，而其他所有的未被选中的输入则成为系统的干扰。

图 6-4 所示的精馏设备，如果工艺要求保证塔顶产品质量，由前面的分析可知，应选塔顶温度作为被控变量。影响塔顶温度的主要因素有进料的流量 $Q_入$、进料的组分 $X_入$、进料的温度 $T_入$、回流的流量 F、回流液的温度 T_H、加热蒸汽流量 Q、冷凝器冷却温度及塔压等。这些因素都会影响被控变量 T_D，那么在这些输入变量中该选哪个变量作为操纵变量最合适呢？为此，可先将这些影响因素分为两大类，即可控的和不可控的。从工艺角度分析，上述因素中只有回流流量 F 和加热蒸汽流量 Q 是可控的，其他一般为不可控因素。当然，在不可控因素中，有些也是可能调节的，例如进料流量 $Q_入$、塔压等，只是工艺上一般不允许用这些变量去控制塔温，因为进料流量 $Q_入$ 的波动意味着负荷的波动，塔压的波动意味着塔的工况不稳定，并且会破坏温度与组分之间的单值对应关系，这些都是不允许的，因此，将这些影响因素也看成是不可控因素。在两个可控因素中，回流量对塔顶温度的影响比蒸汽流量对塔顶温度的影响更显著。同时，从保证产品质量的角度来看，控制回流量比控制蒸汽

流量更有效，所以应选择回流量作为操纵变量。当然回流量的大小会直接影响到产量的高低，所以应选择适当的塔顶温度，以解决好产品质量与产量之间的矛盾。

6.3.2　对象特性对控制质量的影响

在所有影响被控变量的输入变量中，一旦选择了其中一个作为操纵变量，那么其他输入都成了干扰变量。操纵变量与干扰变量作用在对象上，都会引起被控变量的变化，被控变量的变化是控制作用引起的输出量与干扰作用引起的输出变化量的叠加，如图 6-7 所示。干扰变量通过干扰通道施加在对象上，起着破坏作用，使被控变量偏离给定值；操纵变量通过控制通道施加在对象上，使被控变量回复到给定值，起着校正作用，它们对被控变量的影响力都与对象特性有着密切的关系。因此在选择操纵变量时，要认真分析对象特性，以提高控制系统的控制质量。

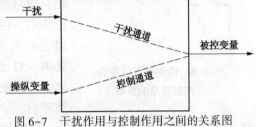

图 6-7　干扰作用与控制作用之间的关系图

6.3.2.1　对象静态特性对控制质量的影响

对象的静态特性分为控制通道的静态特性和干扰通道的静态特性，分别由控制通道的放大系数 K_o 和干扰通道的放大系数 K_f 来描述。

在选择操纵变量构成控制回路时，一般希望控制通道的放大系数 K_o 要大一些，这是因为 K_o 的大小表征了操纵变量对被控变量的影响程度。K_o 越大，控制作用对被控变量的影响越大，控制作用更为有效，同时 K_o 越大，控制余差也越小。所以从控制有效性考虑，K_o 应适当的大一些，但 K_o 过大时，控制作用会过于灵敏，容易引起控制系统不稳定，这也是应该注意避免的。若 K_o 不够大时，可以通过控制器的比例增益 K_p 进行补偿。

对象干扰通道的放大系数 K_f 则越小越好，K_f 越小，干扰变量对被控变量的影响也就越小，过渡过程中的超调量也就越小，余差也越小，控制品质也就越好。故确定操纵变量时，也要考虑干扰通道的静态特性。

总之，在多个输入变量都在影响被控变量时，从静态特性考虑，应该选择其中放大系数大的可控变量作为操纵变量。

6.3.2.2　对象动态特性对控制质量的影响

对象的动态特性也分为控制通道的动态特性和干扰通道的动态特性，分别由控制通道的时间常数 T_o、纯滞后时间 τ_o 和干扰通道的时间常数 T_f、纯滞后时间 τ_f 来描述。

（1）控制通道时间常数的影响

控制作用是通过控制通道施加于对象去影响被控变量的，所以控制通道的时间常数不能过大，否则会使操纵变量的校正作用缓慢，导致超调量过大，过渡过程时间过长。所以要求控制通道的时间常数 T_o 小一些，使控制作用能及时、灵敏地影响被控变量，从而获得良好的控制效果。但控制通道的时间常数也并非越小越好，T_o 过小，控制作用过于灵敏，容易引起系统振荡。

（2）控制通道纯滞后时间对控制质量的影响

控制通道的物料输送或能量传递都需要一定的时间，这样造成的纯滞后 τ_o 对控制质量是有不利影响的。图 6-8 所示为纯滞后对控制质量影响的示意图。

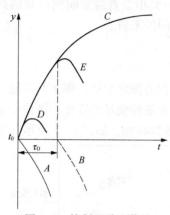

图 6-8　控制通道纯滞后
对控制质量的影响

图中 C 表示被控变量在干扰作用下的变化曲线（这时无校正作用），A 和 B 分别表示无滞后和有纯滞后时操纵变量对被控变量的校正作用，D 和 E 分别表示无滞后和有纯滞后情况下被控变量在干扰作用与校正作用共同作用下的变化曲线。

对象控制通道无纯滞后时，当控制器在 t_0 时刻接收正偏差而产生校正作用 A，使被控变量从 t_0 以后沿曲线 D 变化；当对象有纯滞后 τ_0 时，控制器虽在 t_0 时刻后发出了校正作用，但由于纯滞后的存在，使之对被控变量的影响延迟了 τ_0 时间，即对被控变量的实际校正作用是沿曲线 E 变化的。对比 D 和 E 曲线，可见纯滞后会使超调量增大；反之，当控制器接收负偏差时所产生的校正作用，由于存在纯滞后，会使被控变量继续下降，可能造成过渡过程的振荡加剧，以致过渡过程时间变长，稳定性变差。所以在选择操纵变量构成控制回路时，应使对象控制通道的纯滞后时间 τ_0 尽量小。

（3）干扰通道时间常数对控制质量的影响

干扰通道的时间常数 T_f 越大，表示干扰对被控变量的影响越缓慢，这是有利于控制的。所以在确定控制方案时，应设法使干扰到被控变量的通道长些，即时间常数要大一些。

（4）干扰通道纯滞后时间对控制质量的影响

如果干扰通道存在纯滞后 τ_f，则干扰对被控变量的影响推迟了时间 τ_f，因而，控制作用也推迟了时间 τ_f，使整个过渡过程曲线推迟了时间 τ_f，只要控制通道不存在纯滞后，通常是不会影响控制质量的，如图 6-9 所示。

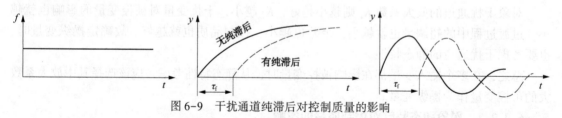

图 6-9　干扰通道纯滞后对控制质量的影响

6.3.3　操纵变量的选择原则

根据以上分析，可以概括出选择操纵变量的以下三条原则：

①操纵变量应该是可控的，即工艺上允许调节的变量。

②操纵变量一般应比其他干扰对被控变量的影响更加灵敏。为此，应通过合理选择操纵变量，使控制通道的放大系数适当大、时间常数适当小、纯滞后时间尽量小。为使干扰对被控变量的影响减少，应使干扰通道的放大系数尽可能小、时间常数尽可能大。

③在选择操纵变量时，除了从自动化角度考虑外，还要考虑工艺的合理性与生产的经济性。一般来说，不宜选择生产负荷作为操纵变量，因为生产负荷直接关系到产品的产量，是不宜经常波动的。另外，从经济性考虑，应尽可能降低物料与能源的消耗。

§6.4　测量滞后对控制质量的影响

测量、变送装置是控制系统获取对象信息的重要环节，也是系统进行控制的依据。所以要求它能正确地、及时地反映被控变量的状况。若测量不准确，会使操作人员把不正常工况误认为是正常的，或把正常工况认为不正常，形成混乱，甚至会错误处理造成事故。测量不准确或不及时，会产生失调或误调，影响之大不容忽视。

6.4.1　测量元件的时间常数

测量元件特别是测温元件，由于存在热阻和热容，它本身具有一定的时间常数，因而造成测量滞后。

测量元件时间常数对测量的影响如图 6-10 所示。若被控变量 y 作阶跃变化，测量值 z 慢慢靠近 y，如图 6-10(a) 所示，显然，前一段两者差距很大；若被控变量 y 作斜坡变化，测量值 z 则一直跟不上去，总存在着偏差，如图 6-10(b) 所示；若被控变量 y 作周期性变化，测量值 z 的振幅将比 y 小，而且落后一个相位，如图 6-10(c) 所示。

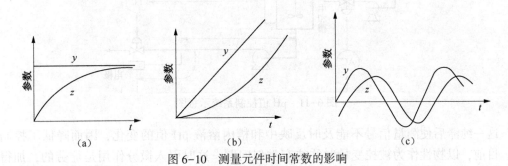

图 6-10　测量元件时间常数的影响

测量元件的时间常数越大，以上现象就越明显。假如将一个时间常数大的测量元件用于控制系统，那么，当被控变量变化的时候，由于测量值不等于被控变量的真实值，所以控制器接收到的是一个失真信号，它不能发挥正确的校正作用，控制质量也无法达到要求。因此，控制系统中的测量元件时间常数不能太大，最好选用惰性小的快速测量元件，例如用快速热电偶代替工业用的普通热电偶或温包。必要时也可以在测量元件后引入微分作用，利用它的超前作用来补偿测量元件引起的动态误差。

当测量元件的时间常数 T_m 小于对象时间常数的 1/10 时，对系统的控制质量影响不大，这时就没有必要盲目追求小时间常数的测量元件了。

有时，测量元件安装是否正确，维护是否得当，也会影响测量与控制。特别是流量测量元件和温度测量元件，例如工业用的孔板、热电偶和热电阻元件等，如安装不正确，往往会影响测量精度，不能正确地反映被控变量的变化情况，这种测量失真的情况当然会影响控制质量。同时，在使用过程中要经常注意维护、检查，特别是在使用条件比较恶劣的情况(如介质腐蚀性强、易结晶、易结焦等)下，更应该经常检查，必要时进行清理、维修或更换。例如当用热电偶测量温度时，有时会因使用一段时间后，热电偶表面结晶或结焦，使时间常数大大增加，以致严重影响控制质量。

6.4.2　测量元件的纯滞后

当测量元件存在纯滞后时，也和对象控制通道存在纯滞后一样，会严重影响控制质量。

测量的纯滞后有时是由于测量元件安装位置引起的。例如图 6-11 中的 pH 值控制系统，如果被控变量是中和槽内出口溶液的 pH 值，但作为测量元件的测量电极却安装在远离中和槽的出口管道处，并且将电极安装在流量较小、流速很慢的副管道（取样管道）上。这样一来，电极所测得的信号与中和槽内溶液的 pH 值在时间上延迟了一段时间 τ_0，其大小为

$$\tau_0 = \frac{l_1}{v_1} + \frac{l_2}{v_2}$$

式中，l_1，l_2 分别为电极离中和槽的主、副管道的长度；v_1，v_2 分别为主、副管道内流体的流速。

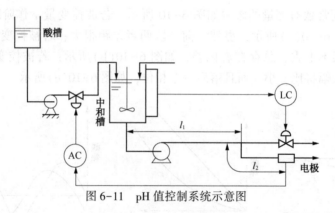

图 6-11　pH 值控制系统示意图

这一纯滞后使测量信号不能及时反映中和槽内溶液 pH 值的变化，因而降低了控制质量。目前，以物性作为被控变量时往往有类似问题，这时引入微分作用是徒劳的，加得不好，反而会导致系统不稳定。所以在测量元件的安装上，一定要注意尽量减少纯滞后，对于大纯滞后的系统，简单控制系统往往无法满足控制要求，需采用复杂控制系统。

6.4.3　信号的传送滞后

信号传送滞后通常包括测量信号传送滞后和控制信号传送滞后两部分。

测量信号传送滞后是指由现场测量变送装置的信号传送到控制室的控制器所引起的滞后。对于电信号来说，可以忽略不计，但对于气信号来说，由于气动信号管线具有一定的容量，所以会存在一定的传送滞后。

控制信号传送滞后是指由控制室内控制器的输出控制信号传送到现场执行器所引起的滞后。对于气动薄膜控制阀来说，由于膜头空间具有较大的容量，所以控制器的输出变化到引起控制阀开度变化，往往具有较大的容量滞后，这样就会使得控制不及时，控制效果变差。

信号的传送滞后对控制系统的影响基本上与对象控制通道的滞后相同，应尽量减小。所以，一般气压信号管道不能超过 300m，直径不能小于 6mm，或者用阀门定位器、气动继动器增大输出功率，以减小传送滞后。在可能的情况下，现场与控制室之间的信号尽量采用电信号传递，必要时可用气-电转换器将气信号转换为电信号，以减小传送滞后。

§6.5　控制器的选取与控制系统的投运

在控制系统设计过程中，仪表选型确定后，对象的特性是固定的，工艺上是不允许随便改动的；测量元件及变送器的特性比较简单，一般也是不可以改变的；执行器加上阀门定位器可以有一定程度的调整，但灵活性不大；因此，可以改变的就是控制器的参数了。系统之所以设置控制器，也是希望通过它来改变整个控制系统的动态特性，以期达到控制被控变量的目的。

控制器的控制规律对控制质量影响很大。根据不同的过程特性和要求，选择相应的控制规律，以获得较高的控制质量；确定控制器的作用方向，以满足控制系统的要求，也是控制系统设计的一个重要内容。

6.5.1　控制规律的选择

控制器的控制规律主要根据过程特性和要求来选择。

（1）比例控制

比例控制是最基本的控制规律。当负荷变化时，采用比例控制，系统克服扰动能力强，控制作用及时，过渡过程时间短，但过程终了时存在余差，且负荷变化越大其余差也越大。比例控制适用于控制通道滞后较小、时间常数不太大、负荷变化不大、控制质量要求不高、允许有余差的场合。如中间储罐液位与压力控制、精馏塔的塔釜液位控制和不太重要的蒸汽压力控制等。

（2）比例积分控制

在比例控制的基础上引入积分作用能消除余差，故比例积分控制是使用最多、应用最广的控制规律。但是，加入积分作用后要保持系统原有的稳定性，必须加大比例度（削弱比例作用），以致控制质量有所下降，如最大偏差和振荡周期相应增大，过渡过程时间延长。对于控制通道滞后小，负荷变化不太大，工艺上不允许有余差的场合，如流量、压力和要求严格的液位控制，采用比例积分控制规律可获得较好的控制质量。

（3）比例微分控制

在比例控制的基础上引入微分作用，会有超前调节作用，能提高系统的稳定性，能使最大偏差和余差减小，加快控制过程，改善控制质量，故比例微分控制适用于过程容量滞后较大的场合，如允许有余差的温度、成分和 pH 值的控制。对于滞后较小和扰动作用频繁的系统，应尽可能避免使用微分作用。

（4）比例微分积分控制

微分作用对于克服容量滞后有显著效果，在比例控制基础上，加入微分作用能提高系统的稳定性，加上积分作用能消除余差，又有比例度 δ、积分时间 T_i、微分时间 T_D 三个可以调整的参数，因而可以使系统获得较好的控制质量。比例微分积分控制适用于容量滞后大、负荷变化大、控制要求较高的场合，如反应器、聚合釜的温度控制。

6.5.2 控制器作用方向的选择

控制器作用方向的选择是关系到系统能否正常运行与安全操作的主要问题。

自动控制系统稳定运行的必要条件之一是闭环回路形成负反馈，也就是说，被控变量值偏高，则控制作用应使其降低；反之，如果被控变量值偏低，控制作用应使之增加。控制作用对被控变量的影响应与干扰作用对被控变量的影响相反，才能使被控变量回复到给定值。显然这就是一个作用方向的问题。

在控制系统中，控制器、被控对象、测量元件及变送器和执行器都有自己的作用方向。它们如果组合不当，使总的作用方向构成了正反馈，则控制作用不仅不能起作用，反而破坏了生产过程的稳定。所以，在系统投运前必须注意各环节的作用方向，以保证整个控制系统形成负反馈。选择控制器的"正""反"作用的目的就是通过改变控制器的"正"、"反"作用，来保证整个控制系统形成负反馈。

所谓作用方向，就是指环节的输入变化后，环节输出的变化方向，当输入增加时，输出也增加，则称该环节是"正"作用方向的；若当环节的输入增加时，输出减小，则称该环节是"反"作用方向的。

测量变送环节一般都是"正"作用方向的，一般不需要进行选择。

控制器的正、反作用方向选择可以按以下步骤进行。

(1)判断被控对象的作用方向

在一个安装好的控制系统中，被控对象的作用方向是由工艺机理确定的。当操纵变量增加时，被控对象的输出也增加，操纵变量减小时，被控对象的输出也减小，则被控对象是正作用方向的；若操纵变量增加时，被控对象的输出减小，操纵变量减小时，被控对象的输出反而增加，则被控对象是反作用方向的。

(2)确定执行器的作用方向

执行器的作用方向是由调节阀的气开、气关形式决定的，气开阀是正作用方向，气关阀是反作用方向。调节阀的气开、气关(型)形式是从工艺安全角度来确定的，其选择的原则是控制信号中断时，应保证操作人员与设备的安全。若选用的是气开阀，当来自控制器的输出信号增加时，其操纵变量也增加，所以是正作用方向的；若选用的是气关阀，当来自控制器的输出信号增加时，其操纵变量将减小，所以是反作用方向的。

(3)确定控制器的作用方向

确定控制器的作用方向的原则是使整个控制系统形成负反馈，若规定环节的正作用方向为"+"，反作用方向为"−"，则可得出"乘积为负"的选择判别式。

(控制器"＊")(调节阀"＊")(被控对象"＊")="−"

由上式可知，当调节阀与被控对象的作用方向相同时，控制器应选反作用方向；当调节阀与被控对象的作用方向相反时，控制器应选正作用方向。

下面通过二个实例来进一步说明如何选择控制器作用方向的。

蒸馏塔塔顶温度控制系统如图6-12所示，工艺上要求利用冷回流量来控制塔顶温度 t，同时为保证塔的正常操作，回流量不允许中断，当出现停电或控制器没有信号送给控制阀时，阀全开才能满足工艺的要求，也可以防止生产不正常时出现塔顶温度过高而引发安全事故，故控制阀选气关阀，为反作用方向的。被控对象蒸馏塔塔顶的输入信号为回流流量，输出信号为塔顶温度,当回流流量增加时,塔顶温度将下降,故被控对象是反作用方向的。要使温度控制系统构成一个负反馈的控制系统,根据选择判别式(控制器"∗")(调节阀"−")(被控对象"−")="−",所以温度控制器应该选择反作用方向的。

图6-13为一锅炉水位−压力控制系统示意图,由两个简单控制系统组成,左边为锅炉汽包压力控制系统,右边为锅炉汽包水位控制系统。为防止锅炉爆炸,工艺上要求锅炉汽包的水位不能太低,压力不能太大。

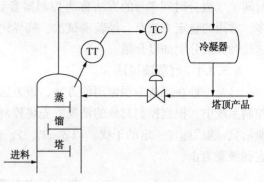

图6-12 蒸馏塔塔顶温度控制系统

左边的压力控制系统,被控对象为锅炉汽包,被控变量为锅炉汽包内的压力,操纵变量为燃料的流量,当操纵变量(燃料流量)增大时,被控变量(锅炉汽包内压力)升高,故被控对象为正作用方向的;为防止爆炸,燃料阀应选气开阀(停气时关断),故执行器为正作用方向的,根据选择判别式(控制器"∗")(调节阀"+")(被控对象"+")="−",控制器应选反作用方向。

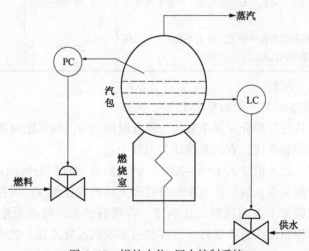

图6-13 锅炉水位−压力控制系统

右边的水位控制系统,被控对象为锅炉汽包,被控变量为锅炉汽包的水位,操纵变量为进水的流量,当操纵变量(进水流量)增大时,被控变量(锅炉汽包水位)升高,故被控对象是正作用方向的;为防止因水位太低锅炉烧干而引发爆炸,进水阀应选气关阀(停气时全部打开),故执行器是反作用方向的,根据选择判别式(控制器"∗")(调节阀"−")(被控对象"+")="−",控制器应选正作用方向。

6.5.3 控制器参数的工程整定

当控制系统方案已经确定,设备安装完毕后,那么控制系统的品质指标就主要取决于控制器参数的数值了。因此,如何确定较合适的比例度 δ、积分时间 T_i、微分时间 T_D,以保证控制系统的质量就成为非常关键的工作了。通常把确定较合适控制器参数(比例度 δ、积分

时间 T_i、微分时间 T_D)的方法称为控制器参数的工程整定。控制器参数的工程整定方法很多，常用的整定方法有：经验凑试法、临界比例度法、衰减曲线法和反应曲线法等。下面对这几种方法分别加以介绍。

6.5.3.1　经验凑试法

这是一种在实践中很常用的方法，该方法是多年操作经验的总结。具体做法是：在闭环控制系统中，根据控制对象的情况，先将控制器的参数设定在一个常见的范围内(如表 6-1 所示)，然后施加一定的干扰，以 δ、T_i、T_D 对过程的影响为指导，对 δ、T_i、T_D 逐个整定，直到满意为止。

表 6-1　控制器参数的大致范围

控制对象	对象特征	$\delta/\%$	$T_i/\min$	$T_D/\min$
流量	对象时间常数小，参数有波动，δ 要大，T_i 要短，不用微分	40~100	0.3~1	
温度	对象容量滞后较大，即参数受干扰后变化迟缓，δ 应小，T_i 要长，一般需加微分	20~60	3~10	0.5~3
压力	对象的容量滞后一般，不算大，一般不加微分	30~70	0.4~3	
液位	对象时间常数范围较大。要求不高时，δ 可在一定范围内选取，一般不用微分	20~80		

凑试的顺序有以下两种。

(1)先整定 δ，再整定 T_i，最后整定 T_D

①比例度整定　首先置积分时间至最大，微分时间为 0，再将比例度由大逐渐减小，观察由此而得的一系列控制曲线，直到曲线认为最佳为止。

②积分时间整定　把 δ 稍放大 10%~20%，引入积分，将积分时间由大到小进行改变，使其得到比较好的控制曲线，最后在这个积分时间下再改变比例度，看控制过程曲线有无变化，如有变好，则就朝那个方向再整定比例度，若没有变化，可将原整定的比例度减小一些，改变积分时间看控制曲线有否变好，这样经过多次的反复凑试，就可以得到满意的过程曲线。

③微分时间整定　然后引入微分作用，使微分时间由小到大进行变化，但增大微分时间的同时，可适当减小比例度和积分时间，然后对微分时间进行逐步凑试，直到最佳。

在整定中，若观察曲线振荡频繁，应当增大比例度(目的是减小比例作用)以减小振荡；曲线最大偏差大且趋于非周期时，说明比例控制作用小了，应当加强，即应减小比例度；当曲线偏离给定值长时间不回复，应减小积分时间，增强积分作用；如果曲线一直波动不止，说明振荡严重，应当增大积分时间以减弱积分作用；如果曲线振荡频率快，很可能是微分作用强了，应减小微分时间；如果曲线波动大而且衰减慢，说明微分作用太弱，未能抑制波动，应增大微分时间。总之，边看曲线，边分析和调整，即"看曲线，调参数"，直到满意为止。

(2)先整定 T_i、T_D，再整定 δ

从表 6-1 中取 T_i 的某个值，如果需要微分，则取 $T_D = (1/4 \sim 1/3)T_i$，然后对 δ 进行凑

试，也能较快达到要求。实践证明，在一定范围内适当组合 δ 和 T_i 数值，可以获得相同的衰减比曲线。也就是说，δ 的减小可用增加 T_i 的办法来补偿，而基本不影响控制过程的质量。

6.5.3.2 临界比例度法

临界比例度法又称稳定边界法，是一种闭环整定方法。由于该方法直接在闭环系统中进行，不需要测试系统的动态特性，因而方法简单、使用方便，得到了较为广泛的应用。具体步骤如下。

①先将积分时间 T_i 置于最大，微分时间置为 0，比例度 δ 置为较大的数值，使系统投入闭环运行。

②当整个闭环控制系统稳定以后，对给定值施加一个阶跃干扰，并减小 δ，直到系统出现如图 6-14 所示的等幅振荡，即临界振荡过程，记录下此时的 δ_k（临界比例度）和 T_k（临界振荡周期）。

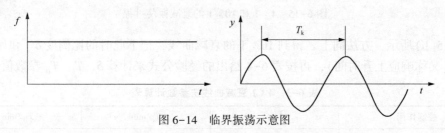

图 6-14 临界振荡示意图

③根据记录的 δ_k 和 T_k，按表 6-2 给出的经验公式计算出控制器的 δ、T_i、T_D 参数。

表 6-2 临界比例法参数计算表

控制作用	比例度/%	积分时间 T_i/min	微分时间 T_D/min
比例	$2\delta_k$		
比例+积分	$2.2\delta_k$	$0.85T_k$	
比例+微分	$1.8\delta_k$		$0.1T_k$
比例+积分+微分	$1.7\delta_k$	$0.5T_k$	$0.125T_k$

6.5.3.3 衰减曲线法

这种方法与临界比例度法相类似，所不同的是无需出现等幅振荡，而是要求出现一定比例的衰减振荡，具体方法如下。

①先将积分时间 T_i 置于最大，微分时间置为 0，比例度 δ 置为较大的数值，使系统投入闭环运行。

②当系统稳定时，在纯比例作用下，用改变给定值的办法加入阶跃干扰，观察记录曲线的衰减比，从大到小改变比例度，直到系统出现如图 6-15(a) 所示的衰减比为 4:1 的振荡过程，记录下此时的 δ_s（衰减比例度）和 T_s（衰减周期）。

③根据记录的 δ_s 和 T_s，按表 6-3 给出的经验数据来确定出控制器的 δ、T_i、T_D 参数值。有些控制系统的过渡过程，4:1 的衰减仍嫌振荡过强，可采用 10:1 的衰减曲线法，

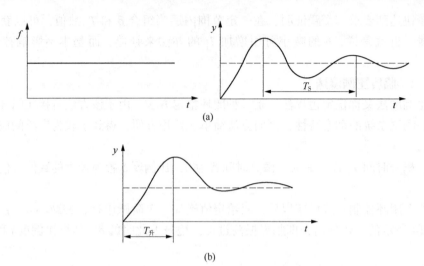

图6-15　4∶1和10∶1的衰减振荡过程

如图6-15(b)所示，方法同上。得到10∶1的衰减曲线，记下此时的比例度δ'_s和最大偏差时间$T_升$(又称响应上升时间)，再按表6-4给出的经验公式来计算δ、T_i、T_D参数值。

表6-3　4∶1衰减曲线法参数计算表

控制作用	$\delta/\%$	$T_i/\min$	$T_D/\min$
比例	δ_s		
比例+积分	$1.2\delta_s$	$0.5T_s$	
比例+积分+微分	$0.8\delta_s$	$0.3T_s$	$0.1T_s$

表6-4　10∶1衰减曲线法参数计算表

控制作用	$\delta/\%$	$T_i/\min$	$T_D/\min$
比例	δ_s'		
比例+积分	$1.2\delta_s'$	$2T_升$	
比例+积分+微分	$0.8\delta_s'$	$1.2T_升$	$0.4T_升$

　　在加阶跃干扰时，加的幅度过小则过程的衰减比不易判别，过大又为工艺条件所限制，所以一般加给定值的5%左右。扰动必须在工艺稳定时再加入，否则得不到正确的δ_s、T_s或者δ_s'、$T_升$值。对于一些变化比较迅速、反应快的过程，在记录纸上严格得到4∶1的衰减曲线较难，一般以曲线来回波动两次达到稳定，就近似认为达到4∶1的衰减过程了。

6.5.3.4　三种整定方法的比较

　　以上三种方法是工程上常用的方法，简单比较一下，不难看出，临界比例度法方法简单、容易掌握和判断，但使用这种方法需要进行反复振荡实验，找到系统的临界振荡状态，记录下δ_k和T_k，然后才能由经验公式计算出所需参数值。所以对于有些不允许进行反复振荡实验的过程控制系统，如锅炉给水系统和燃烧控制系统等，就不能用此法。再如某些时间常数较大的单容过程，采用比例控制时根本不可能出现等幅振荡，也就不能用此法，所以使用范围受到了限制。

　　衰减曲线法能适用于一般情况下的各种控制系统，但却需要使系统的响应出现4∶1或

10：1 衰减振荡过程，衰减程度较难确定，从而较难得到准确的 δ_s、T_s 或者 $\delta_s{}'$、$T_\text{升}$ 值，尤其对于一些扰动比较频繁、过程变化比较快的控制系统，不宜采用此法。

经验凑试法简单方便，容易掌握，能适用于各种系统，特别对于外界干扰作用频繁、记录曲线不规则的系统，这种方法很合适，但时间上有时不经济。但不管怎样，经验凑试法是用得最多的一种控制器参数工程整定方法。

6.5.4　控制系统的投运

当自动控制系统安装完成或停车检修后使控制系统投入使用的过程称之为系统的投运。系统投运能否一次成功取决于仪表技术人员的实践经验和工艺操作人员的积极配合。投运前仪表技术人员要熟悉生产工艺和控制方案，全面检查过程检测控制仪表，并对系统所有仪表进行联调实验；在工艺操作人员的帮助下，当装置工况较为稳定时，自动控制系统即可投入运行，投运的具体操作过程如下：

① 检测系统先投入运行，检查检测信号是否正常。

② 将控制器置于手动操作状态。

③ 手动操作调节阀，使其工作在正常工况下的开度。

④ 将控制器的 PID 参数设置在合适的值上，待被控变量与给定值一致时，将控制器的操作状态由手动改为自动，将控制器投入运行，实现系统的自动控制。

若控制系统投运后控制效果达不到工艺的要求，根据被控变量的变化情况，适当修改 PID 参数，优化自动控制系统的控制品质。

6.5.5　简单控制系统的故障与处理

一般来说，开工初期或停车阶段，由于工艺生产过程不正常、不稳定，各类故障较多。这种故障不一定都出自控制系统和仪表本身，也可能来自工艺部分。所以造成系统运行不正常主要来自以下几个方面的原因：

① 工艺过程设计不合理或者工艺本身不稳定，从而在客观上造成控制系统扰动频繁、扰动幅度变化很大，自控系统在调整过程中不断受到新的扰动，使控制系统的工作复杂化，从而反映在记录曲线上的控制质量不够理想。这时需要对工艺和仪表进行全面分析，才能排除故障。可以在对控制系统中各仪表进行认真检查并确认可靠的基础上，将自动控制切换为手动控制，在开环情况下运行。若工艺操作频繁，参数不易稳定，调整困难，则一般可以判断是由于工艺过程设计不合理或者工艺本身的不稳定引起的。

② 自动控制系统的故障也可能是控制系统中个别仪表造成的。多数仪表故障的原因出现在与被测介质相接触的传感器和控制阀上，这类故障约占 60% 以上。尤其是安装在现场的控制阀，由于腐蚀、磨损、填料的干涩而造成阀杆摩擦力增加，使控制阀的性能变坏。

③ 用于连接生产装置和仪表的各类取样取压管线、阀门、电缆电线、插接板件等仪表附件所引起的故障也很常见，这与其周边恶劣的环境密切相关。

④ 随着计算机技术的发展，目前的生产过程参数一般采用计算机控制，由计算机主机配上 I/O 卡件构成，最容易发生故障的地方一般在电源系统和通信网络系统，电源在连续工作和散热中，受电压和电流的波动冲击是不可避免的，通信及网络受外部干扰的可能性大，外部环境是造成通信外部设备故障的最大因素之一。由于计算机控制系统多为插件结构，长

期插拔模块会造成局部印刷板或底板、接插件接口等处的总线损坏，在空气温度变化、湿度变化的影响下，总线的塑料老化、印刷线路的老化、接触点的氧化等都是系统总线损坏的原因。所以在系统设计和处理系统故障的时候要考虑到空气、尘埃、紫外线等因素对设备的破坏。计算机的主存储器大多采用可擦写 ROM，其使用寿命除了主要与制作工艺相关外，还和底板的供电、CPU 模块工艺水平有关，中央处理器目前都采用高性能的处理芯片，故障率已经大大下降。对于主机系统的故障的预防及处理主要是提高集中控制室的管理水平，加装降温措施，定期除尘，使主机的外部环境符合其安装运行要求，同时在系统维修时，严格按照操作规程进行操作。

　　主机系统的子设备也有可能发生故障，如接线盒、线端子、螺栓螺母等处。这类故障产生的原因除了设备本身的制作工艺原因外还和安装工艺有关，如有人认为电线和螺钉连接是压的越紧越好，但在二次维修时很容易导致拆卸困难，大力拆卸时容易造成连接件及其附近部件的损害；长期的打火、锈蚀等也是造成故障的原因。根据工程经验，这类故障一般是很难发现和维修的。所以在设备的安装和维修中一定要按照安装要求的安装工艺进行，不留设备隐患。

　　电源、地线和信号线的噪声也可能引发故障，问题的解决或改善主要在于工程设计时的经验和日常维护中的观察分析。要减小故障率，很重要的一点是要重视工厂工艺和安全操作规程，在日常的工作中要遵守工艺和安全操作规程，严格执行一些相关的规定，如保持集中控制室的环境等，同时在生产中也要加强这些方面的管理。

　　⑤ 自动控制系统的故障与控制器参数的整定及控制方法的选取是否合适有关。控制器的参数整定不合适，将造成控制质量下降，从而达不到工艺的要求。若工艺条件发生了较大的变化(如负荷的变化)，被控过程的特性将随之变化，需对控制器的参数重新进行整定。随着对产品质量要求的提高，生产过程越来越复杂，需要控制的参数增加了，控制系统之间的相互干扰明显增多，采用传统的 PID 控制不一定能达到工艺的要求，导致控制质量不高，这时宜考虑采用先进的控制方法。

习题与思考题

1. 简单控制系统是由哪几部分组成的？
2. 选择被控制变量应遵循哪些原则？
3. 选择被操纵变量应遵循哪些原则？
4. 选择调节阀气开、气关方式的首要原则是什么？
5. 被控对象、执行器、控制器的正、反作用方向各是怎样规定的？
6. 为什么要对控制器的作用方向进行选择？选择的依据是什么？
7. 乙炔发生器是利用电石和水来产生乙炔气的装置，若乙炔发生器内温度过高容易发生爆炸安全事故，为此设计了如图 6-16 所示的乙炔发生器温度控制系统，试回答下列问题：

（1）该控制系统的被控对象、被控变量和操纵变量各是

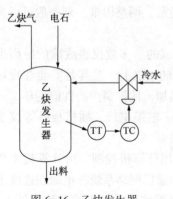

图 6-16　乙炔发生器
温度控制系统

什么?

(2) 选择执行器的气开、气关类型,并说明选取的理由;

(3) 选择温度控制器的作用方向,详细说明选取的理由;

(4) 画出该控制系统的方框图;

(5) 若乙炔发生器内温度高于了给定值,试分析系统的调节过程。

8. 如图 6-17 所示的水压控制系统,希望进水管道压力保持恒定,试回答以下问题:

(1) 控制系统的被控对象、执行器、控制器、被控变量和操纵变量各是什么?

(2) 选择控制器的作用方向并说明选取理由(提示:计算机输出的控制信号越大,变频器输出的交流电源频率越大,交流电动机的转速越大);

(3) 若储水箱水位变化频繁,又进水管道压力的控制要求较高,试选择控制器的控制规律并说明选取的理由;

(4) 绘制该控制系统方框图;

(5) 若开大进水管道上手动阀门,试简述系统的调节过程。

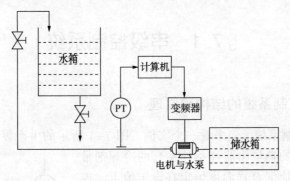

图 6-17 水压控制系统

9. 如图 6-18 所示的换热器温度控制系统,工艺要求物料的出口温度保持恒定,现已设计了一个单回路控制系统对换热器物料的出口温度进行控制,试回答下列问题:

(1) 说明该控制系统的被控对象、被控变量、操纵变量各是什么?

(2) 选择执行器的气开、气关类型,并说明选取的理由;

(3) 选择温度控制器的作用方向,详细说明选取的理由;

(4) 画出该控制系统的方框图;

(5) 若负荷(物料流量)突然增大,试分析系统的调节过程。

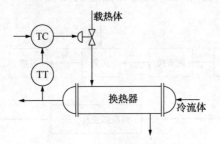

图 6-18 换热器温度控制系统

第7章 复杂控制系统

简单控制系统是过程控制系统中结构最简单、最基本、应用最广泛的一种形式，它解决了工业生产过程中大量的参数定值控制系统。但是，随着现代工业生产过程朝着大规模、高效率、连续生产、综合利用方向发展，对操作条件、控制精度、经济效益、安全运行、环境保护等提出了更高的要求。此时，简单控制系统往往难以满足这些要求。为了提高控制品质，在简单控制方案的基础上，出现了诸如串级控制、前馈控制、均匀控制、比值控制、分程控制、选择性控制等一类较复杂的控制系统结构方案。本章将对这些控制系统的结构、特点、设计原则和工业应用等问题进行介绍。

§7.1 串级控制系统

7.1.1 串级控制系统的结构和原理

为了认知串级控制系统，先来看一个实例。图 7-1 所示的生产设备为连续式搅拌反应釜，放热反应所产生的热量由流经釜外夹套的冷却剂带走，控制目标是使反应混合物温度恒定在设定值上，控制手段是调节冷却剂流量。干扰来自两个方面：来自物料方面的有物料温度和流量的变化，来自冷却剂方面的有冷却剂压力和温度的变化。

图 7-2 为连续式搅拌反应釜温度单回路控制系统的方框图。

由于来自物料的温度和流量的变化将很快由反应釜内温度 T_1 反映出来，一般采用图 7-2 所示的温度单回路控制足以克服该扰动；而来自冷却剂压力和温度的变化

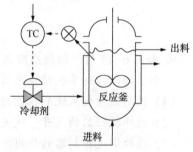

图 7-1　夹套式连续搅拌
反应釜温度单回路控制

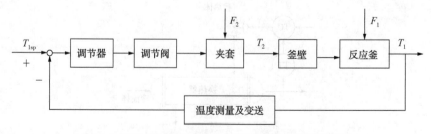

图 7-2 连续式搅拌反应釜温度单回路控制系统方框图

首先反映为夹套内冷却剂 T_2 的变化，通过一个传热过程，然后才反映 T_1 的变化，由于传热

过程容量滞后较大，图 7-2 所示的温度单回路控制对克服来自冷却剂方面的扰动不够及时，难以满足生产工艺的要求，若采用夹套内冷却剂温度 T_2 和冷却剂流量组成一单回路控制系统，则能较快克服这些扰动，但该单回路控制系统不能克服进料方面的扰动对 T_1 的影响。为了相互兼顾，设计出了如图 7-3 所示的串级控制系统。

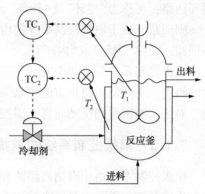

从图 7-3 可以看出，一个控制器的输出用来改变另一个控制器的给定值，这样连接起来的两个控制器称之为"串级"控制，两个控制器都有各自的测量输入，但只有主控制器具有自己独立的给定值，副控制器的输出送给被控制过程的执行器，这样组成的系统称为串级控制系统。

图 7-3　连续式搅拌反应
釜串级控制系统

串级控制系统的系统方框图如图 7-4 所示。

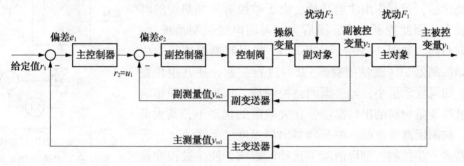

图 7-4　串级控制系统方框图

为了更好地阐述和分析串级控制系统，这里介绍几个串级控制系统中常用的名词。

主被控变量　是工艺控制指标，大多为工业过程中的重要操作参数，在串级控制系统中起主导作用的被控变量，如示例中的物料出口温度。

副被控变量　串级控制系统中为了稳定主被控变量或因某种需要而引入的辅助变量，如示例中的燃料流量。

主对象　大多为工业过程中所要控制的、由主被控变量表征其主要特性的生产设备或过程，如示例中的加热炉。

副对象　大多为工业过程中影响主被控变量的、由副被控变量表征其特性的辅助生产设备或辅助过程，如示例中燃料输入管道。

主控制器　在系统中起主导作用，按主被控变量和其给定值之差进行控制运算并将其输出作为副控制器的给定值的控制器，简称"主控"。

副控制器　在系统中起辅助作用，按所测得的副被控变量和主控输出之差进行控制运算，其输出直接作用于控制阀的控制器，简称"副控"。

主变送器　测量并转换主被控变量的变送器。

副变送器　测量并转换副被控变量的变送器。

主回路　由主变送器、主控制器、副控制器、控制阀、主对象和副对象等环节构成的外闭环回路，又称为"主环"或"外环"。

副回路　处于串级控制系统的内部，由副变送器、副控制器、控制阀和副对象构成的闭环回路，又称"副环"或"内环"。

串级控制系统是由两个或两个以上的控制器串联连接，一个控制器的输出是另一个控制器的给定。主控制回路是定值控制系统。对主控制器的输出而言，副控制回路是随动控制系统，对进入副回路的扰动而言，副控制回路也是定值控制系统。

7.1.2　串级控制系统的抗扰动性能

串级控制系统由于有副回路的存在，其抗扰动能力大大提高，下面以图7-3所示的加热炉出口温度与燃料流量串级控制系统为例说明该系统是如何提高抗扰动能力的。

（1）扰动作用于副回路

当系统的扰动为燃料气的压力时，即在图7-4所示的方框图中，扰动 F_1 不存在，只有扰动 F_2 作用在副对象上，这时扰动作用于副回路。若采用简单控制系统，只有当物料的出口温度发生变化后，控制作用才能开始，由于被控对象加热炉的时间常数较大，因此控制迟缓、滞后大。采用串级控制系统后，设置了副回路，如图7-5所示，扰动 F_2 将引起燃料流量发生改变，副控制器FC（流量控制器）及时进行控制，使其很快稳定下来。如果扰动量小，经过副回路控制后，该扰动一般影响不到主被控变量物料的出口温度，在大幅度的扰动下，其大部分影响，被副回路所克服，波及物料出口温度已经很小了，再由主回路进一步控制，彻底消除了扰动的影响，使主被控变量回复到给定值。

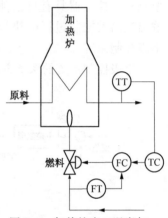

图7-5　加热炉出口温度与
燃料流量串级控制系统

由于副回路控制通道短，时间常数小，所以当扰动进入回路时，可以获得比简单控制超前的控制作用，有效地克服了燃料压力变化对物料出口温度的影响，从而大大提高了控制质量。

（2）扰动作用于主回路

若在某一时刻，由于进料负荷发生变化，即在图7-4所示的方框图中，扰动 F_2 不存在，只有扰动 F_1 作用在主对象上，这时扰动作用于主回路。假设扰动 F_1 的作用使物料的出口温度升高。这时温度控制器（主控制器）的测量值 y_{m1} 增加，故主控制器TC的输出降低。由于这时燃料流量暂时还没有改变，即流量控制器FC的测量值 y_{m2} 没有变，因而FC的输出将随给定值的降低而降低。随着FC输出的降低，气开式阀门的开度也随之减小，于是燃料流量减小，即燃料的供给量将减小，促使物料出口温度降低，直到恢复到给定值为止。在整个控制系统中，流量控制器FC的给定值不断变化，要求副被控变量燃料流量也随之变化，这是为了维持主被控变量物料出口温度不变所必需的。如果由于扰动 F_1 作用的结果使物料出口温度增加超过了给定值，那么必须相应降低燃料流量，才能使物料出口温度回复到给定值。所以，在串接控制系统中，如果扰动作用于主对象，由于副回路的存在，可以及时改变副被控变量的数值，以达到稳定主被控变量的目的。

在串级控制系统中，由于引入了一个闭合的副回路，不仅能迅速克服作用于副回路的扰动，而且对作用于主对象上的扰动也能加速克服过程。副回路具有先调、粗调、快调的特点；主回路具有后调、细调、慢调的特点；并对于副回路没有完全克服的扰动影响彻底加以克服。因此，在串级控制系统中，由于主、副回路相互配合，充分发挥了控制作用，大大提高了控制质量。

7.1.3 串级控制系统的特点

串级控制系统增加了副控制回路，使控制系统的性能得到了改善，主要表现在以下几个方面。

(1) 能迅速克服进入副回路扰动的影响

当扰动进入副回路后，首先，副被控变量检测到扰动的影响，并通过副回路的定值控制作用，及时调节操纵变量，使副被控变量回复到副给定值，从而使扰动对主被控变量的影响减少。即副回路对扰动进行粗调，主回路对扰动进行细调。因此，串级控制系统能迅速克服进入副回路扰动的影响。

(2) 串级控制系统由于有副回路的存在，改善了对象特性，提高了工作效率

串级控制系统将一个控制通道较长的对象分为两级，把许多干扰在第一级副环就基本克服掉，剩余的影响及其他各方面干扰的综合影响由主环加以克服。相当于改善了主控制器的对象特性，即减少了容量滞后，因此对于克服整个系统的滞后大有帮助，从而加快了系统响应速度，减小了超调量，提高了控制品质。由于对象减少了容量滞后，串级控制系统的工作效率得到了提高。

(3) 串级控制系统的自适应能力

串级控制系统就其主回路来看，是一个定值控制系统，而就其副回路来看，则为一个随动控制系统。主控制器的输出能按照负荷或操作条件的变化而变化，从而不断地改变副控制器的给定值，使副控制器的给定值能随着负荷或操作条件的变化而变化，这就使得串级控制系统对负荷或操作条件的改变有一定的自适应能力。

(4) 能够更精确控制操纵变量的流量

当副被控变量是流量时，未引入流量副回路，控制阀的回差、阀前压力的波动都会影响到操纵变量的流量，使它不能与主控制器输出信号保持严格的对应关系。采用串级控制系统后，引入了流量副回路，使流量测量值与主控制器的输出一一对应，从而能够更精确控制操纵变量的流量。

(5) 可实现更灵活的操作方式

串级控制系统可以实现串级控制、主控和副控等多种操作方式。其中，主控方式是切除副回路，以主被控变量作为被控变量的单回路控制，副控方式是切除主回路，以副被控变量为被控变量的单回路控制。因此，串级控制系统运行过程中，如果某些部件故障时，可灵活进行切换，减少对生产过程的影响。

7.1.4 串级控制系统的设计

与简单控制系统相比，串级控制系统控制质量有显著提高。但是，串级控制系统结构复杂，使用仪表多，参数整定也比较麻烦。串级控制系统主要用于对象容量滞后较大、纯滞后时间较长、扰动幅度大、负荷变化频繁和剧烈的被控过程。

　　串级控制系统必须合理地进行设计，才能使其优越性得到充分发挥。串级控制系统设计基本原则有以下几个方面。

　　(1)主回路的设计

　　串级控制系统的主回路仍是一个定值控制系统，主被控变量的选择和主回路的设计仍可根据简单控制系统的设计原则进行。

　　(2)副回路的选择

　　副回路的选择也就是确定副被控变量。串级控制系统的特点主要来源于它的副回路，副回路设计的好坏决定着整个串级控制系统设计的成败。副被控变量的选择一般应遵循以下几个原则。

　　①主、副被控变量有对应关系　在串级控制系统中，引入副被控变量是为了提高主被控变量的控制质量，副被控变量与主被控变量之间应具有一定的对应关系，即通过调整副被控变量能有效地影响主被控变量。在主被控变量确定以后，所选定的副被控变量应与被控变量有一定的内在联系，副被控变量的变化应反映主被控变量的变化趋势，并在很大程度上影响主被控变量。其次，选择的副被控变量必须是物理上可测量的。另外，由副被控变量所构成的副回路调节通道尽可能短，副对象的时间常数不能太大，时间滞后小，以便使等效过程时间常数显著减小，提高整个系统的工作频率，加快控制过程反应速度，改善系统控制品质。

　　②副被控变量的选择必须使副回路包含变化剧烈的主要扰动，并尽可能多包含一些扰动，串接控制系统的副回路具有调节速度快、抑制扰动能力强等特点。所以在设计时，副回路应尽量包含生产过程中主要的、变化剧烈的、频繁的和幅度大的扰动，并力求包含尽可能多的扰动。这样可以充分发挥副回路的长处，将影响主被控变量最严重、频繁、激烈的干扰因素抑制在副回路中，确保主被控变量的控制品质。

　　图7-5所示的加热炉出口温度与燃料流量串级控制系统对克服燃料流量上游压力变化是相当有效的，但对于燃料热值变化就无能为力了，此时可采用图7-6所示的加热炉出口温度与炉膛温度串接控制系统。该串级控制系统包含生产过程中主要的、变化剧烈、频繁和幅度大的扰动，并包含尽可能多的扰动，是一个较好的控制方案，但有的加热炉炉膛温度不好找。

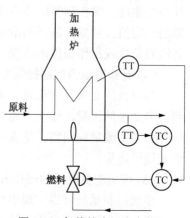

图7-6　加热炉出口温度与
炉膛温度串级控制系统

　　③副被控变量的选择应考虑主、副对象时间常数的匹配，以防"共振"的发生　在串级控制系统中，主、副对象的时间常数不能太接近。一方面是为了保证副回路具有较快的反应能力，另一方面是由于在串级控制系统中，主、副对象密切相关。副被控变量的变化会影响主被控变量，而主被控变量的变化通过反馈又会影响到副被控变量。如果主、副对象的时间常数比较接近，系统一旦受到扰动，就有可能产生"共振"，使控制质量下降，甚至使系统因振荡而无法工作。

　　④设计副回路应注意工艺上的合理性　过程控制系统是为工业生产服务的，设计串级控制系统时，应考虑和满足生产工艺的要求。由串级控制系统的方框图可以看出，系统的操纵变量是先影响副被控变量，然后再去影响主被控变量的。所以，应选择工艺上切实可行，容

易实现，对主被控变量有直接影响且影响显著的变量为副被控变量来构成副回路。

⑤设计副回路应考虑经济性　在副回路的设计中，若出现几个可供选择的方案时，应把经济原则和控制品质要求有机地结合起来，在工艺合理、满足工艺品质要求的前提下，应尽可能采用简单的控制方案。

（3）主、副控制器控制规律的选择

在串级控制系统中，主、副控制器所起的作用不同。主控制器起定值控制作用，副控制器起随动控制作用，这是选择控制器控制规律的基本出发点。

主被控变量是生产工艺的主要控制指标，它关系到产品的质量，工艺上要求比较严格，一般不允许有余差，所以，主控制器通常选用比例积分（PI）控制规律，以实现主被控变量的无差控制。当控制通道容量滞后较大时，主控制器应选用比例积分微分（PID）控制规律。

在串级控制系统中，稳定副被控变量并不是目的。控制副被控变量是为了保证和提高主被控变量的控制质量，对副被控变量的要求一般不严格，可以在一定范围内变化，允许有余差。因此，副控制器一般比例（P）控制规律就可以了。为了能够快速跟踪，一般不引入积分，因为积分控制会延长控制过程，减弱副回路的快速性。但是，在选择流量为副被控变量时，为了保持系统稳定，比例度必须选得较大，比例作用偏弱，在这种情况下可以引入积分控制，即采用比例积分（PI）控制规律，以增强控制作用。副被控变量一般不引入微分控制，因为当副控制器有微分作用时，主控制器输出稍有变化，就容易引起控制阀大幅度地变化，对系统的稳定不利。

（4）主、副控制器作用方向的确定

如在简单控制系统设计中所述，要使一个过程控制系统能正常运行，系统必须构成负反馈。对串级控制系统来说，主、副控制器作用方向的选择原则上依然是使整个系统构成负反馈。

串级控制系统主、副控制器的正、反作用方向选择的顺序是：首先根据工艺的（安全性）要求确定控制阀的气开、气关形式，然后再按照副回路构成负反馈的原则确定副控制器的正、反作用方向，最后再依据主、副被控变量的关系和主回路构成负反馈的原则，确定主控制器的正、反作用方向。

下面以图 7-6 所示的加热炉出口温度与炉膛温度串级控制系统为例，说明串级控制系统主、副控制器的正、反作用方向的确定。

从生产工艺安全角度出发，燃料控制阀选用气开式，即一旦出现故障或气源中断，控制阀应完全关闭，切断燃料进入加热炉，确保设备安全，因此执行器为正作用方向的；当操纵变量增大时（即燃料流量增加），副对象的副被控变量炉膛温度也升高，所以副对象为正作用方向的；为保证副回路为负反馈，副控制器应选反作用方向。

当主控制器的输出增加时，副回路的输出（副被控变量炉膛温度）也增大，所以副回路为正作用方向的；当主对象的输入（炉膛温度）升高时，其输出（物料出口温度）也升高，故主对象也为正作用方向的；为保证主回路为负反馈，主控制器应选反作用方向。

图 7-6 所示的加热炉出口温度与炉膛温度串级控制系统的控制过程为：当扰动或负荷变化使炉膛温度升高时，因副控制器是反作用，控制器的输出减小，控制阀是气开阀，因此，控制阀的开度减小，燃料供给量减小，使炉膛温度下降；同时，炉膛温度升高，使物料出口温度也升高，通过反作用的主控制器，使副控制器的给定值降低，相当于副测量值增

大，将把控制阀关得更小，通过主、副回路的协调控制，迅速降低炉膛温度，从而降低物料出口温度，使其尽快回复到给定值上来。

7.1.5　串级控制系统控制器参数的工程整定

参数整定就是通过调整控制器的参数，改善控制系统的动、静态特性找到最佳的调节过程，使控制品质最好。串级控制系统常用的控制器参数整定方法有三种：逐步逼近法、两步整定法和一步整定法。对新型智能控制仪表和 DCS 控制装置构成的串级控制系统，可以将主控制器选为具备自整定功能。下面介绍逐步逼近的整定方法。

逐步逼近法就是在主回路断开的情况下，求取副控制器的整定参数，然后将副控制器的参数设置在所求的数值上，使串级控制系统主回路闭合求取主控制器的整定参数。然后，将主控制器参数设置在所求的数值上，再进行整定，求出第二次副控制器的整定参数值，比较上述两次的整定参数和控制质量，如果达到了控制品质指标，整定工作结束。否则，再按此法求取第二次主控制器的整定参数值，依次循环，直到求得合适的整定参数值为止。这样，每循环一次，其整定参数与最佳参数值就更接近一步，故称逐步逼近法。

§7.2　前馈控制系统

前馈的概念很早就已经产生了，由于人们对它认识不足和自动化工具的限制，致使前馈控制发展缓慢。近年来，随着新型仪表和计算机技术的飞速发展，为前馈控制创造了有利条件，前馈控制又重新被重视。目前前馈控制已在锅炉、精馏塔、换热器和化学反应器等设备上获得成功的应用。

7.2.1　前馈控制的基本原理

前面所讨论的控制系统中，控制器都是按照被控变量与给定值的偏差来进行控制的，这就是所谓的反馈控制，是闭环的控制系统。反馈控制中，当被控变量偏离了给定值，产生了偏差，然后才进行控制，这就使得控制作用总是落后于扰动对控制系统的影响。

前馈控制系统是一种开环控制系统，它是在苏联学者所倡导的不变性原理的基础上发展而来的。20 世纪 50 年代以后，在工程上，前馈控制系统逐渐得到了广泛的应用。前馈控制系统是根据扰动或给定值的变化按补偿原理来工作的控制系统。其特点是当扰动产生后，被控变量还未变化以前，根据扰动作用的大小进行控制，以补偿扰动作用对被控变量的影响。前馈控制系统运用得当，可以使被控变量的扰动消灭在萌芽之中，使被控变量不会因扰动作用或给定值变化而产生偏差，它较之反馈控制能更加及时地进行控制，并且不受系统滞后的影响。

图 7-7 所示的是换热器前馈控制系统，如果已知影响换热器物料出口温度的主要扰动是进料

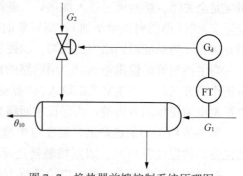

图 7-7　换热器前馈控制系统原理图

流量的变化，为了克服这一扰动对被控变量物料出口温度的影响，可以测量进料流量，根据进料流量大小的变化直接去改变加热蒸汽量的大小，这就构成了前馈控制。

7.2.2　前馈控制的主要结构形式

（1）静态前馈控制系统

静态前馈是在扰动作用下，前馈补偿作用只能最终使被控变量回到要求的给定值，而不考虑补偿过程中的偏差大小。在有条件的情况下，可以通过物料平衡和能量平衡关系求得采用多大的校正作用。

静态前馈控制不包含时间因子，实施简便。而事实证明，在不少场合，特别是控制通道与扰动通道的时间常数相差不大时，应用静态前馈控制可以获得很好的控制精度。

（2）前馈反馈控制系统

单纯的前馈控制是开环的，是按扰动进行补偿的，因此根据一种扰动设置的前馈控制就只能克服这一扰动对被控变量的影响，而对于其他扰动对被控变量的影响，由于这个前馈控制器无法感受到，也就无能为力了。所以在实际工业过程中单独使用前馈控制很难达到工艺要求，因此为了克服其他扰动对被控变量的影响，就必须将前馈控制和反馈控制结合起来，构成前馈反馈控制系统。前馈反馈控制系统有两种结构形式，一种是前馈控制作用与反馈控制作用相乘，如图 7-8 所示的精馏塔出口温度的进料前馈反馈控制系统。另一种是前馈控制作用与反馈控制作用相加，这是前馈反馈控制系统中最典型的结构形式，如图 7-9 所示的加热炉出口温度的进料前馈反馈控制系统。

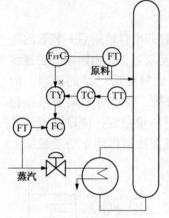

图 7-8　精馏塔前馈反馈
控制系统（相乘型）

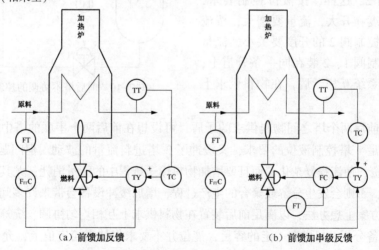

（a）前馈加反馈　　　　　　　　　（b）前馈加串级反馈

图 7-9　加热炉前馈反馈控制系统（相加型）

7.2.3　采用前馈控制系统的条件

前馈控制是根据扰动作用的大小进行控制的。前馈控制系统主要用于对象滞后大、由扰动而造成的被控变量偏差消除时间长、不易稳定和控制品质差等系统。因此采用前馈控制系统的条件是：

①扰动可测但是不可控。

②变化频繁且变化幅度大的扰动。

③扰动对被控变量的影响显著，反馈控制难以及时克服，且过程控制精度要求又十分严格的情况。

§7.3 均匀控制系统

7.3.1 均匀控制系统的工作原理及特点

在连续生产过程中，有许多装置是前后紧密联系的，前一装置的出料量是后一装置的进料量，而后一装置的出料量又输送给其他装置。各个装置之间相互联系，互相影响。在连续精馏塔的多塔分离过程中，精馏塔串联在一起工作，前一塔的出料是后一塔的进料。图 7-10 所示为两个连续操作的精馏塔，为了保证分馏过程的正常进行，要求将 1# 塔釜液位稳定在一定的范围内，应设置液位控制系统；而 2# 精馏塔又希望进料量稳定，应设置流量控制系统。显然，这两套控制系统的控制目标存在矛盾。假如 1# 塔在扰动作用下塔釜液位上

升时，液位控制器 LC 输出控制信号来开大控制阀 1，使出料流量增大；由于 1# 塔出料量是 2# 塔的进料量，因而引起 2# 塔进料量的增加，于是，流量控制器 FC 输出控制信号去关小控制阀 2。这样，按液位控制要求，控制阀 1 的开度在开大，流量要增大；按流量控制要求，控制阀 2 的开度要关小，流量要减小。而控制阀 1、2 装在同一条管道上，于是两套控制系统互相矛盾，在物料供求上无法兼顾。

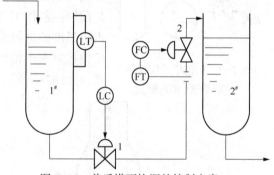

图 7-10 前后塔不协调的控制方案

为了解决前后两个塔之间物料供求的矛盾，可设想在前后两个串联的塔中间增设一个缓冲设备，既满足 1# 塔控制液位的要求，又缓冲了 2# 塔进料流量的波动。但问题是，增加设备不仅要增加投资，使流程复杂化，而且要增加物料输送过程中的能量消耗；尤其是中间物料不允许中间停留，否则会发生分解或聚合的生产过程，增加缓冲设备会带来许多问题。因此，必须从自动控制方案上想办法，以满足前后装置在物料供求上互相均匀协调、统筹兼顾的要求。

从工艺设备分析，1# 塔有一定的容量，液位并不要求保持在给定值上，允许在一定范围内变化；至于 2# 塔的进料，如不能做到定值控制，若能使其缓慢变化，也是生产工艺所容许的。为此，可以设计相应的控制系统，解决前后工序物料供求矛盾，达到前后兼顾协调运行，使液位和流量均匀变化，以满足生产工艺的要求。通常把能实现这种控制目的的系统称为均匀控制系统。

均匀控制通过对液位和流量两个变量同时兼顾的控制策略，使两个互相矛盾的变量相互

协调，满足二者均在小范围内缓慢变化的工艺要求。与其他控制方式相比，均匀控制有以下二个特点。

(1)两个被控参数在控制过程中缓慢变化

因为均匀控制是指前后设备的物料供求之间的均匀、协调，表征前后供求矛盾的两个参数都不应该稳定在某一固定的数值上。若保持 $1^{\#}$ 塔液位稳定，如图 7-11(a)所示，则导致 $2^{\#}$ 塔的进料量波动很大，无法满足工艺要求，这样的控制过程只能看作液位的定值控制，而不能看作均匀控制。若控制 $2^{\#}$ 塔流量稳定，如图 7-11(b)所示，则会导致 $1^{\#}$ 塔的液位波动很大，也无法满足工艺要求。前者是液位的定值控制，后者是流量的定值控制，都不是均匀控制。只有图 7-11(c)所示的液位和流量的控制曲线才符合均匀控制的要求，两者都有一定程度的波动，但波动都比较缓慢。另外，均匀控制在有些情况下对控制参数有所偏重，视工艺需要来确定其主次，有时以液位参数为主，有时则以流量参数为主。

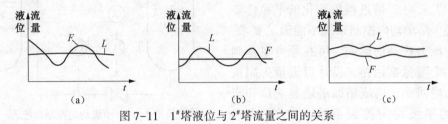

图 7-11　$1^{\#}$ 塔液位与 $2^{\#}$ 塔流量之间的关系

(2)前后互相联系又互相矛盾的两个变量应保持在所允许的范围内波动

在均匀控制系统中，被控参数是非定值的，允许它们在一定的范围内变化，如图 7-10 所示的两个串联的精馏塔，前塔的液位变化有一个规定的上、下限，过高或过低可能造成冲塔现象或抽干的危险。同样，后塔的进料流量也不能超过它所能承受的最大负荷和最低处理量，否则不能保证精馏过程的正常运行。因此，均匀控制的设计必须满足这两个限制条件。当然，这里的允许波动范围肯定比定值控制过程的允许偏差要大得多。

在均匀控制系统设计时，首先要明确均匀控制的目的及其特点。因不清楚均匀控制的设计意图而变成单一参数的定值控制，或者想把两个变量都控制得很平稳，都会导致所设计的均匀控制系统最终难以满足工艺要求。

7.3.2　均匀控制方案

均匀控制常用的方案有简单均匀控制、串级均匀控制等方式。

(1)简单均匀控制

图 7-12 为简单均匀控制系统流程图。从流程图上看，它与简单液位控制系统的结构和使用的仪表完全一样。由于控制目的不同，对控制系统的动态过程要求是不一样的。均匀控制的功能与动态特性通过控制器的参数整定来实现。简单均匀控制系统中的控制器一般都采用纯比例控制规律，比例度的整定不能按 4:1（或 10:1）的衰减振荡过程来整定，而是将比例度整定得很大，当液位变化时，控制器的输出

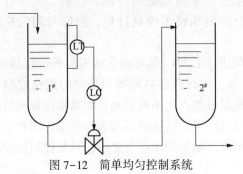

图 7-12　简单均匀控制系统

变化很小，排出流量只作微小缓慢地变化，以较弱的控制作用达到均匀控制的目的。

在有些生产过程中，液位是通过进料阀来控制的，用液位控制器对进料流量进行控制，同样可实现均匀控制的要求。

简单均匀控制系统的优点是结构简单，投运方便，成本低。但当前后设备的压力变化较大时，尽管控制阀的开度不变，输出流量也会发生相应的变化，故它适用于扰动不大、对流量的均匀程度要求较低的场合。当控制阀两端压力差变化较大时，流量变化除控制阀的开度外还受到压力波动的影响，简单均匀控制难以满足工艺要求。

（2）串级均匀控制

简单均匀控制方案虽然结构简单，但当控制阀两端压力变化时，即使控制阀的开度不变，流量也会随阀前后压差变化而改变。如果生产工艺对2#塔进料量变化的平稳性要求比较高，简单均匀控制系统不能满足要求。为了消除压力扰动的影响，可在原方案基础上增加一个流量副回路，设计以流量为副被控变量的副回路，构成精馏塔塔釜液位和流出流量的串级均匀控制系统，如图7-13所示。

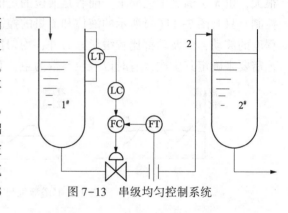

图7-13　串级均匀控制系统

从结构上看，它与一般的液位和流量串级控制系统相同，但这里采用的串级形式并不是为了提高主被控变量液位的控制精度，而是在充分地利用塔釜有效缓冲容积的条件下，尽可能地使塔釜的流出流量平稳。液位控制器LC的输出作为流量控制器FC的给定值，用流量控制器调节控制阀。由于增加了副回路，可以及时克服由于1#塔内或排出端（2#塔内）压力改变所引起的流量变化，尽快地将流量调回到给定值，这些都是串级控制系统的特点。但是，由于设计这一系统的目的是为了协调液位和流量两个参数的关系，使液位和流量两个参数在规定的范围内缓慢而均匀地变化，所以本质上还是均匀控制。

串级均匀控制方案适用于系统前后压力波动较大的场合。但与简单均匀控制系统相比，使用仪表较多，投运、维护较复杂。

7.3.3　均匀控制系统控制规律的选择

简单均匀控制系统的控制器及串级均匀控制系统的主控制器一般采用比例控制规律，有时也可采用比例积分控制规律。串级均匀控制系统的主、副控制器一般用纯比例控制，只在要求较高时，为了防止偏差过大超过允许范围，才引入适当的积分控制。在所有的均匀控制系统中，都不应加微分控制，因为微分控制加快了控制过程，刚好与均匀控制要求相反。

积分作用的引入对液位参数有利，它可以避免由于长时间单方向扰动引起的液位越限。此外，由于加入了积分作用，比例度要适当地增加，这对存在高频噪声场合的液位控制有利。但积分作用的引入也有不利的一面。首先对流量参数产生不利影响，如果液位偏离给定值的时间长而幅度大，则积分作用会使控制阀全开或全关，造成流量较大的波动；同时，积分作用的引入将使系统的稳定性变差，系统几乎经常不断地处于控制之中，只是控制过程较为缓慢而已。

§7.4　比值控制系统

7.4.1　概述

在生产过程中经常遇到要求保持两种或多种物料流量成一定比例关系，如果比例失调就会影响生产的正常进行，影响产品质量，造成环境污染，甚至会引发生产事故。例如在锅炉燃烧系统中，要保持燃料和空气的合适比例，才能保证燃烧的经济性；再如聚乙烯醇生产中，树脂和氢氧化钠必须以一定比例混合，否则树脂将会自聚而影响生产。在重油气的造气生产过程中，进入气化炉的氧气和重油流量应保持一定的比例，若氧-油比过高，因炉温过高使喷嘴和耐火砖烧坏，严重时甚至会引起炉子爆炸，如果氧气量过低，则生成的炭黑增多，还会发生堵塞现象。

实现两个或两个以上参数符合一定比例关系的控制系统，称为比值控制系统。在需要保持比值关系的两种物料中必有一种物料处于主导地位，称为主物料，其流量称为主流量，用 Q_1 表示；而另一种物料按主物料进行配比，在控制过程中随主物料而变化，因此称为从物料，其流量称为副流量，Q_2 用表示。一般情况下，总以生产中的主要物料流量作为主流量，如前面举例中的燃料、树脂和重油均为主物料，而相应跟随主要物料流量变化的空气、氢氧化钠和氧气则为从物料。在有些场合，以流量不可控的物料作为主物料，用改变可控物料（从物料）的量，实现它们之间的比值关系。

比值控制系统就是要实现副流量 Q_2 与主流量 Q_1 成一定比值关系，即满足以下关系式。

$$K = \frac{Q_2}{Q_1}$$

在比值控制系统中，副流量是随主流量按一定比例变化的，因此，比值控制系统实际上是一种随动控制系统。

7.4.2　比值控制系统的类型

（1）开环比值控制系统

图 7-14 所示的是开环比值控制系统，图中 Q_1 是主流量，Q_2 是副流量。当 Q_1 变化时，通过流量变送器 FT 检测主物料流量 Q_1，由控制器 FC 及安装在物料管道上的控制阀来控制副流量 Q_2，使其满足 $Q_2 = KQ_1$ 的要求。

图 7-15 是该系统的方框图。从图中可以看出，该系统的测量信号取自主物料 Q_1，但控制器的输出却是去控制从物料的流量 Q_2，整个系统没有形成闭环，所以是一个开环控制系统。

该系统副流量无抗扰动能力，当副流量管线压力等改变时，就不能保证所要求的比值关系。所以这种开环比值控制系统只适用于副流量管线压力比较稳定、对比值精度要求不高的场合，其优点是结构简单、投资少。

（2）单闭环比值控制系统

单闭环比值控制系统是为了克服开环比值控制方案的不足，在开环比值控制的基础上，通过增加一个副流量闭环控制系统而组成的，如图 7-16 所示。

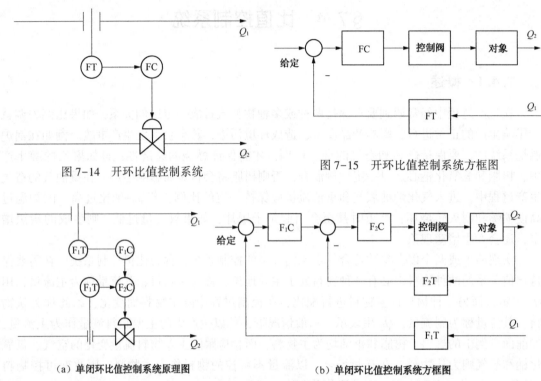

图 7-14　开环比值控制系统

图 7-15　开环比值控制系统方框图

（a）单闭环比值控制系统原理图　　　　（b）单闭环比值控制系统方框图

图 7-16　单闭环比值控制系统

系统处于稳定状态时，主、副流量满足比值要求，即 $Q_2 = KQ_1$。当主流量 Q_1 变化时，测量信号经变送器 F_1T 送至控制器 F_1C，F_1C 按预先设置好的比值使输出成比例变化，改变副流量控制器 F_2C 的给定值。此时副流量闭环系统为一随动控制系统，使 Q_2 跟随 Q_1 变化，流量比值 K 保持不变。当主流量 Q_1 没有变化而副流量 Q_2 由于自身扰动发生变化时，副流量闭环系统相当于一定值控制系统，通过控制回路克服扰动，使工艺要求的流量比值 K 仍保持不变。当主、副流量同时受到扰动时，控制器 F_2C 在克服副流量扰动的同时，又根据新的给定值改变控制阀的开度，使主、副流量的新流量数值仍保持其原设定的比值关系。

如果比值器 F_1C 采用比例控制器，并把它视为主控制器，它的输出作为副流量控制器的给定值，两个控制器串联工作。单闭环比值控制系统在连接方式上与串级控制系统相同，但系统总体结构与串级控制不一样，它只有一个闭合回路，如图 7-16（b）所示。

单闭环比值控制系统优点是它不但能实现副流量随主流量变化，而且可以克服副流量本身扰动对比值的影响，主、副流量的比值较为精确。这种方案的结构形式较简单，所以得到了广泛的应用，尤其适用于主物料在工艺上不允许进行控制的场合。

虽然单闭环比值控制系统能保持两种物料量的比值一定，但由于主流量是不受控制的，当主流量变化时，总的物料量就会跟随变化，因而在总物料量要求控制的场合，单闭环比值系统不能满足要求。

（3）双闭环比值控制系统

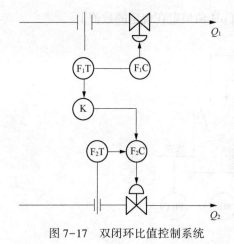

图 7-17　双闭环比值控制系统

双闭环比值控制系统是为了克服单闭环比值控制系统主流量不受控制，生产负荷在较大范围内波动的不足而设计的。它是在单闭环比值控制的基础上，增加了主流量控制回路，如图 7-17 所示。从图中可以看出，当主流量 Q_1 变化时，一方面通过主流量控制器 F_1C 进行控制，另一方面通过比值控制器 K(可以是乘法器)乘以适当的系数后作为副流量控制器的给定值，使副流量跟随主流量的变化而变化。由于主流量控制回路的存在，双闭环比值控制系统实现了对主流量 Q_1 的定值控制，增强了主流量抗扰动能力，使主流量变得比较平稳。这样不仅实现了比较精确的流量比值，而且也确保了两物料总量基本不变。

图 7-18 是双闭环比值控制系统的方框图，从图中可以看出，该系统具有两个闭合回路，分别对主、副流量进行定值控制，同时，由于比值控制器的存在，使得副流量要按比值关系跟随主流量的变化而变化，故称之为双闭环比值控制。

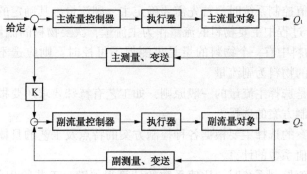

图 7-18　双闭环比值控制系统方框图

双闭环比值控制系统的另一个优点是升降负荷比较方便，只要缓慢地改变主流量控制器的给定值就可以升降主流量，同时，副流量也会自动跟踪升降，并保持两者比值不变。

双闭环比值控制系统适用于主流量扰动频繁、工艺上不允许负荷有较大波动或工艺上经常需要升降负荷的场合。双闭环比值控制方案的不足是结构比较复杂，使用的仪表较多，系统投运、维护比较麻烦。

(4)变比值控制系统

以上介绍的几种控制方案都是属于定比值控制系统。控制过程的目的是要保持主、从物料的比值关系为定值。但有些化学反应过程要求两种物料的比值能灵活地随第三变量的需要而加以调整，这样就产生了变比值控制系统。

图 7-19 是工业废碱液处理的变比值控制系统示意图。在处理过程中，废碱液与酸的量需保持一定的比值，由于废碱液和酸的 pH 值不是恒定不变的，即使它们的流量比值关系保持不变，也不一定能保证反应槽中的废液达到工艺的要求，故其比值系数要能随反应槽中废液 pH 值变化而变化，才能达到良好的控制效果。废液 pH 控制器产生的控制信号与测量变送后的废碱液流量，送往乘法器，计算出实际比值，作为副流量控制器 FC 的给定值，最后通过调整酸

的流量(实际上是调整了废碱液与酸的比值)来使反应槽的 pH 值恒定在规定的数值上。

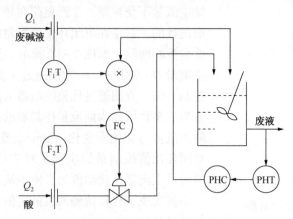

图 7-19　废液处理变比值控制系统

7.4.3　比值控制系统的设计

（1）主、副流量的确定

设计比值控制系统时，首先需要确定主、副流量。其确定的原则是：

① 生产过程中主要物料的流量作为主流量，次要物料的流量作为副流量。

② 两物料中有一个物料的量是可测但不可控时，则应选不可控的物料流量为主流量，另一个可控的物料为副流量。

以上只是选择主流量的一般原则，如工艺有特殊要求还要根据工艺情况做具体分析。

（2）控制方案的选择

控制方案的选择主要根据各种控制方案的特点及工艺的具体情况来确定。

（3）比值系数的计算

设计比值控制系统时，比值系数的计算很关键，工艺给出的是两种物料的体积（质量）流量比值，而实施比值控制时会采用传感器和仪表。目前仪表采用的标准信号为 4~20mA 的电流信号或 0.02~0.1MPa 的气压信号，在仪表上所放置的是两个信号的比值系数 $K' = \dfrac{I_2}{I_1}$（或 $\dfrac{P_2}{P_1}$），显然仪表信号比值 K' 与工艺比值 K 之间具有一定的对应关系，因此必须将工艺的比值系数 K 折算成仪表上的比值系数 K' 才能进行比值设定。

（4）控制方案的实施

比值控制方案的实施主要有相乘方案和相除方案。相乘方案中比值系数的实施可采用比值器、乘法器、配比器等来实现。相除方案的比值系数采用除法器实现，但应注意除法器的非线性对系统动态性能的影响。

§7.5　选择性控制系统

自动控制系统不但要能够在生产处于正常情况下工作，在出现异常或发生故障时，还应具有一定的安全保护功能。早期的控制系统常用的安保措施有声光报警、自动安全联锁等，即当工艺参数达到安全极限时，报警开关接通，通过警灯或警铃发出报警信号，改为人工手动操作，或通过自动安全联锁装置，强行切断电源或气源，使整个工艺装置或某些设备停车，在维修人员排除故障后再重新启动。而随着生产的现代化，一些生产过程的运行速度越来越快，操作人员往往还没有反应过来，事故可能已经发生了；在连续运行的大规模生产过程中，设备之间的关联程度越来越高，设备安全联锁装置在故障时强行使一些设备停车，可能会引起大面积停工停产，造成很大的经济损失。传统的安全保护方法已难以适应安全生产的需要。为了有效地防止事故的发生，确保生产安全，减少停、开车次数，人们设计出能适应不同生产条件或异常状况的控制方案——选择性控制。

选择性控制是把由生产过程的限制条件所构成的逻辑关系叠加到正常自动控制系统上的一种控制方法，即为一个生产过程配置一套能实现不同控制功能的控制系统，当生产趋向极限条件时，通过选择器，控制备用系统自动取代正常工况下的控制系统，实现对非正常生产过程下的自动控制。待工况脱离极限条件回到正常工况后，又通过选择器使适用于正常工况的控制系统自动投入运行。

7.5.1　选择性控制系统的类型

选择性控制系统是通过选择器实现其功能。选择器可以接在两个或多个控制器的输出端，对控制信号进行选择；也可以接在几个变送器的输出端，对测量信号进行选择，以适应不同生产条件的功能需要。选择性控制系统的分类方式有多种，根据选择器在系统中结构中的位置不同，将选择性控制系统简单分为以下两种。

（1）对控制器输出信号进行选择的选择性控制系统

这类系统的选择器装在控制器之后，对控制器的输出信号进行选择，控制系统的方框图如图 7-20 所示。

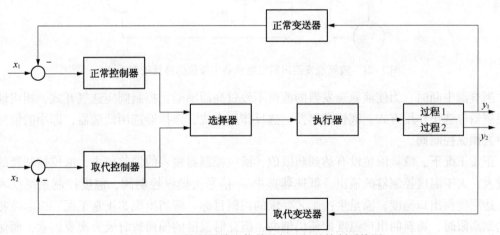

图 7-20　对控制器输出信号进行选择的控制系统图

从方框图中可以看出，这类选择性控制系统包含取代控制器和正常控制器两个控制器，两者的输出信号都送至选择器，通过选择器选择后，控制一个公用的执行器。在生产正常状况下，选择器选出正常控制器的控制信号送到执行器，实现对正常生产的自动控制。当工况不正常时，通过选择器选择，由取代控制器代替正常控制器工作，实现对非正常生产过程的自动控制。一旦生产状况恢复正常，再通过选择器进行自动切换，仍由正常控制器来控制生产过程的正常运行。由于结构简单，这类选择性控制系统在工业生产过程中得到了广泛的应用。

图 7-21 是液氨蒸发器出料温度与蒸发器内液位选择性控制系统的一个实例。液氨蒸发器是一个换热设备，在工业上应用极其广泛，它是利用液氨的汽化需要吸收大量热量，以此来冷却流经管内的热物料。在生产上，往往要求被冷却物料的出口温度稳定，这样就构成了以被冷物料的出口温度为被控变量，以液氨流量为操纵变量的简单控制系统，通过改变传热面积的方式来调节传热量，达到控制物料出口温度的目的。若进料温度过高，而物料出口温度又要求比较低，势必开大液氨阀，导致蒸发器内液氨液位过高，容易引起安全事故。这是因为汽化的氨是要回收重复使用的，氨气将进入压缩机入口，若氨气带液，液滴会损坏压缩机叶片，因此液氨蒸发器上部必须留有足够的汽化空间，以保证良好的汽化条件。为了保持足够的汽化空间，就要限制氨液位不得高于某一最高限值，为此，需在原有温度控制系统的基础上，增加一个限液位超限的控制系统。

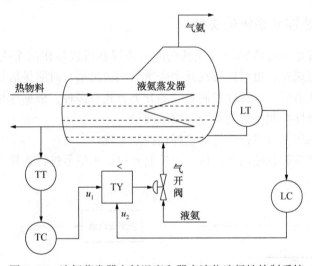

图 7-21　液氨蒸发器出料温度和器内液位选择性控制系统

当气源中断时，为使液氨蒸发器的液位不致过高而满溢，控制阀应选气开式，相应地温度控制器应选正作用方式，液位控制器应选反作用方式，选择器选用低选器，即小的信号被选中去操纵控制阀。

正常工况下，液氨液位没有达到超限值，液位控制器输入的偏差较小，液位控制器的输出较大，大于温度控制器的输出，低选器选中 u_1 信号去操纵控制阀，温度控制系统投入运行，达到物料出口温度，满足生产工艺要求的控制目标。而当出现非正常工况，引起液氨液位达到高限时，物料的出口温度即使仍偏高，但此时温度的偏离暂时成为次要因素，而保护氨气压缩机不致损坏已上升为主要矛盾，液位控制器输入的偏差较大，液位控制器的输出较小，小于温度控制器的输出，低选器选中 u_2 信号去操纵控制阀，液位控制系统取代温度控制系统投入运行，以防出现生产事故。待引起生产不正常的因素削除，液氨液位恢复到正常区域，此时 $u_1 < u_2$，液位控制系统退出运行，恢复温度控制系统的闭环运行。

　　图 7-22 是锅炉蒸汽压力与燃气压力选择性控制系统的一个实例，其中燃料为天然气或其他燃料气。在锅炉运行过程中，蒸汽负荷随用户的需要而变化。在正常工况下，用调节燃料量的方法来实现蒸汽压力的控制。但燃料阀阀后压力过高，会产生脱火现象，可能造成生产事故；燃料阀阀后压力过低，则可能出现熄火事故。如果采用图 7-22 所示的蒸汽压力与燃气压力选择性控制系统，则就能避免脱火和熄火事故的发生。

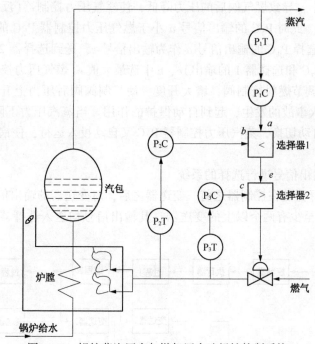

图 7-22　锅炉蒸汽压力与燃气压力选择性控制系统

　　图中燃气控制阀为气开式，P_1C 是蒸汽压力控制器，是正常情况下工作时使用的控制器，其输出信号用 a 表示；P_2C 是燃气压力控制器，是燃气压力过高时(非正常工况)使用的控制器，其输出信号用 b 表示；P_3C 是燃气压力过低时(非正常工况)使用的控制器，其输出信号用 c 表示；控制器 P_1C、P_2C、P_3C 都为反作用方向。选择器 1 为低选工作方式，即从两个输入信号(控制器 P_1C、P_2C 的输出) a、b 中选最小值作为输出信号 e 送到选择器 2 中；选择器 2 为高选工作方式，即从两个输入信号(控制器 P_3C 和选择器 1 的输出) c、e 中选最大值作为输出信号去控制燃气控制阀的开度。

　　在正常情况下，蒸汽压力控制器 P_1C 的输出信号 a 小于燃气压力控制器 P_2C 的输出信号 b，(低值)选择器 1 选择蒸汽压力控制器 P_1C 的输出信号 a 作为输出信号 e 送到选择器 2，此时选择器 1 的输出信号 $e=a>c$，选择器 2 从两个输入信号 e、c 中选最大值 e(蒸汽压力控制器 P_1C 的输出信号 a)作为输出，去调节燃气控制阀的开度，这种情况下的选择性控制系统相当于一个以锅炉蒸汽压力为被控变量、以燃气流量为操纵变量的简单控制系统。

　　当蒸汽压力大幅度降低或长时间低于给定值时，控制器 P_1C 的输出信号 a 增大，控制阀的开度也随之增大，导致燃气阀后的压力增大，使燃气压力控制器(反作用) P_2C、P_3C 的输出信号 b、c 减小。当 P_1C 的输出信号 a 大于燃气压力控制器 P_2C 的输出信号 b 时，控制器(低值)选择器 1 选择燃气压力控制器 P_2C 的输出信号 b 作为输出信号 e，送到选择器 2，选择器 2 从两个输入信号(控制器 P_3C 和选择器 1 的输出)c、e 中选最大值 e(燃气压力控制器 P_2C 的输出信号 b)作为输出,去调节燃料控制阀,减小开度,使控制阀阀后压力下降,避免脱火事故的发生,起到自动保护的作用。当蒸汽压力上升,工况恢复正常,$a<b$ 时,选择器 1 自动切换,蒸汽压力控制器 P_1C 又自动投入运行。

当蒸汽压力大幅度升高或长时间高于给定值时,控制器 P_1C 的输出信号 a 减小,控制阀的开度也随之减小,导致燃气阀后的压力降低,使燃气压力控制器(反作用)P_2C、P_3C 的输出信号 b、c 增大。此时 P_1C 的输出信号 a 小于燃气压力控制器 P_2C 的输出信号 b,控制器(低值)选择器 1 选择 P_1C 的输出信号 a 作为输出信号 e,送到选择器 2,选择器 2 从两个输入信号(控制器 P_3C 和选择器 1 的输出)c、e 中选最大值 e(燃气压力控制器 P_3C 的输出信号 c)作为输出,去调节燃料控制阀,增大开度,使控制阀阀后压力上升,以免控制阀阀后压力过低,导致熄火事故的发生,起到自动保护的作用。当蒸汽压力下降,工况恢复正常,$a>e$ 时,选择器 2 自动切换,蒸汽压力控制器 P_1C 又自动投入运行,使锅炉系统恢复到正常工作状态。

(2)对变送器输出信号进行选择的系统

这类系统的选择器装在控制器之前、变送器之后,对变送器的输出信号进行选择,如图 7-23 所示。该系统至少有两个以上的变送器,其输出信号均送入选择器,选择器输出一个信号到控制器。

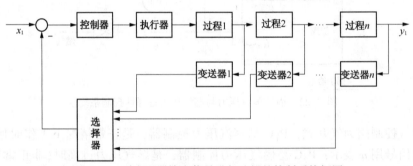

图 7-23　对变送器输出信号进行选择的控制系统框图

对变送器输出信号进行选择的系统在化工生产中已得到了实际应用,如在固定床反应器内装有固定的催化剂层,为了防止反应器温度过高而烧坏催化剂,在反应器内的固定催化剂层内的不同位置安装温度传感器。各个温度传感器的检测信号一起送到高值选择器,选出最高的温度信号进行控制,以防止反应器催化剂层温度过高,保护催化剂层的安全。其控制系统的方框图与图 7-23 类似。

7.5.2　选择性控制系统的设计

选择性控制系统在一定条件下可等效为二个(或多个)常规控制系统的组合。选择性控制系统设计的关键是选择器的设计选型和多个控制器控制规律的确定。其他如控制阀气开、气关形式的选择、控制器正、反作用方向的确定与常规控制系统设计基本相同。

(1)选择器的选型

选择器是选择性控制系统中的一个重要组成环节。选择器有高值选择器和低值选择器两种,前者选出高值信号通过,后者选出低值信号通过。在具体选型时,根据生产处于不正常情况下，取代控制器的输出信号为高值或低值来确定选择器的类型。如果取代控制器输出信号为高值，则选高值选择器；反之，则选用低值选择器。

（2）控制器控制规律的确定

对于正常工况下运行的控制器，由于有较高的控制精度要求，同时要保证产品的质量，应选用 PI 控制规律，如果过程的容量滞后较大，控制精度要求高，可以选用 PID 控制规律；对于取代控制器，由于在正常生产中处于开环备用状态，仅要求其在生产过程的参数趋近极限、将要出问题时短时间运行，要求其能迅速、及时地发挥作用，以防止事故的发生，一般选用 P 控制规律。

（3）控制器参数的整定

选择性控制系统中控制器参数整定时，正常工作控制器的要求与常规控制系统相同，可按常规控制系统的整定方法进行整定。对于取代常规控制器工作的取代控制器，其要求不同，希望取代系统投入工作时，取代控制器能输出较强的控制信号，及时产生自动保护作用，其比例度应整定得小一些，如果有积分作用，积分作用也应整定得弱一些。

（4）选择性控制系统中控制器的抗积分饱和问题

在选择性控制系统中，无论是在正常工况下，还是在异常情况下，总是有控制器处于开环待命状态。对于处于开环的控制器，其偏差长时间存在，如果有积分控制作用，其输出将进入深度饱和状态。一旦选择器选中这个控制器工作，控制器因处于深度饱和状态而失去控制能力，只能等到退出饱和以后才能正常工作。所以在选择性控制系统中，对有积分作用的控制器必须采取抗积分饱和措施。

①PI-P 法　在电动控制器中，当其输出在某一范围内时，采用 PI 控制规律，当超出设定范围，采用 P 控制规律，这样就可以避免积分饱和现象了。

②积分切除法　所谓积分切除法就是当控制器被选中时具有 PI 控制规律，一旦处于开环状态，自动切除积分功能，只具有比例功能，故处于开环备用状态时就不会出现积分饱和现象了。对于计算机在线运行的控制系统，只要利用计算机的逻辑判断功能进行适时切换即可。

③限幅法　限幅法利用高值或低值限幅器，使控制器的输出信号不超过工作信号的最高值或最低值（不进入饱和状态）。根据具体工艺来决定选用高限器还是低限器，如控制器处于开环状态时，控制器由于积分作用会使逐渐增大，则要用高限器；反之，则用低限器。

§7.6　分程控制系统

7.6.1　概述

在一般的控制系统中，通常是一台控制器的输出信号只控制一个控制阀。但在某些工艺过程中，需要由一台控制器的输出同时去控制两台或两台以上的控制阀的开度，以使每个控制阀在控制器输出的某段信号范围内作全程动作，这种控制系统通常称为分程控制系统。分程一般由附设在控制阀上的阀门定位器来实现。

在如图 7-24 所示的分程控制系统中，采用了两台分程控制阀 A 和 B。若要求 A 阀在 0.02~0.06MPa 信号范围内作全程动作（即由全关到全开或由全开到全关），B 阀在 0.06~

0.1MPa 信号范围内作全程动作，则可以对附设在控制阀 A、B 上的阀门定位器进行调整，使控制阀 A 在 0.02~0.06MPa 的输入信号下走完全行程，阀 B 在 0.06~0.1MPa 的输入信号下走完全行程。这样，当控制器输出信号在小于 0.06MPa 范围内变化时，就只有控制阀 A 随着信号压力的变化改变自己的开度，而控制阀 B 则处于某个极限位置（全开或全关），其开度不变。当控制器输出信号在 0.06~0.1MPa 范围内变化时，控制阀 A 因已移动到极限位置开度不再变化，控制阀 B 的开度却随着信号大小的变化而变化。

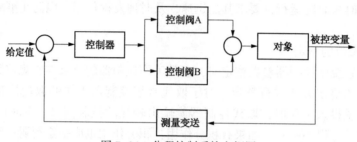

图 7-24　分程控制系统方框图

就控制阀的动作方向而言，分程控制系统可以分为两类，一类是两个控制阀同向动作，即两控制阀都随着控制器输出信号的增大或减小同向动作，其过程如图 7-25（a）、（b）所示，其中（a）为气开阀的情况，（b）为气关阀的情况；另一类是两个控制阀异向动作，即随着控制器输出信号的增大或减小，一个控制阀开大，另一个控制阀则关小，如图 7-25（c）、（d）所示，（c）中 A 为气开阀、B 为气关阀，（d）中 A 为气关阀、B 为气开阀。

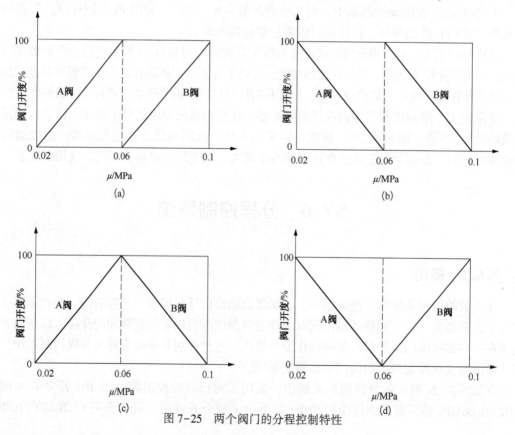

图 7-25　两个阀门的分程控制特性

分程阀同向或异向动作的选择必须根据生产工艺的实际要求来确定。

7.6.2 分程控制的应用场合

(1)用于扩大控制阀的可调范围，以提高控制质量

设控制阀可控制的最小流量为 Q_{min}，可控制的最大流量为 Q_{max}，则定义 $R=\dfrac{Q_{max}}{Q_{min}}$，其中 R 称为阀门的可调比或可调范围。

大多数国产阀门的可调比 R 等于30，在有些场合不能满足需要，希望提高可调比 R，适应负荷的大范围变化，改变控制品质，这时可采用分程控制，图7-25中的特性(a)和(b)均可。(a)是气开特性，(b)是气关特性。以(a)为例来进行分析。

设 A、B 两个阀门均为气开特性，可控制的最大流量 Q_{max} 均为200，$R=30$，可控制的最小流量 $Q_{min}=\dfrac{Q_{max}}{R}=6.67$。

当两个阀以分程方式工作时，A 阀工作于控制信号的 0.02~0.06MPa 段，B 阀工作于控制信号的 0.06~0.1MPa 段。这时，对于两个阀门并联而成的起分程控制作用的整体来说，可控制的最小流量为 $Q_{min}'=Q_{min}=6.67$，可控制的最大流量为

$$Q_{max}'=Q_{max}+Q_{max}=400,\ 则\ R=\frac{Q_{max}'}{Q_{min}'}=\frac{400}{6.67}=60$$

由此可见，可调比增加了一倍。如果 A 阀的 Q_{min} 较小，B 阀的 Q_{max} 较大，则可调比将增加得更多。

图7-26为某蒸汽压力减压系统。锅炉产汽压力为10MPa，是高压蒸汽，而生产上需要的是压力平稳的4MPa中压蒸汽。为此，需要通过节流减压的方法将10MPa的高压蒸汽节流减压成4MPa中压蒸汽。在选择控制阀口径时，为了适应大负荷下蒸汽供应量的需要，控制阀的口径就要选择得很大，然而，在正常情况下，蒸汽量却不需要这么多，这就需要将阀关小。也就是说，正常情况下控制阀只在小开度下工作。而大口径阀门在小开度下工作时，除了阀特性会发生畸变外，还容易产生噪声和振荡，这样会使控制效果变差，控制质量降低。为解决这一问题，可采用分程控制方案，构成图7-26所示的分程控制系统。

在该分程控制方案中采用了 A、B 两台控制阀(假设根据工艺要求均选气开阀)，其中 A 阀在控制器输出压力为 0.02~0.06MPa 时，从全关到全开，B 阀在控制器输出压力为 0.06~0.1MPa时，从全关到全开。这样在正常情况下，即小负荷时，B 阀处于关闭状态，只通过 A 阀开度的变化来进行控制；当大负荷时，A 阀已全开仍满足不了蒸汽量的需要，中压管线的压力仍达不到给定值，于是当压力控制器 PC 输出继续增加，超过了 0.06MPa 时，B 阀便逐渐打开，以弥补蒸汽供应量的不足。

(2)用于控制两种不同的介质，以满足工艺操作上的特殊要求

在图7-27所示的间歇式生产的化学反应过程中，当反应物料投入设备后，为了使其达到反应温度，在反应开始前，需要给它提供热量。一旦达到反应温度后，就会随着化学反应的进行不断释放热量，这些放出的热量如不及时移走，反应就会越来越剧烈，以致有爆炸的危险。因此，对这种间歇式化学反应器，既要考虑反应前的加热问题，还需要考虑过程中移走热量的问题，为此可采用分程控制系统。

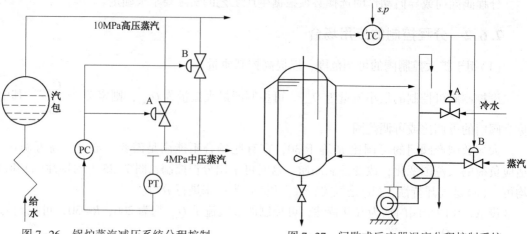

图 7-26　锅炉蒸汽减压系统分程控制　　　　图 7-27　间歇式反应器温度分程控制系统

在该统中，利用 A、B 两台控制阀，分别控制冷水与蒸汽两种不同介质，以满足工艺上冷却和加热的不同需要。

图 7-27 中温度控制器 TC 选择为反作用方向，冷水控制阀 A 选为气关式，蒸汽控制阀 B 选为气开式，两阀的分程情况如图 7-28 所示。

系统是这样进行工作的，在进行化学反应前的升温阶段，由于温度测量值小于给定值，控制器 TC 输出较大（大于 0.06MPa），因此，A 阀将关闭，B 阀被打开，此时蒸汽通入热交换器使循环水被加热，循环热水再通入反应器夹套为反应物加热，以便使反应物温度慢慢升高；当反应物温度达到反应温度时，化学反应开始，于是就有热量释放出来，反应物的温度逐渐升高。由于控制器 TC 是反作用方向的，因此随着反应物温度的升高，控制器的输出将逐渐减小，与此同时，

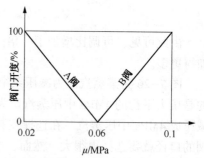

图 7-28　间歇式反应器的分程控制特性

B 阀将逐渐关闭，待控制器的输出小于 0.06MPa 以后，B 阀全关，A 阀则逐渐打开，这时，反应器夹套中流过的将不再是热水而是冷水，这样一来，反应所产生的热量就不断为冷水所带走，从而达到维持反应温度不变的目的。

从生产安全的角度考虑，本方案中选择蒸汽控制阀为气开式，冷水控制阀为气关式，因为一旦出现供气中断情况，A 阀将处于全开，B 阀将处于全关，这样，就不会因为反应器温度过高而导致生产事故。

（3）用作安全生产的保护措施

有时分程控制系统也用作安全生产的保护措施。

炼油或石油化工企业中的常用设备储罐是用来存放油品或石油化工产品的，这些油品或石油化工产品不宜与空气长期接触，因为空气中的氧气会使油品氧化而变质，甚至可能引发爆炸事故。

因此，常常在储罐上方充以惰性气体 N_2，以使油品与空气隔绝，通常称为氮封。为了保证空气不进储罐，一般要求氮气压力应保持为微正压。

这里需要考虑的一个问题是，储罐中物料量的增减会导致氮封压力的变化。当抽取物料时，氮封压力会下降，如不及时向储罐中补充 N_2，储罐就有被吸瘪的危险。而当向储罐中打料时，氮封压力又会上升，如不及时排出储罐中的部分 N_2，储罐就可能被鼓破。为了维持氮封压力，可采用如图 7-29(a) 所示的分程控制方案。该方案中采用的 A 阀为气关式的，B 阀为气开式的，它们的分程特性如图 7-29(b) 所示，压力控制器 PC 为反作用方向的。当储罐压力升高时，压力控制器 PC 的输出降低，B 阀将关闭，而 A 阀将打开，于是通过放空的办法将储罐内的压力降下来。当储罐压力降低时，压力控制器 PC 的输出将变大，此时 A 阀将关闭，而 B 阀将打开，于是 N_2 被补充加入储罐中，储罐的压力得以提高。

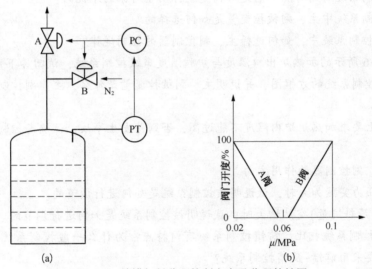

图 7-29 储罐氮封分程控制方案及分程特性图

为了防止储罐中压力在给定值附近变化时 A、B 两阀的频繁动作，可在两阀信号交接处设置一个不灵敏区，如图 7-29(b) 所示。方法是通过阀门定位器的调整，使 A 阀在 0.02~0.058MPa 信号范围内从全开到全关，使 B 阀在 0.62~0.1MPa 信号范围内从全关到全开，而当控制器输出压力在 0.058~0.62MPa 范围内变化时，A、B 两阀都处于全关位置不动。这样做的结果，对于储罐这样一个空间较大，因而时间常数较大且控制精度要求不是很高的具体压力对象来说，是有益的。因为留有这样一个不灵敏区之后，将会使控制过程变化趋于缓慢，系统更为稳定。

7.6.3 分程控制系统应用中应注意的几个问题

①控制阀流量特性要正确选择。因为在两阀分程点上，控制阀的放大倍数可能出现突变，表现在特性曲线上产生斜率突变的折点，这在大、小控制阀并联时尤其重要。如果两控制阀均为线性特性，情况更严重。如果采用对数特性控制阀，分程信号重叠一小段，则情况会有所改善。

②大、小阀并联时，大阀的泄漏量不可忽视，否则就不能充分发挥扩大可调范围的作

用。当大阀的泄漏量较大时，系统的最小流通能力就不再是小阀的最小流通能力了。

③分程控制系统本质上是简单控制系统，因此控制器的选择和参数整定，可参照简单控制系统处理。不过在运行中，如果两个控制通道特性不同，就是说广义对象特性是两个，控制器参数不能同时满足两个不同对象特性的要求，遇此情况，只好照顾正常情况下的被控对象特性，按正常情况下整定控制器的参数，对另一阀的操作要求，只要能在工艺允许的范围内即可。

习题与思考题

1. 什么是串级控制系统？画出串级控制系统的方框图。

2. 串级控制系统有何特点？它是如何克服作用于对象的干扰的？

3. 串级控制系统中主、副被控变量是如何选择的？

4. 在串级控制系统中，如何选择主、副控制器的控制规律？

5. 如图 7-6 所示的加热炉出口温度与炉膛温度串级控制系统，试回答下列问题：

①画出该控制系统的方框图，并说明主、副被控变量是什么，主、副控制器分别是哪个控制器。

②若工艺上要求加热炉炉内温度不能过高，否则易发生事故，试确定控制阀的气开、气关型式。

③确定主、副控制器的作用方向。

④当燃料压力突然加大时，试说明该控制系统是如何进行调节的。

⑤当负荷(原料流量)突然增大时，试说明该控制系统是如何进行调节的。

6. 与反馈控制系统相比，前馈控制系统有何特点？为什么一般控制系统中不单独采用前馈控制，而要采用前馈-反馈控制系统？

7. 均匀控制系统的目的和特点是什么？

8. 比值控制系统有哪些类型？它们各有什么特点？适用于什么场合？

9. 选择性控制系统有哪些类型？各有什么特点？

10. 什么是分程控制系统？它区别于一般简单控制系统的最大特点是什么？

11. 如图 7-30 所示，为精馏塔控制系统，工艺要求塔内温度稳定在 $T\pm1℃$；一旦发生重大事故应立即关闭蒸汽供应，试回答以下问题：

① 这是一个什么类型的控制方案？

② 画出系统方框图。

③ 确定主、副控制器的正反作用方向。

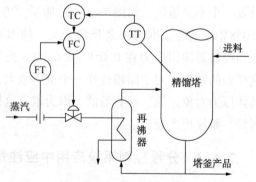

图 7-30　精馏塔控制系统

12. 石油化工生产中常用到热交换器这一设备，其温度控制系统如图 7-31 所示，冷水在热交换器中由通入的蒸汽加热，从而得到一定温度的热水，冷水流量变化用流量计测量，试回答以下问题：

　　① 这是一个什么类型的控制方案？

　　② 采用该方案可以达到何种目的？

　　③ 绘制该控制系统的方框图。

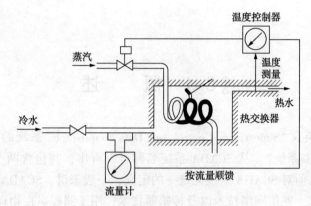

图 7-31　热交换器温度控制系统

第8章　数据采集与监督控制系统

§8.1　概　　述

SCADA 系统是英文"Supervisory Control and Data Acquisition"系统的缩写，中文直译为"数据采集与监督控制系统"。从 SCADA 系统名称可以看出，其包含两个层次的基本功能：数据采集和监控。目前对 SCADA 系统无统一的定义，一般来讲，SCADA 系统综合应用了计算机技术、控制技术、通信网络技术以及传感器技术，用于测控点在物理位置分散、分布范围广泛的生产过程或设备的实时数据采集及监督控制。SCADA 系统广泛应用于油气远距离输送控制、电网系统、城市公用事业等领域。

从功能上看，SCADA 系统能通过传感器收集分布于各地的工艺现场的各自信息，并通过通信线路将信息传送到站场和控制中心进行显示和处理，控制中心的操作员监视这些信息的变化，并根据工艺需求向远方的设备发布控制指令，以实现数据采集、设备操作控制以及各类信号报警等各项功能。

§8.2　SCADA 系统的典型硬件架构

SCADA 系统的典型硬件架构如图 8-1 所示。

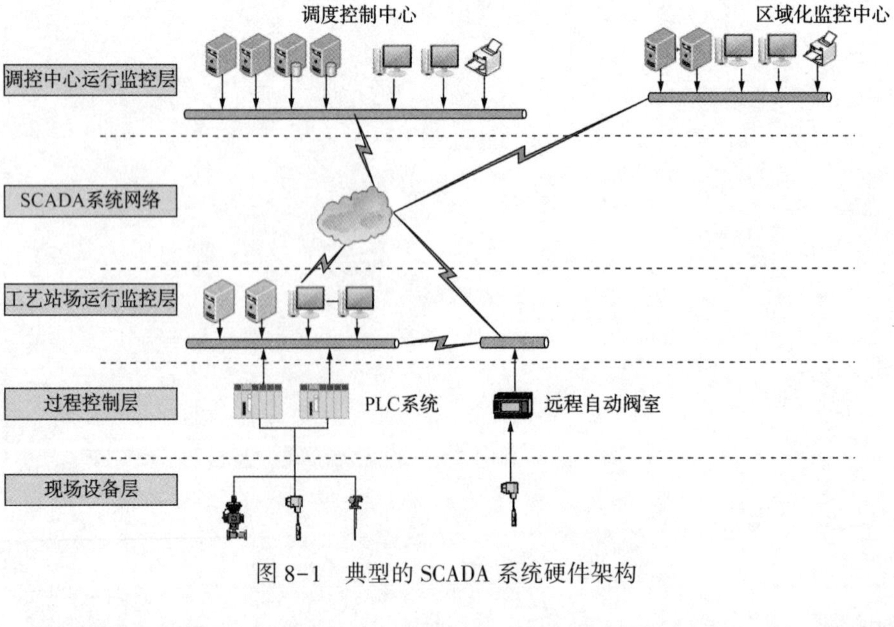

图 8-1　典型的 SCADA 系统硬件架构

从结构图(图 8-1)上看，一般 SCADA 系统具有现场设备层、过程控制层、运行监控层。其中运行监控层包括工艺站场运行监控层、调度控制中心监控层。下面分别从现场设备层、过程控制层、运行监控层等 3 个层面做介绍。

8.2.1 现场设备层

现场设备层，主要包括现场检测仪表及执行器、泵、压缩机等执行设备。现场检测仪表主要对现场压力、温度、密度、液位、流量、振动值、转速、阀门开度等工艺参数进行数据采集，向过程控制层发送信号，以实现 SCADA 系统对远端工艺参数的数据采集及监督。执行器、泵、压缩机等执行设备，主要是接受 SCADA 系统的指令，实现现场设备的启停，以满足现场工艺的远程控制要求。现场检测仪表主要采用 4~20mA 信号传输标准。随着科学技术的发展，现场仪表朝着智能化的方向发展，并且广泛应用现场总线技术，如 FF、Modbus、Profibus 等协议。

8.2.2 过程控制层

过程控制层是 SCADA 系统的核心，是主要包括远程终端单元(RTU)PLC 控制系统及辅助设备等，也就是通常所说的"下位机"。

(1) 远程终端单元

远程终端单元，英文全称是"Remote Terminal Unit"，简称 RTU。其通常由信号输入/输出模块、微处理器、有线/无线通信设备、电源等组成，一般用在较为恶劣环境中监视和测量安装在远程现场的传感器和设备，将测得的状态或信号转换成可在通信媒介上发送的数据格式，传输至工艺站场运行监控层或中央控制层。

RTU 具有以下几个优点：

① 良好的开放性和兼容性，能提供多种通信端口和通信机制。

② 高度集成、更紧凑的模块化结构设计，适合无人值守站或室外安装。

③ 更能适应恶劣环境。RTU 产品的开发应用就是为了适应恶劣环境的。与 PLC 相比，RTU 具有更广的工作温域，通常产品的设计工作环境温度为-40~60℃。某些产品具有 DNV (船级社)等认证，适合在船舶、海上平台等潮湿环境应用。

(2) PLC 控制系统及辅助设备

PLC 即可编程逻辑控制器(Programmable Logic Controller)，采用一种可编程的存储器，在其内部执行逻辑运行、顺序控制、定时、计数和算术运算等操作指令，通过数字式或模拟式的输入输出来控制各自类型的现场执行器。PLC 控制系统及辅助设备包括 PLC 控制器、通信模块、冗余模块、各种类型的信号处理卡件、接线端子板、电源模块、浪涌保护器、继电器等。为确保 PLC 控制系统的可靠性，系统的关键部件需要冗余配置，如控制器、通信模块、电源模块等。

8.2.3 运行监控层

运行监控层，也被称为"上位机"。其基本作用是通过网络与过程控制层进行通信，并以各种形式，如图形、报表、声音等形式显示传递给用户，实现人机交互，以达到监督控制的目的。结构复杂的 SCADA 系统，可能包含多个运行监控层，即系统除了有工艺站场运行监控层和一个总的监控中心外，还包括多个区域监控中心。如中国石化销售华南管网这样的大型系统，就包含多个区域监控中心，它们分别负责一定区域的运行监控。

① 硬件配置。一般而言，运行监控层包含工艺站场运行监控层和调度控制中心监控层。主要设备由冗余的服务器、操作员工作站、工程师站、网络交换设备及打印机等构成。

② 工艺站场运行监控层的基本功能是对本站的设备、辅助系统以及生产过程进行监督和控制，完成站场级的数据监督控制。一旦与中央控制系统的通信出现异常，或中央控制系统失去控制能力，可启用站场级的控制，这是一种后备手段。

③ 调度中心监控层的基本功能是辖区各个工艺站场的工艺参数和设备状态，对各站下达控制命令，完成全线生产协调控制，即对辖区所有"下位机"进行监督和控制。

④ 运行监控层数据库中的是数据，也可以通过开放的协议，传输到其他监控平台，还能与别的系统(如 MIS、GIS)结合形成功能更加强大的智能化监控系统。

§8.3　SCADA 系统的典型软件架构

SCADA 系统是在计算机技术和工业控制技术融合应用中诞生，其发展历程与计算机技术的发展紧密相关。SCADA 系统的发展经历了集中式 SCADA 系统阶段、分布式 SCADA 系统阶段和网络化 SCADA 系统三个阶段，目前正在逐步进入第四个阶段——多系统融合的 SCADA 系统。当前 SCADA 系统应用最为典型、最为广泛的架构分别是客户机/服务器(C/S)和浏览器/服务器(B/S)架构。一般而言，C/S 架构和 B/S 各有特点，在互联网应用、维护与升级方面，C/S 不如 B/S；但在运行速度、数据安全、人机交互等方面，C/S 比 B/S 要强得多。

8.3.1　客户机/服务器架构

客户机/服务器架构的英文为 Client/Server Architecture，简称 C/S 架构。在 C/S 架构的系统中，应用程序分为客户端和服务器端两大部分，客户端和服务器端之间的通信以"请求–响应"的方式进行。客户端先向服务器发出请求，服务器响应该请求(图 8-2)。

C/S 架构中的客户端部分负责执行前台功能，如负责人机交互、管理用户接口、进行数据处理和报表请求等。而服务器部分则执行后台功能，如响应前台请求，管理共享外设，控制对共享数据库的

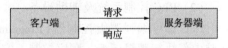

图 8-2　C/S(客户端/服务器端)结构

操作等。C/S 架构最重要的特征是，它不是一个固定的主从架构，而是一个平等的架构，即 C/S 架构内的各计算机在不同的场合既可能是客户端，也可能是服务器端，也可能同时既是客户端也是服务器端。这种结构可以充分利用两端硬件环境的优势，将 SCADA 系统的工作任务合理分配到客户端和服务器端，提高系统的通信效率。

8.3.2　浏览器/服务器架构

浏览器/服务器架构的英文为 Browser/Server Architecture，简称(B/S)架构。由于互联网技术不断普及和发展，而传统的 C/S 架构的软件需要针对不同的操作系统开发不同版本的

软件，产品更新换代频繁，代价高、效率低，无法满足当前全球网络开放、互联、共享的新要求，于是出现了 B/S 架构(图 8-3)。

图 8-3 B/S(浏览器端/服务器端)结构

B/S 架构最大的特点就是，客户端统一采用浏览器，用户可以通过浏览器去访问互联网上的文本、数据、图形、动画、视频和声音信息等。这些信息存在各个 Web 服务器上，每个 Web 服务器可以通过各种方式与数据库服务器连接，大量的数据实际存放在数据库服务器中。

§8.4 SCADA 系统的典型数据库架构

一般地，SCADA 系统的数据库架构有两种，一种是集中式数据库架构，另一种是分布式数据库架构。

8.4.1 集中式数据库架构

集中式数据库架构(图 8-4)中所有工艺站场 SCADA 系统数据库、调度中心 SCADA 系统数据库均为独立的数据库系统，调度中心数据库需要实时采集并存储整个 SCADA 系统的所有工艺站场的监控数据。该架构的优点为调度中心和工艺站场的数据库均独立运行，工艺

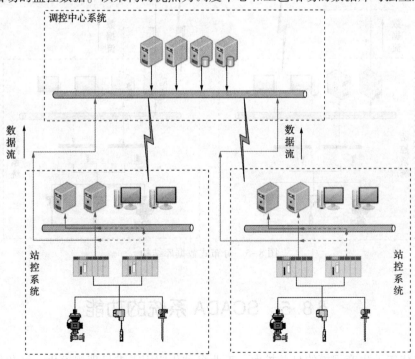

图 8-4 集中式数据库结构

站场数据库的故障不会影响调度中心数据的正常采集。缺点则是调度中心服务器需要采集和存储整个 SCADA 系统的所有数据，势必造成调度中心服务器符合非常高。另外，集中式数据处理导致系统的规模和配置不够灵活，系统的可扩展性差。但这种架构比较典型，目前国内外大部分 SCADA 系统采用的是这种架构。

8.4.2　分布式数据库架构

由于集中式数据库存在的缺点，数据库的"集中计算"概念向"分布计算"概念发展。分布式数据库是数据库技术与网络技术相结合的产物，在数据库领域已形成一个重要分支。在分布式数据库架构(图 8-5)中，每个工艺站场的监控数据均在本站服务器中直接存储，通过分布式架构在调度中心的数据库中形成全局的数据库缓存，调度中心客户端对某个站点数据的请求提交给调控中心数据库，该数据库再去请求远端的输油站数据库，并将结果反馈至客户端，现场参数监控的数据流必须先经过站控服务器。该种架构的优点为所有数据的存储、归档等均在输油站监控系统本地执行，调控中心监控系统服务器负荷低，且一般调控中心和输油站系统数据传输中数据均经过压缩，数据采集效率较高。目前国内外知名的 SCADA 系统均支持该种架构，如 Honeywell 公司的 PKS 系统等。

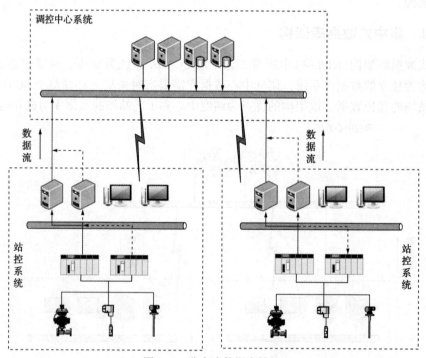

图 8-5　分布式数据库结构

§8.5　SCADA 系统的功能

由于现代工业生产规模的日益扩大，工业自动化应用需求呈现规模化、复杂化和广域分布等特性，而 SCADA 系统也一直处于不断完善、不断发展才过程中，SCADA 系统随着应用行业的不同实现的系统功能也有所不同。就 SCADA 系统的基本功能来说，主要包括以下功能：

8.5.1　数据采集功能

SCADA 系统采用符合国际标准、国家标准以及行业标准等多种规约，通过各种信号通道完成实时数据及其设备参数的采集功能，同时也可以接收其他 SCADA 系统中的实时数据。数据类型主要有模拟量、状态量以及脉冲计数量。

8.5.2　数据处理功能

SCADA 系统要具备对采集到的数据进行处理的功能。数据处理的主要数据类型有：模拟量、状态量、脉冲计数量和计算量。其中计算量也称为派生量，它是由几个已知的数据经过运算后产生的新的值。

8.5.3　控制和调节功能

控制和调节命令都是从上位机系统发出的控制或调节现场设备的命令。

（1）状态控制

状态控制命令输出的是状态量，如 0 和 1，它用于控制现场设备的状态，如开关的合与分。

（2）调节控制

调节控制命令输出的是模拟量，是固定的数值，用于将现场设备的参数调节到与输出命令一致。

（3）脉冲控制

脉冲控制实际上是状态控制是延伸，其输出的是一个或一组脉冲信号，用于控制现场设备位置的变化和输出的变化。

（4）控制调节点的闭锁和互锁

现场设备的设计上需要做到当接收上位机输出命令时，在控制工程结束或中断之前，它处于闭锁状态，其他人或其他方式不能对它进行控制和操作。

8.5.4　系统时钟同步功能

由于 SCADA 系统在物理位置上属于分散型的，其时间同步对于系统而言十分重要。系统可由 GPS 全球定位时钟或北斗定位时钟提供标准时间，同时向全系统发送校时命令，包括各个节点机器、RTU 等。可实现与网络上其他系统的校时服务，也支持人工设置时间。

8.5.5　人机交互功能

SCADA 系统的最终操作者是人，所以人机交互功能也是 SCADA 系统的必备功能。其人机交互功能有画面显示、画面操作、画面管理等。

8.5.6　组态及二次开发功能

组态功能主要包括人机交互界面组态、数据库组态、系统架构组态、报表组态、通信组态等。通过组态软件对 SCADA 系统各个部分进行组态，构造整个 SCADA 的运行系统，从而形成完整的数据采集与监视功能。

二次开发功能，指的是系统为开发者提供应用编程接口、脚本语言及相应的文档资料，以根据系统的实际使用需求，快捷完成需求的定制，避免对系统底层功能进行修改。

8.5.7　事件、报警功能

（1）事件功能

事件即系统自动记录的每项操作或系统内部执行的命令，并按照一定的时间顺序保存至历史数据库中。事件是不可以清除的。事件记录为事故分析及工艺操作过程的分析提供依据。

（2）报警功能

报警可以分为系统报警和过程报警两大类：当系统硬件或软件、通信网络阀室故障时，所发出的报警为系统报警；当过程控制对象的相关参数出现异常时，系统所发出的报警为过程报警。如工艺过程参数超出正常范围时，设备的异常启停等。报警发生时，系统可以通过多种方式通知用户。报警信息的内容涵盖报警点的名称、原因、性质、严重程度以及确认情况等。

8.5.8　历史数据和报表处理

SCADA 系统能够对实时数据自动转存起来，形成历史数据。历史数据可以根据需要进行组态。不同厂商的系统存储数据形成的文件格式会有不同，有时为了节省存储介质空间，可以对需要保存的数据进行压缩保存。

实际应用中，历史数据系统按照预先定义的周期从实时数据库中采样，并按照预先定义好的存储模式存放，历史数据一般存放在通用关系数据库中。

一般地，报表通过常用的电子表格软件，利用关系数据库提供的标准接口，从服务器的历史数据库中读取数据而生成。报表管理系统提供简单便捷的与数据库连接的方法，也提供定义打印各类报表的手段，可以分为周期生成、事件驱动生成和人工生成，允许随时召唤打印任何报表。

8.5.9　安全管理功能

SCADA 系统的安全管理功能一般通过用户权限管理的途径实现，系统对每一用户都有操作权限的定义，拥有不同权限的用户，可以操作不同级别的事务，如操作员权限，只能操作监控页面，但没有权限浏览计算机内部文件。系统对每一个重要操作均可以形成操作日志记录，同时配备完善的安全管理制度，如密码安全管理制度、USB 接口等接口管理制度，以保证系统的安全。

一般地，SCADA 系统通过配备网络防火墙、划分安全隔离区（DMZ）、对核心控制软硬件进行重点防护管理等手段，以强化 SCADA 系统的安全管理能力。

8.5.10　提供与相关系统集成的接口功能

随着工业化和信息化"两化"融合的推进，系统的互连与数据共享是大势所趋，SCADA

提供与其他系统进行互联互通的接口。一方面，SCADA 系统处于企业信息化建设的底层，是 MIS、GIS 以及其他综合业务系统等的实时数据来源，SCADA 系统可以通过数据库接口、OPC 服务器、中间件（DCOM 等）、Web Services 等方式与相关系统进行互联；另一方面，SCADA 自身的功能扩展，也需要集成其他成熟系统，由其他系统为 SCADA 系统提供数据，比较典型的是图形以及视频监控。

§8.6　SCADA 组态软件

8.6.1　人机界面

人机界面是指人和机器在信息交换和功能上接触或相互影响的人机结合面，英文称作 Human Machine Interface（HMI）。在工业自动化领域，人机界面的主要作用是实现人类对机器设备的监视和控制，同时还可以进行参数设置、系统组态、参数显示、报警、事件记录查询、报表、趋势显示、打印等功能。工业自动化领域主要有两种类型的人机界面：①主要用于制造业流水线或机床等单体设备上的触摸屏或嵌入式工业计算机；②分布式控制系统中，为了实现对全系统的集中监控和管理，需要建立一个统一监视、监控和管理整个生产过程的中央监控系统，中央监控系统的服务器与现场控制站进行通信，工程师站、操作员站等需要安装配置对生产过程进行监视、控制、报警、记录、报表功能的工控应用软件，具有这样功能的工控应用软件也称为人机界面，这类应用软件通常直接运行在商用机器、服务器、工控机或工作站上。本节重点介绍组态软件。

8.6.2　组态软件的功能部件

组态软件的使用者是自动化工程设计或维护人员。组态软件的主要目的是让使用者在生成适合自己需要的应用系统时不需要修改软件程序的源代码，因此不管采用何种方式设计组态软件，一个完整的组态软件，必须能够完成监控与数据采集等功能，简化自动化工程设计或维护人员的组态工作，易于用户操作和管理。完整的组态软件基本上包含以下一些部件，只是不同的系统，这些部件所处的层次、结构会有所不同，名称也会有所区别。

8.6.2.1　监控操作界面系统

操作监控界面系统实际上就是所谓的工艺监控画面。在监控操作界面的组态中，要利用组态软件提供的工具，制作出友好的图形界面给操作人员及控制系统使用，其中包括被控工艺的流程图、曲线图、趋势图、棒状图或饼状图，以及各种按钮、控件、文本、报表等元素。在组态监控操作界面系统时，需要注意运行系统中画面的显示、操作和管理。

监控操作界面系统的图形制作一般有两种，静态图形和动态属性图形。静态图形类似于"绘画"，用户利用组态软件中提供的基本图形元素，如线条、形状、文本及设备图库，在组态环境中"生成"工程的模拟静态画面。动态属性图形则与实时数据库中定义的变量建立相关性的连接关系，作为动画图形的驱动源。动画图形的属性与确定该属性的变量或表达式的值有关。表达式可以是来自 I/O 设备的变量，也可以是由变量和运算符组成的数学表达式，它反映图形大小、颜色、位置、可见度、闪烁性等状态的特征参数，随着表达式的值的变化而变化。操作监控界面的设计还包括报警组态及输出、报表组态及打印、历史数据检索与显示等功能。各种报警、报表、趋势的数据源都可以通过组态作为动态图形链接的对象。

8.6.2.2　实时数据库系统

实时数据库是组态软件的数据处理中心，特别是对于大型分布式系统和 SCADA 系统，实时数据库的性能在某方面就决定了监控软件的性能。它负责实时数据的运算与处理、历史数据存储、统计数据处理、报警处理、数据服务请求处理等。实时数据库实际上是一个可统一管理的、支持变结构的、支持实时计算的数据结构模型。在 SCADA 系统运行过程中，各个部件独立地向实时数据库输入和输出数据，并完成自己的差错控制以减少通信信道的传输错误，通过实时数据库交换数据，形成相互关联的整体。因此，实时数据库是 SCADA 系统各个部件及其各种功能性构件的公用数据区。

实时数据库的主要特征是实时、层次化、对象化和事件驱动。所谓层次化是指不仅记录一级是层次化，在属性一级也是层次化的。层次化结构便于操作员对受控系统进行监视和浏览。对象是数据库中一个特定的结构，表示监控对象实体的内容，由项和方法组成。项是实体的一些特征值和组件。方法表示实体的功能和动作。事件驱动是 Windows 编程中最重要的概念，也是 SCADA 系统的重要特征。SCADA 数据库采用"逢变则存"的方式。一个状态变化事件引起系统产生所有报警、时间、数据库更新，以及任何关联到这一变化所要求的特殊处理，这些特殊处理的根据是对这一变化的识别(包括模拟量报警)。数据库刷新事件通过集成到数据库中的计算引擎执行用户定制的应用功能。

此外，实时数据库还支持处理优先级、访问控制和冗余数据库的数据一致性等功能。

8.6.2.3　设备组态与管理

组态软件中，实现设备驱动的基本方法是：在设备窗口内配置不同类型的设备构件，并根据外部设备的类型和特征，设置相关的属性，将设备的操作方法和硬件参数配置、数据转换、设备调试等封装在设备构件中，以对象的形式与外部设备建立数据的传输特性。

组态软件对设备的管理是通过对逻辑设备名的管理实现的，具体地说就是每个实际的 I/O 设备都必须在工程中指定一个唯一的逻辑名称，此逻辑设备名就对应一定的信息，如设备在工艺流程中被定义的位号，实际设备名称、设备的通信方式等。

在系统运行过程中，设备构件由组态软件运行系统统一调度管理。通过通道连接，它可以向实时数据库提供从外部设备采集到的数据，供系统其他部分使用。在 PLC 中，逻辑设备名可以是全局变量，也可以是局部变量。采用这种结构形式使得组态软件成为一个"与设备无关"的系统，对于不同的硬件设备，只需要定制相应的设备构件放置在设备管理子系统中，并设置相关的属性，系统就可以对这设备进行操作，而不需要对整个软件的系统结构做其他改动。

8.6.2.4　网络应用与通信系统

在这里所谓的通信系统并不是指广义的通信系统，而是指组态软件与外界进行数据交换的软件系统，对于组态软件而言，包含以下几个方面：

① 实时数据库等与 I/O 设备的通信。

② 组态软件与第三方程序的通信，如与 MES 组件的通信、与独立的报表应用程序的通信等。

③ 复杂的分布式监控系统中，不同 SCADA 节点之间的通信，如主机与从机间的通信

（系统冗余时）、网络环境下 SCADA 服务器与 SCADA 客户机之间的通信、基于 Internet 或 Intranet 应用中的 Web 服务器与 Web 客户机的通信等。

实时数据库与 I/O 设备之间通常通过以下几种方式进行数据交换：串行通信方式（支持 Modem 远程通信）、板卡方式（ISA 和 PCI 等总线）、网络节点方式（各种现场总线接口 I/O 及控制器）、适配器方式、DDE（快速 DDE）方式、OPC 方式、ODBC 方式等。可采用 NetBIOS、NetBEUI、IPX/SPX、TCP/IP 协议联网。

8.6.2.5　控制策略

目前，实际运行中的工控组态软件都是引入"策略"的概念来实现组态软件的控制功能。控制策略是组态软件的重要组成部分，以基于某种语言的策略编辑、生成组件为代表。策略相当于高级计算机语言中的函数，是经过编译后可执行的功能实体。控制策略构件由一些基本功能模块组成，一个功能模块实际上是一个微型程序（但不是独立的应用程序），代表一种操作、一种算法或一个变量。在很多软件中，控制策略是通过动态创建功能模块类的对象实现的。功能模块是策略的基本执行元素，控制策略以功能模块的形式来完成对实时数据库的操作、现场设备的控制等功能。在设计策略控件时，往往利用面向对象的技术，把对数据的操作和处理封装在控件的内部，提供给用户的只是控件的属性和操作方法，用户只需在控件的属性页正确设置属性值和选定正确的操作方法，即可满足大多数工程项目的需求。

8.6.2.6　系统安全与用户管理

一套完善的组态软件，必须提供一套完善的安全机制。用户能够自由组态控制菜单、按钮和退出系统的操作权限，只允许有操作权限的操作员对某些功能进行操作、对控制参数进行修改，防止意外地或非法地关闭系统、进入开发环境修改组态或者对未授权数据进行更改等操作。

组态软件的操作权限机制与 Windows 系统的类似，采用用户组和用户的机制来进行操作权限的控制。在组态软件中可以定义多个用户组，每个用户组可以有多个用户，而同一个用户也可以隶属多个用户组。操作权限的分配是以用户组为单位进行的。即某种功能的操作只允许哪些用户组有权限操作，而某个用户能否对这个功能进行操作取决于该用户所在的用户组是否具备对应的操作权限。在实际管理中，通过建立操作员组、工程师组、负责人组等不同操作权限的用户组，可以简化用户组管理，确保系统的安全运行。

8.6.2.7　脚本语言

所谓脚本语言即组态软件内置的编程语言。在组态软件中，脚本语言统称为 Script。目前组态软件主流的脚本语言有 VBA、C++、Java、C 语言等，部分厂商还自行开发了脚本语言。

脚本程序一般具有语法检查等功能，方便开发人员检查和调试程序，并通过内置的编译系统将脚本编译成计算机可以执行的运行代码。

脚本程序不仅能利用脚本编程环境提供的各种字符串函数、数学函数、文件操作等库函数，而且可以利用 API 函数来扩展组态软件的功能。

8.6.2.8　运行策略

所谓运行策略，是用户为实现对运行系统流程自由控制所组态生成的一系列功能模块的总称。运行策略的建立，使 SCADA 系统能够按照设定的顺序和条件，操作实时数据库，控制用户窗口的打开、关闭以及设备构件的工作状态，从而达到对系统工作过程精确控制及有序调度的目标。

按照运行策略的不同作用和功能，一般把组态软件的运行策略分为启动策略、退出策略、循环策略、报警策略、事件策略、热键策略及用户策略等。每种策略都是由一系列功能模块组成。

启动策略是指在系统运行时自动被调用一次，通常完成一些初始化或自检工作。

退出策略是指在退出时自动被系统调用一次。退出策略主要完成系统退出时的一些复位操作。

循环策略是指系统运行时按照设定的时间循环运行的策略，在一个运行系统中，用户可以定义多个循环策略。

报警策略是用户在组态时创建的，在报警发生时该策略自动运行。

事件策略是用户在组态时创建的，当对应表达式的某种事件状态为真时，事件策略被自动调用。事件策略里可以组态多个事件。

热键策略由用户在组态时创建，在用户按下某个热键时该策略被调用。

用户策略由用户在组态时创建，在系统运行时工系统其他部分调用。

需要特别说明的是，不同的组态软件对于运行策略功能的实现方式是不同的，运行策略的组态方法也大有不同。

8.6.3 SCADA 系统的组态设计

虽然不同品牌 SCADA 系统的具体组态方式各有不同，但基本的组态设计步骤大体上是一致的，包含以下几个方面。

8.6.3.1 根据生产工艺要求的功能，进行总体设计

这一步骤是系统设计的起点和基础，如果总体设计有偏差，会给后续的工作带来较大的麻烦。进行系统的总体设计前，一定要熟悉生产工艺对 SCADA 系统方面的功能需求有哪些，这些需求如何实现。系统的总体设计主要体现在以下几个方面：

① SCADA 系统的总体结构怎么样？SCADA 服务器、I/O 服务器、SCADA 客户端、Internet 客户等的数量要求多少？这些确定后，再配置相应的计算机、服务器、网络设备、打印机以及必要的软件，以构建系统的总体结构。

② 是否需要设计冗余 SCADA 服务器？对于重要的过程监控，应当采用冗余设计。

③ 确定 SCADA 服务器和 I/O 服务器后，就要确定下位机与哪台 SCADA 服务器通信。此时需要合理分配，既要保证监控功能快速、准确实现，又要尽量使得每台 SCADA 服务器的负荷均衡，这样对系统稳定性和网络通信负荷都有利。

④ SCADA 服务器和下位机通信接口的设计。这里需要确定通信接口的形式和参数，并确保这样的通信速率或扫描周期满足系统对数据采集和监控实时性要求。

⑤ 不同设备的参数配置，如不同计算机的 IP 地址、安全策略的配置等。

8.6.3.2 硬件组态

硬件组态主要体现在添加控制器、通信模块、卡件等。要注意添加的设备类型，选择与现场一致的设备型号，正确配置现场控制器、通信模块、卡件等的属性，确保底层硬件之间的通信正常，控制器与上位机的通信正常。

定义输入输出模块的属性在控制组态过程完成，各种功能模块的属性不同，通常功能模

块属性主要包括下列内容：

　　① 模块实例名，描述，功能模块类型。

　　② 量程范围，工程单位。

　　③ 信号处理。包括滤波、限幅、线性化、小信号切除、开方、采样周期等。

　　④ 运算处理。包括逻辑和算术运算、PID 运算等。

　　⑤ 报警处理。报警限值、报警类型、报警处理方法等。

　　⑥ 模式处理。包括手动/自动、本地/远程、正/反作用等模式的设置等。

8.6.3.3　控制策略组态

　　将所需的输入、输出功能模块和运算模块等放置在控制策略组态页面，根据设计的控制原理，用光标点击有关图标，将信号连接，配置好算法、控制模式等，完成所需的控制策略组态。

8.6.3.4　数据库组态，添加设备，定义变量等

　　数据库组态主要体现在添加 I/O 设备和定义变量。要注意添加的设备类型，选择正确的设备驱动。设备添加工作并不复杂，但在实际操作中，非常容易出错，如果参数设置不恰当，通信常常会失败。因此参数设置要特别小心，一定要按照 I/O 设备用户手册来操作。

　　设备添加后，需要及时测试通信是否正常，因为这关系到下一步的调试工作。

　　设备添加成功后，就可以添加变量了。变量可以有 I/O 变量和内存变量。需要注意的是，在添加变量前一定要做好规划，不用随意增加变量或随意命名变量。比较好的做法是建立一个完整的 I/O 变量列表，标明变量名称、寄存器地址、设备通道、类型、报警特性和报警值、标签名等，对模拟量还有量程、单位、标度变换等信息。变量的命名最好具有一定的实际意义，以方便后续的组态和调试，还可以在变量注释中写明具体的物理意义。对内存变量的添加也需要谨慎，因为有些组态软件把这些点数也计入总的 I/O 点的。

　　对于大型的系统，变量很多，如果逐个定义变量会十分麻烦，现在的一些组态软件可以直接从 PLC 中读取变量作为标签，简化了变量定义工作；或者在 Excel 表格中定义变量，再导入到组态软件中。

8.6.3.5　监控画面的组态

　　监控画面的组态就是为 SCADA 系统设计一个方便操作员使用的人机界面。画面组态要遵循人机工程学。在画面组态前一定要确定现场运行的计算机的分辨率，要保证画面的分辨率与监控计算机的分辨率一致，否则会造成画面失真。画面组态常常因人而异，不同的人因其不同的审美观对同样的画面有着不同的看法，有时意见较难统一。比较好的办法是把初步设计好的画面组态交由最终用户，征询他们的意见，确定画面组态的区域划分、主色调、线条颜色、控制面板等关键要求。

　　一般地，画面组态包括以下一些内容：

　　① 根据监控功能的需要划分计算机显示屏幕，使得不同的区域显示不同的子画面。这里没有统一的画面布局方法，一般由最终用户确定。一般有菜单栏、标题栏、用户权限区域、报警显示区域、按钮区域等。最大的窗口区域用作各种过程画面、放大的报警、趋势等画面显示。

　　② 根据功能需要确定流程画面的数量、每个流程画面的具体设计，包括静态设计和动态设计，各个图形对象的属性，如大小、比例、颜色等。当前主流的组态软件都提供丰富的

图形库和工具箱，多数图形对象可以从中获取。图形设计时要正确处理画面美观、立体感强、动画与画面占用资源的矛盾。

③ 把画面中的一些对象与具体的参数连接起来，这就是所谓的动态链接。通过这些动态链接，可以更好地显示过程参数的变化、设备状态的变化和操作流程的变化，方便监控操作。动态链接实际是把画面中的参数与变量标签链接的过程。变量标签包括以下几种类型：I/O 设备连接（数据来源与 I/O 设备的过程）、网络数据库连接（数据来源于远程数据库的过程）、内部连接（本地数据库内部同一点或不同点的各参数之间的数据传递过程）等。

监控画面中的不少对象在进行组态时，可以设置相应的操作权限甚至密码，以实现对应功能值对满足相应权限的用户有效。

8.6.3.6　报警组态

报警功能是 SCADA 系统人机界面最重要的功能之一，对确保安全生产起重要作用。它的作用是当被控的参数、SCADA 系统通信参数及系统本身的某个参数偏离正常设定时，以声音、光线、闪烁等方式发出报警信号，提醒操作人员注意并采取相应的措施。

报警组态的内容包括：报警的级别、报警限、报警方式、报警的设备或位置、报警的具体描述、报警处理方式等，当然，这些功能的实现对于不同的组态软件会有所不同。

8.6.3.7　实时和历史趋势曲线组态

不同的系统软件，在实时和历史趋势曲线的组态方面，有着不同的方法。

一般地，实时趋势曲线可以在监控工作站直接组态调用，输入对应的点位号和属性，配置好趋势图的上下限、趋势的颜色等属性即可。

历史趋势曲线的组态相对复杂，一般地，历史趋势需要在数据库中先配置好，主要配置历史趋势的归档周期，绝大部分系统支持同时配置多种归档周期。在监控工作站中调用时，必须选择相应的归档周期。

§8.7　SCADA 系统的应用

由于 SCADA 系统的功能十分强大，技术十分成熟，能够极大地提高生产和运行管理的安全性和可靠性，提高企业的整体效率，减少生产人员面临恶劣工作环境的可能性，减少不必要的人力资源。正因为 SCADA 系统能产生巨大的经济和社会效应，所以 SCADA 系统被广泛应用。SCADA 系统被广泛应用于油气长输系统、电力系统、轨道交通系统、楼宇自动化系统、城市公共设施系统、气象参数监控系统等领域。下面我们重点讲一下 SCADA 在油气长输等领域中的应用。

SCADA 系统在油气长距离输送系统中占有极其重要的地位，它对于油气输送有关的首站、门站、分输站、压气站、阀室、末站等站场设备进行监控。油气长输系统的 SCADA 系统一般由站场运行监控系统（简称站控系统）、阀室、区域调度、调控中心以及通信网络组成。在控制层面，具有现场就地操作级、站控级和调控中心级等 3 级结构。在油气输送领域，又细分为原油输送、天然气输送以及成品油输送，这几种系统大同小异，其中成品油输送系统相对较为典型。下面以我国西南成品油管道为例，详细说说 SCADA 系统在油气长输系统中的应用。

西南成品油管道始于广东茂名，终于云南大理，全线 21 个输油站，8 个远控阀室以及 2 个调度控制中心。该系统采用的是 Honewell 公司的 Experion PKS 系统实现对全管线工艺、设备的集中监控、统一调度。

8.7.1　系统架构

西南成品油管道 SCADA 系统应用的是 Experion PKS 系统独有专利的 DSA(Distributed System Architecture)分布式系统架构，在各个输油站分别配置冗余服务器，与控制器进行实时数据交换，站内有操作员站，能直接监控站内工艺数据。同时，在调度控制中心也配置冗余的服务器，各输油站的数据库将数据共享至调度控制中心的服务器，以实现调度控制中心对全局数据库的共享和调用(图 8-6)。

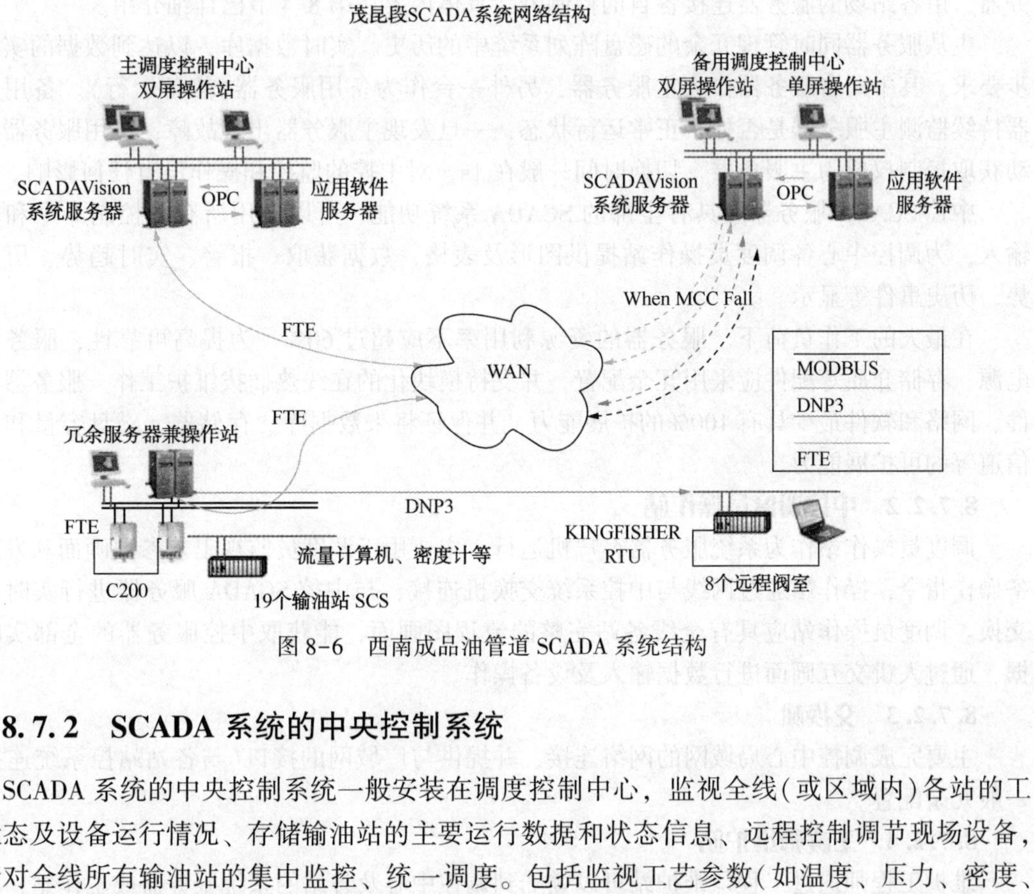

图 8-6　西南成品油管道 SCADA 系统结构

8.7.2　SCADA 系统的中央控制系统

SCADA 系统的中央控制系统一般安装在调度控制中心，监视全线(或区域内)各站的工作状态及设备运行情况、存储输油站的主要运行数据和状态信息、远程控制调节现场设备，负责对全线所有输油站的集中监控、统一调度。包括监视工艺参数(如温度、压力、密度、流量、液位等参数)、设备状态的监控(如阀门、泵的启停信号)、工艺及设备报警信号，远程控制现场设备的启停、参数调节。

SCADA 系统的中央控制系统的基本配置应该包括：两台互为冗余的 SCADA 系统服务器，两台或四台冗余的交换机，对应至少两路不同的通信路由，两台以上的操作员工作站(一般设双屏显示器)，至少一台报表打印机，一台以上用于远程维护及故障处理的工程师维护站。另外，根据需要可以配置 Web 服务器、防火墙、专门用于扩展第三方应用软件的应用服务器以及操作站(包括泄漏检测、批次跟踪和计量)以及专用的培训操作站。

为提高 SCADA 系统的异地容灾能力，一般主备用调控中心分别设置在不同的城市，它们是两套互不干扰，但处于同步运行状态的系统。平时监控主要使用主用调控中心，当主用调控中心出现异常或网络异常导致无法正常监控，启用备用调控中心。

区域调控中心的功能与调控中心一样，只是负责的区域范围有区别，区域调控中心只负责某个辖区内的输油站设备、参数的监视。

8.7.2.1　中控 SCADA 服务器

为保证可靠、稳定地运行，SCADA 服务器一般冗余配置、热备运行。中控 SCADA 服务器持续地获取全线各站的运行数据、设备状态及报警信息，并为所有的操作站节点提供实时数据。在不同的数据库架构中，中控服务器与控制器的连接方式不一样，一种是中控服务器直接与各站场的控制器连接；另一种是中控服务器不直接连接控制器，而是连接各站场的服务器，由各站场的服务器连接各自的控制器，具体内容在第 8.4 节已详细介绍。

主从服务器同时管理冗余的磁盘阵列系统中的历史、实时数据库，以达到数据的实时同步要求。其中一台服务器作为主服务器，另外一台作为备用服务器(热备运行)。备用服务器持续监测主服务器是否处于正常运行状态，一旦发现主服务器出现故障，备用服务器将自动获取控制权成为主服务器，切换时间一般在 1s，对中控的监控和操作没有任何影响。

中控 SCADA 服务器应具有全部的 SCADA 系统功能，可以启用所有的控制命令和数据输入，为调控中心各调度员操作站提供图形及表格，数据获取、报警、实时趋势、历史趋势、历史事件等显示。

在最大的工作负荷下，服务器的资源利用率不应超过 60%。为提高可靠性，服务器的电源、存储介质等配件应采用冗余配置，并支持模块化的在线热插拔维护工作。服务器的硬件、网络和软件最少具有 100% 的扩展能力，并保证将来数据库、存储器、磁盘容量和通信信道等的可扩展能力。

8.7.2.2　中控调度员操作站

调度员操作站作为系统服务器客户机运行，主要用于调度员监视工艺参数画面和发送设备操作指令，操作站通过网线与中控系统交换机连接，与中控 SCADA 服务器进行实时数据交换。调度员操作站应具有全线各站完整的流程图画面，能获取中控服务器的全部实时数据，通过人机交互画面进行数据输入及设备操作。

8.7.2.3　交换机

主要完成调控中心局域网的网络连接，并提供与广域网的接口(与各站站控系统连接)，一般冗余配置。

8.7.2.4　工程师维护站

维护工程师通过工程师维护站可以登陆到调控中心及各站的系统服务器或工作站，在线或离线修改 SCADA 数据库、修改控制器组态内容以及开展日常维护等工作。

8.7.2.5　打印机

主要完成日常报表及报警、事件、趋势的打印，根据需要可以共享一台或分别配置多台完成各自的功能。通常带有网络打印设备，局域网内各服务器、操作站可以共享打印。

8.7.2.6　Web 服务器及防火墙

Web 服务器主要完成 SCADA 运行画面以网页的形式向办公网或互联网发布信息的功能，方便管理人员通过浏览网页获取管线的运行情况。

Web 服务器是 SCADA 系统与外网之间的衔接服务器，考虑到生产运行 SCADA 系统安全的重要性，必须使用防火墙进行隔离，建立 DMZ 区，用专门的 OPC 服务器为 Web 服务器提供数据，避免与 SCADA 系统无关的计算机直接访问 SCADA 服务器。

Web 服务器上必须安装专业网络防火墙和防病毒防火墙，进一步保护 SCADA 系统。

8.7.3　输油站控制系统

输油站控制系统主要完成站内工艺过程的数据采集及数据处理，对本站远控仪表及设备进行监控。根据规范，一般在站控室操作台上设置一个紧急停车按钮，用于紧急事故停车。站控 SCADA 系统主要监控生产运行参数、主要设备状态，控制阀门等设备的开、关，主要参数的调节及安全联锁保护，水击保护等功能，是保证 SCADA 系统正常运行的基础，是调度控制中心调度、管理与控制命令的远方执行单元，是 SCADA 系统中最重要的监控级。站控系统不但能独立完成对所在工艺站场的数据采集和自动控制的功能，还能将有关信息与中心控制系统进行数据交换，并能执行控制中心发送的控制命令。

站控系统的一般由两台互为冗余的 SCADA 系统服务器，两台或四台冗余的交换机，对应至少两路不同的通信路由，一套 PLC 硬件，一台以上操作员工作站（一般设双屏显示器）等组成。站控系统的服务器、交换机、操作员工作站在功能上与中控 SCADA 系统的相同设备没有本质的区别，前面已有表述，这里就不一一赘述了。

需要注意的是，有些 SCADA 系统在站场是不设置服务器，只配置监控工作站，工作站能够直接与控制器采集信号和发送操作命令。另外，某些 SCADA 系统的站控服务器可以兼作操作站。

8.7.4　通信系统

SCADA 系统的通信系统是整个 SCADA 系统能够实现数据传输的基本前提，它利用各种通信线路，把物理位置十分分散的 PLC、RTU、服务器、操作员站等具体地连接起来，进行实时数据信息的交换和处理。通常 SCADA 系统应用的通信媒介有微波线路、企业私有光纤、卫星线路或运营商专线。为了确保数据的可靠传输，通常采用冗余的通信方式。

习题与思考题

1. SCADA 指的是什么类型的系统，其功能有哪些？

2. SCADA 系统的典型硬件架构由哪几部分组成，各部分的作用是什么？

3. 简述 SCADA 系统典型软件架构中 C/S 架构和 B/S 架构的异同点。

4. 集中式数据库架构和分布式数据库架构各有什么特点？

5. SCADA 系统的基本功能有哪些？

6. SCADA 系统基本的组态设计步骤包含哪些方面？

第9章　智能控制技术与计算机控制系统

现代工业过程越来越复杂，具有非线性、时变性和不确定性等特点，难以建立精确的数学模型。传统的控制策略，已经无法完全满足现代工业的控制要求，需要人们不断探索新的理论和方法。随着人工智能技术的发展，人们把人工智能和自动控制结合在一起，逐渐形成了人工智能控制理论。智能控制代表了自动控制理论的最新发展阶段。

本章内容主要分为两大部分。第一部分介绍智能控制系统，这里仅对预测控制系统、神经网络控制系统和专家控制系统等作简单阐述。第二部分介绍计算机控制系统，包括计算机在控制系统中的应用，计算机控制系统的组成、分类等。重点介绍集散控制系统的相关内容。

§9.1　预 测 控 制

预测控制诞生于20世纪60年代，经过几十年的发展与应用，从线性时不变预测控制发展到应用于非线性、时变系统的多种新的预测控制技术，成为控制工程界研究的一个热点。现在较流行的算法有：模型算法控制（MAC）、动态矩阵控制（DMC）、广义预测控制（GPC）、广义预测极点（GPP）控制、内模控制（IMC）、推理控制（IC）等。

9.1.1　基本结构

预测控制的算法有很多，就一般意义而言，预测控制算法都包含模型预测、滚动优化、反馈校正和参考轨迹四个主要部分。其基本结构如图9-1所示。下面分别介绍这四个部分。

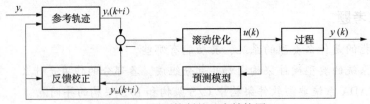

图 9-1　预测控制的基本结构图

（1）预测模型

预测控制需要一个描述系统动态行为的模型作为预测模型。预测模型只注重模型的功能，而不注重模型的形式，预测模型的功能就是根据兑现的历史信息和未来输入去预测系统的未来输出，只要具有预测功能的模型，均可作为预测模型。因此，无论对于状态方程、传递函数等传统的模型，还是对于线性稳定对象，阶跃响应、脉冲响应这类非参数模型，均可作为预测模型使用。此外，非线性系统、分布参数系统的模型，只要具备上述功能，也可在这类系统进行预测控制时作为预测模型使用。因此，预测控制摆脱了传统控制基于严格数学模型的要求，可以应用于现代工业复杂生产过程的控制。

预测模型具有展示系统未来动态行为的功能。这样，就可以利用预测模型为预测控制进行优化提供先验知识，从而决定采用何种控制输入，使未来时刻被控对象的输出变化符合预期的目标

（2）反馈校正

在预测控制中，基于预测模型的预测输出只是一个理想值，不可能与实际值完全相符，因此，要将输出的测量值与模型的预测值进行比较，得到模型的预测误差，再利用该误差来对模型的预测值进行校正（可以对预测值进行补偿或者直接修改预测模型）。这种模型预测加反馈校正的过程，使预测控制具有很强的抗干扰和克服系统不确定性的能力。

（3）滚动优化

预测控制是一种优化控制算法，它是通过由未来控制策略决定的某一性能指标的最优化来确定未来的控制作用。

预测控制的优化作用与通常的最优控制算法不同，不是采用一个不变的全局最优控制目标，而是采用滚动式的有限时域优化策略，优化过程不是一次离线完成的，而是反复在线进行的。即在每一采样时刻，优化性能指标只涉及从该时刻起到未来有限的时间，而到下一采样时刻，这一优化时段同时向前推移。因此，预测控制在每一时刻有一个相对于该时刻的优化性能指标，不同时刻优化性能指标的形式是相同的，但其所包含的时间区域则是不同的。预测控制的优化目标不是全局的，而是在有限时域上的。正是这种反复在线的优化，使预测控制能够根据实际测得的对象输出修正或补偿预测模型。这种控制策略更加符合过程控制的特点，尤其适用于复杂的工业过程，并在复杂的工业过程中获得了广泛的应用。

（4）参考轨迹

在预测控制中，为避免出现输入和输出的急剧变化，往往要求过程输出沿着一条期望的、平缓的曲线到达设定值，这条曲线通常称为参考轨迹，它是设定值经过在线"柔化"后的产物。

最广泛采用的参考轨迹为一阶指数变化形式：

$$y_s(k+i) = \alpha^i y(k) + (1-\alpha^i) y_s, \quad i=1, 2, \cdots P$$

其中

$$\alpha = e^{\frac{-T}{\tau}}$$

式中，T 为采样周期；τ 为时间常数；$y(k)$ 为当前时刻的实际输出；y_s 为设定值。

9.1.2　预测控制的特点

预测控制具有如下特点：

①从基本思想看，预测控制优于 PID 控制。通常的 PID 控制，是根据过程当前的和过去的输出测量值和设定值的偏差来确定当前的控制输入。而预测控制不但利用当前和过去的偏差值，而且利用预测模型来预估过程未来的偏差值，与滚动优化确定当前的最优输入策略。

②建模方便，不需要深入了解过程内部机理，对模型要求不高。

③预测控制是一种基于模型的计算机优化控制算法，属于离散控制系统。

④不增加理论困难，可推广到有约束条件、大纯滞后、非最小相位及非线性等过程。

⑤具有良好的跟踪性能，对模型误差具有较强的鲁棒性。

以上特点使预测控制更加符合工业过程的实际要求，这是 PID 控制或现代控制理论无法相比的。因此，预测控制在实际工业中已得到广泛的重视和应用，而且必将获得更大的发展。

9.1.3　预测控制的缺点与应用

预测控制理论出现以来，已经吸引了大批学者投身其中，其理论研究也取得了很大的成果，但现有的理论研究仍远远落后于工业应用实践。因为目前的研究大多是针对线性系统的，针对非线性系统的研究较少，而实际工业生产过程的模型，一般都是很复杂的，通常都具有非线性、分布参数和时变等特性。因此，如何突破现状，解决预测控制中存在的问题，对促进这类富有生命力的新型计算机控制算法的进一步发展有重要意义。以下几点就是目前预测控制中存在的主要问题。

①预测控制算法比较复杂，正因为复杂，在算法实现上要考虑多方面因素，既要保证算法简洁，又要使算法具有足够的可靠性和稳定性，同时也提高了硬件要求。

②实施周期长，参数整定复杂，即便是有丰富经验的工作人员，也得花费较长时间进行在线或离线参数整定过程。

③控制系统完成后，必须对操作人员进行培训。由于算法复杂，操作人员对其的理解有深有浅，不能最大限度地发挥该先进算法的作用，有时甚至会引起误操作。受工艺条件、模型变化的影响，需要专门的技术人员进行算法维护。

④模型预测控制算法的稳定性还没有从根本上得到有效解决，需要从理论上得到进一步突破。

预测控制虽然存在上述一些问题，但其突破了传统控制思想的约束，采用了新的控制策略，其一经问世，即在复杂工业过程中得到成功应用，显示出强大的生命力，它的应用领域也已扩展到诸如化工、石油、电力、冶金、机械、国防、轻工等各工业部门。

从 20 世纪 80 年代起，国外诸多公司已投入大量精力并成功开发出商业化的预测控制软件包，主要有：美国 Setpoint 公司的 IDCOM-M，DMC 公司(已被收购)的 DMC，AspenTech 公司的 DMCPLUS，法国 Adersa 公司的 PFC 等。在国内，商业化软件包的成果比较少，但在国家"九五"和"973"等课题的不断提出理论研究与实际应用相结合的理论研究路线方针下，国内科研院校在高级过程控制实现技术方面越来越倾注更多的精力和热情，也有越来越多的成果逐渐形成了商业化软件。

§9.2　神经网络控制

9.2.1　神经网络概述

模糊控制通过模拟人脑的思维方法设计控制器来实现复杂系统的控制，但模糊控制还远没有达到人脑的境界。科研人员从人脑的生理学和心理学角度出发，通过人工模拟人脑的工作激励来实现机器的部分智能行为，从而产生人工神经网络理论。神经网络系统反映了人脑功能的基本特征，其实质是由大量且简单的神经元广泛地互相连接而形成的复杂网络系统，其实际上是对人脑神经系统的某种简化、抽象和模拟。

神经网络系统的研究主要有三个方面，即神经元模型、神经网络结构和神经网络学习算法。

（1）神经元模型

神经元是生物神经系统的最基本单元，人脑就是由一千多亿个神经元交织在一起的网状结构构成，其形状和大小是多种多样的。从神经元模型角度来看，可分为线性处理单元和非线性处理单元。

（2）神经网络结构

目前神经网络模型的种类有 40 余种类型。典型的神经网络有多层前向传播网络（BOP 网络）、Hopfield 网络、CMAC 小脑模型、ART 网络、BAM 双向联想记忆网络、SOM 自组织网络、Blotzman 机网络和 Madaline 网络等。根据其连接方式的不同其结构可分为前向网络、反馈网络和自组织网络等三类。

（3）神经网络学习算法

神经网络学习算法是神经网络智能特性的重要标志，神经网络通过学习算法，实现了自适应、自组织和自学习的能力。

目前神经网络的学习算法有多种，按有无导师分类，可分为有导师学习（Supervised Learning）、无导师学习（Unsupervised Learning）和再励学习（Reinforcement Learning）等几大类。

在有导师的学习方式中，网络的输出和期望的输出进行比较，然后根据两者之间的差异调整网络的权值，最终使差异变小。

在无导师的学习方式中，输入模式进入网络后，网络按照一预先设定的规则（如竞争规则）自动调整权值，使网络最终具有模式分类等功能。

再励学习是介于上述两者之间的一种学习方式。

9.2.2　神经网络控制

神经网络控制是将神经网络与控制理论相结合而发展起来的智能控制方法。从控制角度来看，神经网络用于控制的优越性有：

① 神经网络是处理那些难以用模型或规则描述的对象。

② 神经网络采用并行分布式信息处理方式，具有很强的容错性。

③ 神经网络在本质上是非线性系统，可以实现任意非线性映射。神经网络在非线性控制系统中具有很大的发展前途。

④ 神经网络具有很强的信息综合能力，它能够同时处理大量不同类型的输入，能够很好地解决输入信息之间的互补性和冗余性问题。

⑤ 神经网络的硬件实现愈趋方便。大规模集成电路技术的发展为神经网络的硬件实现提供了技术手段，为神经网络在控制中的应用开辟了广阔的前景。

根据神经网络在控制器中的作用不同，神经网络控制器可分为两类：一类为神经控制，它是以神经网络为基础而形成的独立智能控制系统；另一类为混合神经网络控制，它是指利用神经网络学习和优化能力来改善传统控制的智能控制方法，如自适应神经网络控制等。

神经网络控制器的具体分类存在不同的分法，综合目前的各种分类方法，本书将神经网络控制的结构归结为以下七类。

（1）神经网络监督控制

通过对传统控制器进行学习，然后用神经网络控制器逐渐取代传统控制器的方法，称为神经网络监督控制。神经网络监督控制的结构如图 9-2 所示。

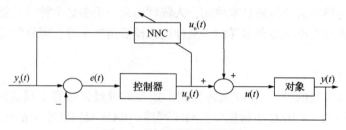

图 9-2　神经网络监督控制

（2）神经网络自校正控制

神经网络自校正控制分为直接自校正控制和间接自校正控制。间接自校正控制使用常规控制器，神经网络估计器需要较高的建模精度。直接自校正控制同时使用神经网络控制器和神经网络估计器。

① 直接自校正控制　　直接自校正控制是将被控对象的神经网络逆模型与被控对象串联起来，以便使期望输出与对象实际输出之间的传递函数等于 1。如图 9-3 所示是直接自校正控制的两种结构方案。

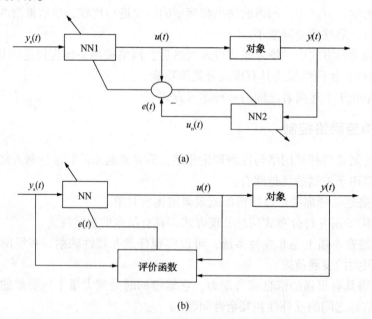

(a)

(b)

图 9-3　神经网络直接自校正控制的两种方案

② 间接自校正控制　　假设被控对象为

$$y(t) = f(y_t) + g(y_t)u(t)$$

若利用神经网络对非线性函数 $f(y_t)$ 和 $g(y_t)$ 进行逼近，得到 $\hat{f}(y_t)$ 和 $\hat{g}(y_t)$，则控制器为：

$$u(t) = \left[r(t) - \hat{f}(y_t) \right] / \hat{g}(y_t)$$

其中 $r(t)$ 为 t 时刻的期望输出值。见图9-4。

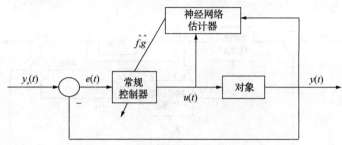

图9-4 神经网络间接自校正控制

（3）神经网络模型参考自适应控制

神经网络模型参考自适应控制系统的结构形式和传统的模型参考自适应控制系统是相同的，只是通过神经网络给出被控对象的辨识模型。按结构的不同分为直接模型参考自适应控制和间接模型参考自适应控制两种类型，分别如图9-5中（a）和（b）所示。间接方式比直接方式中多采用了一个神经网络辨识器，其余部分一样。

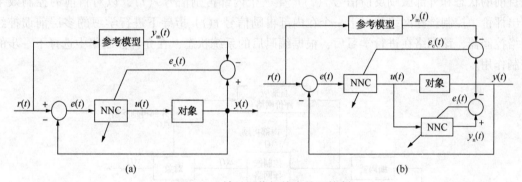

(a)   (b)

图9-5 神经网络间接自校正控制

（4）神经网络内模控制

经典的内模控制将被控系统的正向模型和逆模型直接加入反馈回路，系统的正向模型作为被控对象的近似模型与实际对象并联，两者输出之差被用作反馈信号，该反馈信号又经过前向通道的滤波器及控制器进行处理。控制器直接与系统的逆模型有关，通过引入滤波器来提高系统的鲁棒性。见图9-6。

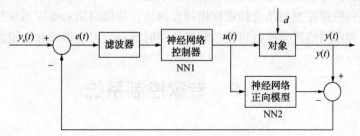

图9-6 神经网络内模控制

（5）神经网络预测控制

神经网络预测控制的结构如图9-7所示，神经网络预测器建立了非线性被控对象的预测模型，并可在线进行学习修正。利用此预测模型，通过设计优化性能指标，利用非线性优化器可求出优化的控制作用。

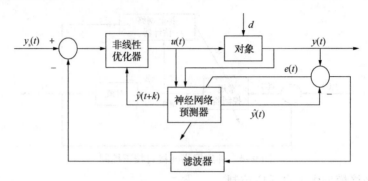

图 9-7   神经网络预测控制

（6）神经网络自适应评判控制

神经网络自适应评判控制通常由两个网络组成，如图 9-8 所示。自适应评判网络通过不断地奖励、惩罚等再励学习，使自己逐渐成为一个合格的"导师"，学习完成后，根据系统目前的状态和外部激励反馈信号 $r(t)$ 产生一个内部再励信号 $\hat{r}(t)$，以对目前的控制效果作出评价。控制选择网络相当于一个在内部再励信号 $\hat{r}(t)$ 指导下进行学习的多层前馈神经网络控制器，该网络在进行学习后，根据编码后的系统状态，在允许控制集中选择下一步的控制作用。

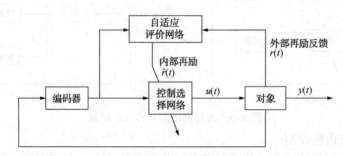

图 9-8   神经网络自适应评判控制

（7）神经网络混合控制

该控制方法是集成人工智能各分支的优点，由神经网络技术与模糊控制、专家系统等相结合而形成的一种具有很强学习能力的智能控制系统。

由神经网络和模糊控制相结合构成模糊神经网络，神经网络和专家系统相结合构成神经网络专家系统。神经网络混合控制可使控制系统同时具有学习、推理和决策能力。

§9.3   专家控制系统

9.3.1   专家系统概述

专家系统是一类包含知识和推理的智能计算机程序，其内部包含某领域专家水平的知识和经验，具有解决那些需要专家才能解决的复杂问题的能力。

专家系统通常由五个部分组成：知识库、推理机、数据库、解释机构和知识获取机构，其结构如图9-9所示。

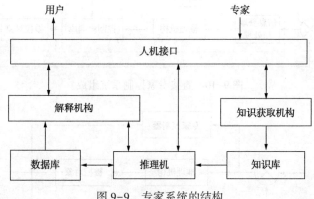

图9-9　专家系统的结构

（1）知识库

知识库是领域知识的存储器，它用适当的方式从专家那里获得的领域知识、经验。

（2）数据库

数据库由事实、经验数据、经验公式等构成，是当前处理对象用户提供的数据和推理得到的中间结果。

（3）推理机

推理机是用于对知识库中的知识，按一定推理策略进行推理从而得到结论的"思维"机构。推理策略有正向、反向及正反向混合推理三种方式。

（4）解释机构

解释机构的功能是向用户解释推理结果，回答用户问题。

（5）知识获取机构

知识获取机构是通过设计一组程序，获取专家的领域知识，修改知识库中原有的知识和扩充新知识。

9.3.2　专家控制系统

专家控制是将专家系统的理论和技术同控制理论、方法与技术相结合，在未知环境下，仿效专家的经验，实现对系统的控制。

专家控制系统的类型多种多样，目前没有严格而准确的分类方法。若从专家控制器输出信号作用于被控对象的形式分为直接专家控制系统和间接专家控制系统。

（1）直接专家控制系统

直接专家控制系统是用专家控制器取代常规控制器，直接控制生产过程或被控对象。具有模拟(或延伸，扩展)操作工人智能的功能。其组成结构如图9-10所示。

（2）间接专家控制系统

间接专家控制系统的控制器由专家控制器和其他控制器构成，专家控制器的作用是监控系统的控制过程、动态调整其他控制器的结构或控制参数，然后由其他控制器完成对被控对象的直接控制作用。系统结构如图 9-11 所示。

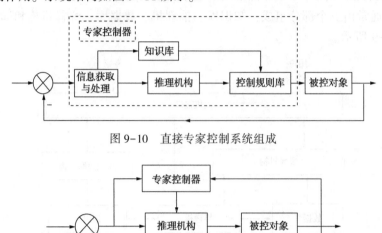

图 9-10　直接专家控制系统组成

图 9-11　间接专家控制系统组成

§9.4　计算机控制系统

现代工业日益复杂的控制要求，使得传统常规的仪表已经无法满足。因此，随着计算机技术的发展，出现了计算机控制系统在工业过程控制中的应用。由于计算机具有速度快、精度高、存储量大、编程灵活以及有很强的通信能力等特点，故在工业过程控制的各个领域都得到了广泛的应用。

9.4.1　计算机控制系统及其组成

（1）计算机控制系统

计算机控制系统就是利用工业控制计算机（简称工业控制机）来实现生产过程自动化的系统。图 9-12 所示为计算机控制系统的框图，与常规仪表控制系统不同的是：模拟控制器换成了计算机；在计算机控制系统中，控制器的输入、输出均为数字信号，而常规仪表控制系统所采用的是连续信号。因此，在计算机控制系统中要加入 A/D 与 D/A 环节，来匹配系统中的模拟仪表。

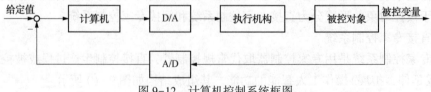

图 9-12　计算机控制系统框图

由图 9-12 可知计算机控制系统的工作过程分为三个步骤：

① 实时数据采样。采集被控变量的当前值。

② 实时控制决策。根据偏差，按照预定的控制算法进行运算，产生控制信号。

③ 实时控制输出。向执行器发出控制信号，完成控制任务。

上述过程不断重复，是整个系统按照一定的品质指标进行工作，并对被控变量和设备本身的异常现象及时作出处理。

（2）计算机控制系统的组成

计算机控制系统由工业控制机和工业对象两大部分组成。工业控制机由硬件和软件部分组成。生产过程包括被控对象、测量变送、执行机构、电气开关等装置。图 9-13 所示为计算机控制系统组成的框图。

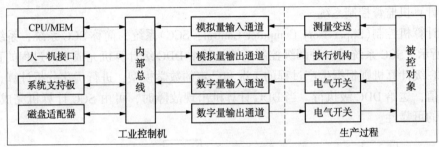

图 9-13 计算机控制系统组成框图

9.4.2 计算机控制系统的分类

随着计算机应用技术的发展，计算机在控制系统中的应用形式也在不断变化，一般将其分为以下几种类型：数据采集和数据处理系统、直接数字控制系统、监督控制系统、集散控制系统以及现场总线控制系统。

（1）数据采集和数据处理系统

数据采集和数据处理系统对生产过程各种工艺变量进行巡回检测、处理、记录以及变量的超限报警，同时对这些变量进行累计分析和实时分析，得出各种趋势分析，为操作人员提供参考，其系统图见图 9-14。在数据采集和数据处理系统中，计算机只承担数据的采集和处理工作，不直接参与控制，只对指导生产过程操作具有积极作用。

（2）直接数字控制系统

直接数字控制（Direct Digital Control, DDC）系统的构成如图 9-15 所示。计算机通过过程输入通道实时采集数据，然后按照一定的控制规律进行运算，并通过过程输出通道，作

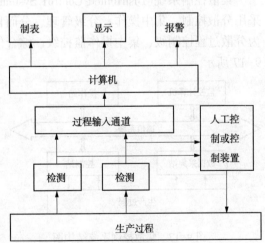

图 9-14 计算机数据采集和数据处理系统

用到控制对象，使被控变量保持在给定值上，实现对被控对象的闭环自动调节。

由于 DDC 系统中的计算机直接承担控制任务，所以要求实时性好、可靠性高和适应性强。

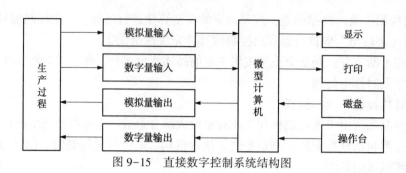

图 9-15   直接数字控制系统结构图

（3）计算机监督控制系统

监督计算机控制（Supervisory Computer Control，SCC）系统，简称 SCC 系统，系统结构如图 9-16 所示。SCC 系统是一种两级控制系统，其中 DDC 级计算机完成生产过程的直接数字控制；SCC 级计算机则根据生产过程的工况和已定的数学模型，进行优化分析计算，产生最优化设定值，送给 DDC 级执行。当 DDC 计算机出现故障时，可由 SCC 计算机完成其功能，确保系统的可靠性。

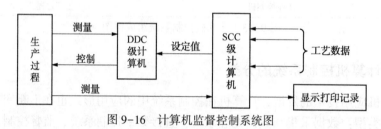

图 9-16   计算机监督控制系统图

（4）集散控制系统

集散控制系统（Distributed Control System，DCS）是一种典型的分级分布式控制结构，其采用分散控制、集中操作、分级管理、分而自治和综合协调的设计原则，把系统从上到下分为分散过程控制级、集中操作监控级、综合信息管理级，形成分级分布式控制。其结构如图 9-17 所示。

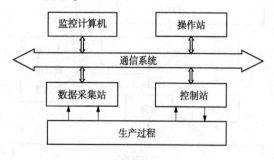

图 9-17   集散控制系统结构图

监控计算机通过协调各控制站的工作，达到过程的动态最优化。控制站则完成过程的现场控制任务。操作站是人机接口装置，完成操作、显示和监视任务。数据采集站用来采集非控制过程信息。

（5）现场总线控制系统

现场总线是连接工业现场仪表和控制装置之间的全数字化、双向、多站点的串行通信网络。采用现场总线技术构成的控制系统，称为现场总线控制系统（Fieldbus Control System，FCS）。FCS 是新一代分布式控制结构，如图 9-18 所示。与 DCS 采用三层结构模式不同的是，FCS 的结构模式为：“工作站—现场总线智能仪表”二层结构。国际标准统一后，它可实现真正的开放式互连体系结构。

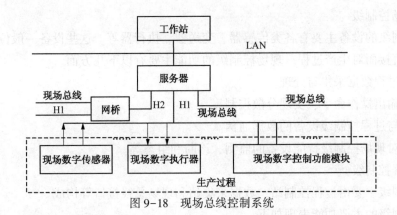

图 9-18　现场总线控制系统

9.4.3　集散控制系统

集散控制系统是以微处理器为基础的、综合 3C(计算机、控制、通信)技术的集中分散型控制系统。自从美国 Honeywell 公司于 1975 年推出世界上第一套集散控制系统 TDC-2000 以来，集散控制系统已经在工业控制领域得到了广泛的应用。集散控制系统自诞生以来，在短短的 30 多年时间里已经发展到第四代。第四代集散控制系统的典型产品有：Honeywell 公司的TPS，横河公司的 CENTUM-CS，西门子公司的 SIMATIC PCS7，Foxboro 公司的 A2 等等。

9.4.3.1　集散控制系统的体系结构

按功能划分，集散控制系统通常分为四个级别：现场控制级、过程控制级、过程管理级、全厂优化和经营管理级。对应每一级，有相应的通信网络连接，然后不同级别之间也通过通信网络连接，使系统各个部分可以进行互通互联。集散控制系统的典型结构如图 9-19所示。

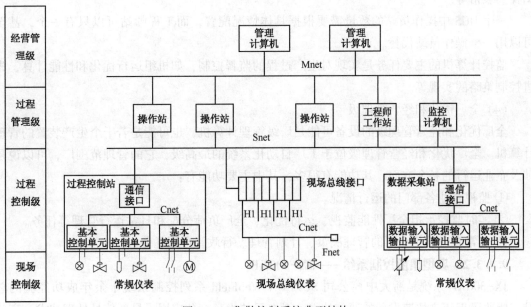

图 9-19　集散控制系统典型结构

（1）现场控制级

现场控制级的设备主要有各类传感器、变送器、执行器等。这些设备一般位于被控生产设备附近，直接面对生产过程。现场控制级的功能主要有以下几方面。

① 完成过程数据采集与处理。

② 直接输出操作命令、实现分散控制。

③ 完成与过程控制级设备的数据通信。

④ 完成对现场控制级智能设备的监测、诊断和组态等。

（2）过程控制级

过程控制级主要由过程控制站、数据采集站和现场总线接口等构成。

过程控制级的主要功能表现如下。

① 采集过程数据，进行数据转换与处理。

② 对生产过程进行监测和控制，输出控制信号，实现反馈控制、逻辑控制、顺序控制和批量控制功能。

③ 现场设备及 I/O 卡件的自诊断。

④ 与过程管理级进行数据通信。

（3）过程管理级

过程管理级的主要设备有操作员站、工程师站和监控计算机等。

操作员站是操作人员与系统进行人机交互的设备，是 DCS 的核心显示、操作和管理装置。操作员可以通过操作员站及时了解现场的各种状况，完成监控任务。

工程师站是为了控制工程师对 DCS 进行配置、组态、调试、维护所设置的工作站。工程师站的另一个作用是对各种设计文件进行归类和管理，形成各种设计、组态文件，如各种图样、表格等。

一个 DCS 中操作员站的数量需要根据具体情况配置，而工程师站可以只有一个，甚至可以用一个操作员站代替。

监控计算机的主要任务是实现对生产过程的监督控制，如机组运行优化和性能计算，先进控制策略的实现等。

（4）全厂优化和经营管理级

全厂优化和经营管理级的设备可能是厂级管理计算机，也可能是若干个生产装置的管理计算机。全厂优化和经营管理级位于工厂自动化系统的最高级，它的管理范围广，可以说是涉及企业运行的各个方面。其功能有很多，其中主要功能有：

① 监视企业各部门的运行情况。

② 实时监控承担全厂性能监视、运行优化、全厂负荷分配和日常运行管理等任务。

③ 日常管理承担全厂的管理决策、计划管理、行政管理等任务。

9.4.3.2　典型集散控制系统——JX-300XP

JX-300XP 系统是浙大中控公司 SUPCON WebField 系列控制系统十余年成功经验的总结，吸收了近年来快速发展的通信技术、微电子技术，充分应用了最新信号处理技术、高速网络通信技术、可靠的软件平台和软件设计技术以及现场总线技术，采用了高性能的微处理器和成熟的先进控制算法，全面提高了 JX-300XP 的功能和性能，能适应更广泛更复杂的应用。

（1）系统组成

JX-300XP 系统是由现场控制站、工程师站、操作员站和过程控制网络等组成。

① 现场控制站：实时控制、直接与工业现场进行信息交互，是实现对物理位置、控制功能都相对分散的现场生产过程进行控制的主要硬件设备。

② 工程师站：工程师的组态、监视和维护平台。

③ 操作员站：由工业 PC 机、CRT、键盘、鼠标、打印机等组成，是操作人员完成过程监控管理任务的人机界面。

④ 过程控制网络：把控制站、操作站、通信接口单元等硬件设备连接起来，构成一个完整的分布式控制系统，实现系统各节点间相互通信的网络。

（2）系统总体结构

JX-300XP 系统采用三层网络结构，如图 9-20 所示。

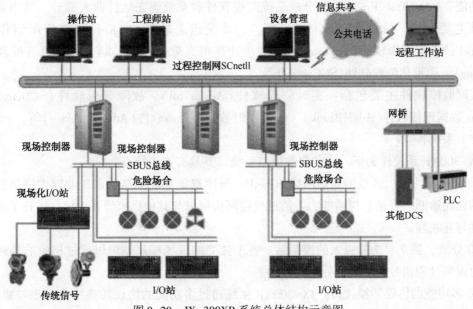

图 9-20　JX-300XP 系统总体结构示意图

第一层网络是信息管理网 Ethernet（用户可选）采用以太网络，用于工厂级的信息传送和管理，是实现全厂综合管理的信息通道。

第二层网络是过程控制网 SCnetII 连接了系统的控制站、操作员站、工程师站、通信接口单元等，是传送过程控制实时信息的通道。双重化冗余设计，使得信息传输安全、高速。

第三层网络是控制站内部 I/O 控制总线，称为 SBUS 控制站内部 I/O 控制总线。主控制卡、数据转发卡、I/O 卡件都是通过 SBUS 进行信息交换的。SBUS 总线分为两层：双重化总线 SBUS-S2 和 SBUS-S1 网络。主控制卡通过它们来管理分散于各个机笼内的 I/O卡件。

（3）系统硬件

JX-300XP 系统硬件主要指的是现场控制站和操作员站/工程师站。

① 控制站硬件　控制站由主控制卡、数据转发卡、I/O 卡件、供电单元等构成。通过软件设置和硬件的不同配置可构成不同功能的控制结构，如过程控制站、逻辑控制站、数据采集站。它们的核心单元都是主控制卡 XP243。主控制卡安装在机笼的控制器槽位中，通过系统内高速数据网络——SBUS 扩充各种功能，实现现场信号的输入输出，同时完成过程控制中的数据采集、回路控制、顺序控制以及优化控制等各种控制算法。

② 操作员站/工程师站硬件　操作员站的硬件基本组成包括：工控 PC 机、彩色显示器、鼠标、键盘、SCnet Ⅱ 网卡、专用操作员键盘、操作台、打印机等。工程师站硬件配置与操作员站基本一致，它们的区别在于系统软件的配置不同，工程师站除了安装有操作、监视等基本功能的软件外，还装有相应的系统组态、维护等工程师应用的工具软件。

（4）系统软件

JX-300XP 系统软件采用 AdvanTrol-Pro 软件包的形式实现系统组态、数据服务和实时监控功能。AdvanTrol-Pro 软件包分成系统监控软件和系统组态软件两大部分。其中系统组态软件主要包括：授权管理软件（SCReg）、系统组态软件（SCKey）、流程图制作软件（ScdrawEx）、报制作软件（SCFormEx）、二次计算组态软件（SCTask）、SCX 语言编程软件（SCLang）、图形化编程软件（SCControl）等。

实时监控软件主要包括：实时监控软件（AdvanTrol）、故障分析软件（SCDiagnose）、ModBus 数据连接软件（AdvMBLink）、OPC 实时数据服务器软件（AdvOPCServer）等。

（5）系统特点

JX-300XP 系统作为新一代的集散控制系统，其具有如下特点：

① 高速、可靠、开放的通信网络 SCnetII。采用双重化冗余结构的工业以太网络，具有完善的在线诊断、查错、纠错能力。通过挂接网桥可以与其他厂家设备连接，实现了系统的开放性与互联性。

② 分散、独立、功能强大的控制站。各个独立的现场控制站可以通过相应的各种卡件实现对现场过程信号的采集、处理与控制。

③ 多功能的协议转换接口。JX-300XP 系统通过多功能的协议转换接口实现与智能化、数字化仪表通信互联的功能。

④ 全智能化卡件设计，可任意冗余配置。现场控制站的系统卡件均采用专用的微处理器，负责系统卡件的控制、检测、运算、处理以及故障诊断等工作。这些卡件均可按需求决定是否冗余配置。

⑤ 简单、易用的组态手段和工具。

⑥ 丰富、实用、友好的实时监控界面。

⑦ 事件记录功能。JX-300XP 系统提供了强大的事件记录功能，并配以相应的存取、分析、打印、追忆等软件。

⑧ 与异构化系统的集成。通过网关卡，系统可以解决与其他厂家智能设备的互联问题。

习题与思考题

1. 预测控制的基本结构由哪些部分组成？
2. 神经网络用于控制的优越性有哪些？
3. 根据神经网络在控制器中的作用不同，神经网络控制器可分为哪几类？
4. 专家系统由哪几个部分组成？
5. 什么是计算机控制系统？计算机控制系统的分类有哪些？
6. 集散控制系统的体系结构由哪四部分组成？其功能分别是什么？

第 10 章　典型单元的自动控制方案

自动控制系统是用以实现生产过程自动化的一种重要手段。在本章的学习中，我们的目的不是掌握各种控制系统，而是以各专业中典型单元操作为例，探讨其基本控制方案，从而学会从控制的要求出发，结合对象特性和自动控制系统知识，确定整体控制方案的原则和方法。

一般来说，各典型单元操作的控制方案设计，必须围绕四个方面：

① 物料平衡和能量平衡的控制；

② 工艺质量指标的控制；

③ 约束条件控制；

④ 提高机械效率和能源利用率。

这四个方面，分别满足了典型单元平稳运行、质量达标、安全生产等方面的要求。

从工程设计角度出发，确定一个典型单元的自动控制方案，首先，要了解工艺流程、工艺要求和约束条件，保证控制方案符合对象的工艺规律，满足工艺的合理性；其次，要研究被控对象特性，理清被控变量、操纵变量、干扰变量之间的关系，从全局出发，统筹兼顾地设计控制方案；最后，还应做到技术先进性和经济性的统一，既不能不从实际出发，盲目贪新求全，也不能固步自封而不注重技术的先进性，必须在可能的条件下提出先进性和经济性均合理的控制方案。本章选择了流体输送设备、传热设备、化学反应器、精馏塔、生化过程等典型单元，结合实例探讨自动控制方案的应用和实施。

§10.1　流体输送设备的自动控制方案

在化工生产过程及油气储运和输送中，流体输送设备是必不可少的。所谓流体输送设备，是指用于输送流体或提高流体压力的机械设备。其中，用于输送液体和提高液体压力的机械设备称为泵，而输送气体和提高气体压力的机械设备称为风机和压缩机。

生产过程中，往往希望流体的输送量平稳，因此流体输送设备的控制多数是流量控制系统，通常具有如下几个特点：

（1）控制通道时间常数小

流量控制系统的被控变量和操纵变量均为流量，时间常数很小，这使得系统工作效率较高，但可控性相对较差。为此，控制器的比例度要放得大些，并引入积分作用以消除余差。

（2）测量信号有高频噪声

流量信号的测量，特别是采用节流装置测量时，常伴有高频噪声信号出现。这种噪声不影响信号的平均值，但会影响控制品质，因此测量信号应有滤波，同时控制器不采用微分作用，并适当采用反微分环节，来改善控制品质。

（3）对象特性的非线性

流量控制系统中，广义对象的静态特性常常是非线性的，尤其是采用节流装置测量流量时，非线性特性更为严重。故在控制系统中应当适当选用控制阀的流量特性加以补偿，使广义对象特性近似为线性。

因为流体输送设备的任务是输送流体和提高流体压头，故其控制多是为了实现物料平衡的流量和压力的控制，方案上常采用定值控制、比值控制、串级控制等。此外，还有为了保护设备安全的约束条件的控制，比如离心式压缩机的防喘振控制。

10.1.1　离心泵的控制

（1）离心泵的工作特性

离心泵是使用最广泛的液体输送设备，它由叶轮和机壳组成，叶轮在原动机带动下做高速旋转运动。旋转叶轮作用于液体而产生离心力，转速越高，离心力越大，离心泵出口的压头也越高。离心泵压头 H、流量 Q 和转速 n 之间的函数关系，称为离心泵的工作特性，如图 10-1 所示，很明显，图中 $n_1 < n_2 < n_3 < n_4$。该特性也可用下列经验公式表示：

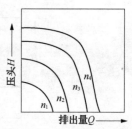

图 10-1　离心泵特性曲线

$$H = k_1 n^2 - k_2 Q^2 \tag{10-1}$$

式中，k_1 和 k_2 为比例常数。

（2）管路特性

因泵是安装在管路上运行的，所以还要对与其连接的管路特性做一些分析。管路特性就是管路系统中流体流量与管路系统阻力的相互关系，如图 10-2 所示。由图可知，达到某流量 Q 时的管路阻力由四部分组成，即

$$H_L = h_1 + h_p + h_f + h_v \tag{10-2}$$

式中，h_1 是液体提升高度需要的压头，即升扬高度，当设备安装就绪后，该项恒定；h_p 是管路两端静压差引起的压头，当工艺设备正常操作时，该项也是比较平稳的；h_f 是管路的摩擦损耗压头，它与流量的平方值近似成比例；h_v 是控制阀两端的节流损失压头，当阀门开度一定时，它与流量的平方成正比，而阀门开度变化时，h_v 也跟着变化。

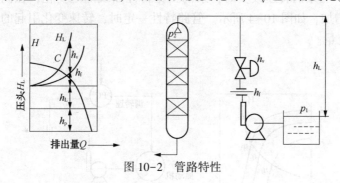

图 10-2　管路特性

（3）离心泵的工作点

在稳定工作状态，泵的压头 H 和管道阻力 H_L 必然相等，因此离心泵的工作点就是泵的工作特性曲线与管路工作特性曲线的交点，如图 10-2 中的 C 点。离心泵流量控制的目的是

将泵的排出流量恒定在某数值,所以,当扰动引起流量变化时,我们就可以通过改变泵的工作点维持流量恒定,而改变工作点就意味着改变管路阻力或者改变泵的转速,这也是以下离心泵控制方案的主要依据。

(4)离心泵的控制

离心泵的控制方案大致有三种:

① 直接节流　即通过控制泵的出口阀门开度来控制流量。泵的转速一定时,泵的特性曲线没有变化,改变出口阀门开度,就是改变了管路特性,使工作点 C 移动,从而影响流量。如图10-3所示,同一转速下,管路阻力由 H_{L3} 升高至 H_{L1} 时,工作点由 C_3 移至 C_1,使流量减少。

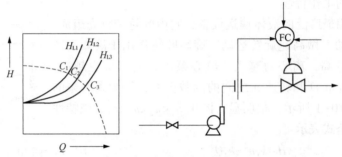

图10-3　直接节流控制方式

要注意的是,采用本方案时,控制阀一定要安装在泵的出口管线上,而不能装在泵的吸入管线上。这是因为, h_v 的存在会使泵入口压力下降,可能使液体部分汽化,造成泵出口压力下降,形成"气缚";另一方面,汽化的气体到达排出端后,受压缩又凝聚为液体,会冲蚀泵内机件对泵造成损伤,形成"气蚀"。"气缚"和"气蚀"都对泵的正常运行和使用寿命有非常不良的影响。

直接节流法的优点是简单易行,是应用最为广泛的泵出口流量控制方案。但能量部分消耗在节流阀上,故总的机械效率较低,控制阀开度越小,功率损耗越大。一般地,当流量低于正常排量30%时,不宜采用本方案。

② 调节转速　当泵的转速改变时,泵的工作特性曲线随之变化,在同样流量下,转速提高会使压头 H 增加,如图10-4所示。管路特性一定时,转速变化引起的工作点 C 的改变就可以调节排出流量。

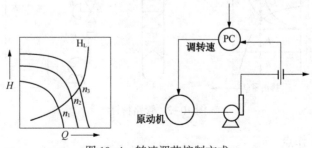

图10-4　转速调节控制方式

和第一种方案相比,调节转速的方法无需在管路上安装控制阀, $h_v = 0$,机械效率大大提高，从节能角度来讲是非常有利的。但调速机构一般较为复杂，设备费用较高，因此只在大功率泵或重要泵装置中采用。

③ 出口旁路控制　出口旁路控制方案如图 10-5 所示，通过改变旁路阀的开启度来控制实际排出量。这种控制方式将一部分高压液体的能量消耗在旁路管道和阀上，所以总的机械效率是较低的。其优点是控制阀在旁路上，压差大流量小，故可以采用小口径阀，在生产过程的一些特定场合使用。

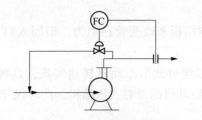 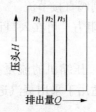

图 10-5　出口旁路控制方式　　　　　图 10-6　往复泵特性曲线

10.1.2　往复式泵的控制

（1）往复式泵的工作特性

往复式泵是利用活塞在汽缸中往复滑行来输送流体的，其特点是泵的运动部件与机壳之间空隙很小，液体不能在缝隙中流动，因此泵的排量与管路系统无关，往复式泵的流量特性如图 10-6 所示。可表示为：

$$Q=nFS\eta \tag{10-3}$$

式中，n 为每分钟的往复次数；F 为汽缸截面积；S 为活塞冲程；η 为泵效率。

可见，往复式泵的排量只取决于往复次数 n 和冲程 S，而不能用直接节流的方法来控制。出口阀一旦关死，将造成泵损、机损的事故。

（2）往复式泵的控制

根据以上分析，往复式泵的流量控制方案有以下三种：

① 改变原动机转速　此法与离心式泵的转速调节方法相同。

② 改变冲程　改变冲程的方法一般用在计量泵等特殊往复泵的流量控制中，对多数往复式泵，由于调节冲程的机构较复杂而较少采用。

③ 出口旁路控制　该方案的构成与离心式泵的旁路控制相同，这是此类泵最简单易行而且常用的控制方式，和离心泵旁路控制相同，由于有高压流体的能量损耗，故经济性较差。

10.1.3　压缩机的控制

气体输送设备用于提高气体压力及输送气体，由于气体可以压缩，所以还要考虑压力对密度的影响。按照所提高的压头，气体输送设备可分为送风机（出口压力小于 0.01MPa）、鼓风机（出口压力在 0.01~0.3MPa）和压缩机（出口压力大于 0.3MPa）。它们的流量（压力）控制系统基本相似。在此以压缩机为代表分析其控制方案。

从作用原理的角度，压缩机可分为离心式和往复式两类，其控制方案和泵的控制方案有很多相似之处。

（1）离心式压缩机的控制

离心式压缩机具有体积小、流量大、重量轻、运行效率高、易损件少、维护方便等优点，在工业生产中广泛应用，它也正向着高压、高速、大容量、自动化的方向发展。一台大型离心式压缩机的流量控制通常有以下几种方案。

①出口节流　大型压缩机的出口节流是通过改变出口导向叶片的角度，改变气流方向来改变流量，这就要求压缩机出口有导向叶片装置，相对结构复杂。对离心式鼓风机，则可以在出口安装控制阀直接节流。

②改变入口阻力　可在入口设置控制挡板来改变管路阻力，但因入口压力不能保持恒定，故较少采用。

③调节转速　压缩机的流量控制可以通过调节原动机转速实现，这种方法效率最高，节能最好，特别适用于采用蒸汽透平作为原动机的离心式压缩机，此时仅控制蒸汽流量就可控制转速。

（2）往复式压缩机的控制

往复式压缩机用于流量小，压缩比高的气体压缩。常用的控制方案有：汽缸余隙控制、顶开阀控制、旁路回流量控制和转速控制等，有时控制方案组合使用。在此限于篇幅，不一一详述。

10.1.4　离心式压缩机的防喘振控制

（1）离心式压缩机的喘振现象

要讨论喘振，还要先从离心式压缩机的特性曲线谈起。图10-7是离心式压缩机的特性曲线，表示的是压缩比（压缩机出口绝压 p_2 和入口绝压 p_1 的比值）和入口体积流量 Q 的关系。

由图10-7可知，该关系曲线是一种驼峰型的曲线，每条曲线都会有一个极值点，称为驼峰点 T。

在 T 以左，压缩比 p_2/p_1 降低时，Q 也减少，是不稳定的工作区；而在 T 以右，压缩比 p_2/p_1 降低时，Q 增大，是稳定的工作区。如何判断工作点是否稳定的工作点呢？我们先在 T 以左选取一个工作点 A，假设系统由于某种原因使 p_2 下降，A 将沿曲线往左下滑，随后 Q 也减少，对于定容的系统，流量减少将使压力进一步下降，这样工作点将一直下滑而不能回到原来 A 点的位置，所以我们称 A 是不稳定的工作点。但如果工作点位于 T 以右的 B 点，还是假设系统 p_2 下降，B 将沿曲线往右下滑，这时 Q 增加，对于定容的系统，流量增加将使压力 p_2 回升，这样工作点就被拉回到原来 B 点的位置，因而 B 是稳定的工作点。

如果工艺负荷较小，使工作点位于 T 的左侧，比如 A 点，这时若负荷降低，p_2/p_1 会迅速下降，而管路系统压力不会突变，于是管网压力就会高于压缩机出口压力，气体发生瞬间倒流，工作点迅速下降到 D。而此时压缩机继续运转，当压缩机出口压力达到管路系统压力后，又开始向管路输送气体，工作点由 D 突变到 C，因 $Q_C>$工艺负荷 Q_A，压力被迫升高，且流量继续下降，工作点就将沿 $CTDC$ 反复快速循环以上过程，形成工作点的"飞动"。出现这一现象时，气体的正常输送遭到破坏，压缩机排出量忽多忽少，转子受到交变负荷，机体发生强烈振荡，并发出如同哮喘病人的"喘气"的周期性间断吼响声，因而这一现象被形象地称为压缩机的喘振。喘振发生时，压缩机自身剧烈振动外，还会带动出口管道甚至厂房振动，此时可以看到气体出口压力表、流量表的指示均大幅波动，最终会使压缩机遭受严重破坏。

喘振是离心式压缩机的固有特性，每台压缩机的喘振区都在驼峰点 T 之左，因此将不同转速的压缩机特性曲线的驼峰点相连，就形成了稳定工作的极限曲线，如图 10-8 所示，该极限曲线以左(图中阴影部分)就是压缩机的喘振区。

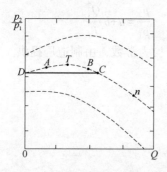
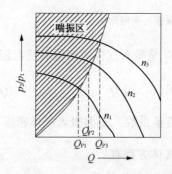

图 10-7　离心式压缩机特性曲线　　　　图 10-8　离心式压缩机喘振曲线

造成压缩机喘振最常见的原因，是负荷的下降，这也是最直接的原因，工作流量小于极限流量时，工作点就进入喘振区。此外，一些工艺上的原因也会导致喘振，比如吸入气体的压力下降、相对分子质量下降、温度上升，以及管路中堵塞、结焦造成管网阻力增大，都会使工作点左移进入喘振区。

（2）压缩机的防喘振控制

由以上分析可知，负荷降低是压缩机发生喘振的主要原因，因此，通过部分回流的方法，使压缩机入口流量大于或等于极限流量，就可防止喘振的发生。工业上常用的有固定极限流量法和可变极限流量法两种防喘振控制。

① 固定极限流量法　固定极限流量法是指不论压缩机在何种转速下运行，设定的极限流量是一定的，如图 10-9 所示，其控制方案见图 10-10。这种方法具有实现简单、使用仪表少、可靠性高的优点，但极限流量 Q_P 的设定，是该方案正常运行的关键，若按高速运行时来选取，可保证不发生喘振，但在低速运行时压缩机虽未进入喘振区，吸入的气量也可能小于 Q_P 从而使部分气体回流，形成较大能耗。因此，这种方案只适用于固定转速或负荷不经常变化的场合。

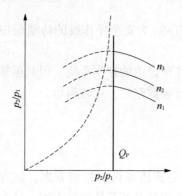
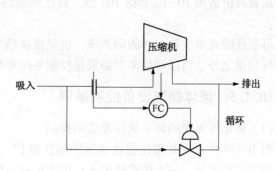

图 10-9　喘振固定极限流量　　　　　图 10-10　固定极限流量控制方案

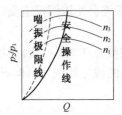

图 10-11　喘振可变极限值

② 可变极限流量法　根据不同的转速设定不同的极限流量是可变极限流量法的控制依据。为安全起见，通常在极限流量线右侧模拟一条安全操作线，对应的流量比极限流量大 5% ~ 10%，如图 10-11 所示。安全操作线近似为抛物线，其方程可用以下公式表示：

$$\frac{p_2}{p_1} = a + b\frac{Q_1^2}{T_1} \tag{10-4}$$

式中，Q_1、T_1 是吸入气体的流量和绝对温度；a、b 均为常数，由制造厂提供。

进一步推导，因为

$$Q_1 = K\sqrt{\frac{\Delta p_1}{\rho_1}} \tag{10-5}$$

式中，K 为流量系数，ρ_1 为吸入气体密度。

又根据气体方程有：

$$\rho_1 = \frac{Mp_1T_0}{ZRp_0} \tag{10-6a}$$

令

$$r = \frac{MT_0}{ZRp_0}$$

$$\rho_1 = r\frac{p_1}{T_1} \tag{10-6b}$$

式中，M 为气体相对分子质量；Z 为气体压缩修正系数；R 为气体常数；p_1、T_1 为吸入气体的绝对压力和绝对温度；p_2、T_2 为标准状态下的绝对压力和绝对温度。将式（10-4）和式（10-5）代入式（10-3），安全操作线的表达式可写成：

$$\Delta p_1 = \frac{r}{bK^2}(p_2 - ap_1) \tag{10-7}$$

或

$$\frac{\Delta p_1}{p_2 - ap_1} = \frac{r}{bK^2} \tag{10-8}$$

依据式（10-7）和式（10-8），可分别构成两种可变极限流量的防喘振控制系统，如图 10-12 和图 10-13 所示。

对某些引进装置，可令 $a = 0$，安全操作线更可简化为：

$$\Delta p_1 = \frac{r}{bK^2}p_2 \tag{10-9}$$

读者可仿造图 10-12 和图 10-13，自己绘制以式（10-8）为安全操作线的防喘振控制系统图。

可变极限流量法是一种随动系统，也是依据模型计算设定值的控制系统，因其运算部分在闭环回路之外，所以可像单回路流量控制系统那样进行参数整定，比较简单。

10.1.5　流体输送设备控制举例

（1）催化气输送的离心式压缩机的控制

图 10-14 所示为某催化裂化装置中输送催化气的离心式压缩机的控制方案。该方案包含了两套控制系统，一是压缩机的入口压力控制系统，采用的是调节转速的方案。这台压缩

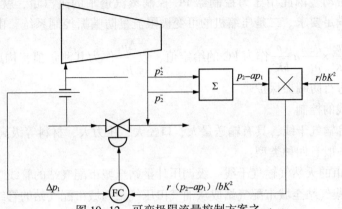

图 10-12　可变极限流量控制方案之一

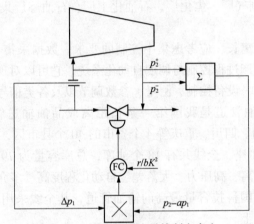

图 10-13　可变极限流量控制方案之二

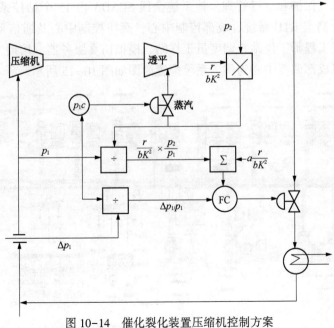

图 10-14　催化裂化装置压缩机控制方案

机由蒸汽透平机带动，因此用压力控制器 PC 控制蒸汽透平的进汽量，就可方便地改变转速，使入口压力满足要求。二是压缩机的可变极限流量防喘振控制系统，由 FC 控制回流至入口的气量，以 $\dfrac{r}{bK^2} \times \dfrac{p_2}{p_1} - a\,\dfrac{r}{bK^2}$ 作为 FC 的给定值，以 $\dfrac{\Delta p_1}{p_1}$ 作为其测量值，构成式（10-7）的安全操作线方程，进行防喘振保护。

（2）长输管线的控制

长输管线又称输气干线，具有输送量大、口径大、压力大、材料等级高、壁厚大、制造要求高等特点，一般有四种类型：

① 从邻近城市的天然气输气干线一级调压计量站至城市配气站的管线。

② 从油气田集气站至城市配气站或从油气田压气站到城市配气站的管线。

③ 坑口煤制气厂集气站至城市或工业基地修配站的管线。

④ 邻近城市的人工制气厂、焦化厂、石油化工厂、石油炼厂集气站或矿井气转输站至城市储配站的管线。

长输管线由于传输距离长，应考虑集中控制的要求。数据采集与监控系统（SCADA）是一种以计算机为基础的生产过程控制与调度自动化系统。它可以对现场的运行设备进行监视和控制，以实现数据采集、设备控制、测量、参数调节以及各类信号报警等各项功能。

兰州-成都-重庆输油管道是我国第一条长距离成品油输送管道，该输油管道全长1250km，途经甘肃、陕西、四川、重庆等 4 个省市的 40 个县市区，沿途设分输泵 3 座，分输站 10 座，独立清管站 1 座，全线共有 18 个油库，总库容量为 $79.2 \times 10^4\,\mathrm{m}^3$。兰成渝输油管道是一条大口径、长距离、高压力、大落差、自动化程度高、多介质顺序密闭输送的成品油管道。该管道是目前我国科技含量最高的输油管道，其全线采用计算机数据采集控制系统，年输送能力达 5Mt 以上。

该管线 2002 年投运以来就已成功采用 SCADA 系统，操作人员在成都调度控制中心即可完成对管道的监控、保护和运行管理。该系统全线 SCADA 由 15 个站控系统、18 个自控阀室 RTU 系统、3 个高点 RTU 系统、成都控制中心、廊坊控制中心及通信系统组成，配置上有操作员工作站、工程师工作站、调度员工作站、模拟仿真服务器、培训工作站、经理终端等及相关软件。以成都调度中心为例，系统配置简图如图 10-15 所示。

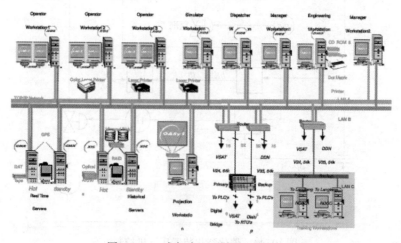

图 10-15　成都中心系统配置简图

系统包括五个主要的子功能系统及应用软件：

① CMX 实时数据采集服务器(Control and Measurement eXecutive)　CMX 收集并测量数据，检测报警条件，储存实时信息，并同远程终端设备(RTU)和可编程的逻辑控制器(PLC)进行通信，而且能让用户向终端设备发出控制指令。

② XIS 历史数据服务器(eXtended Information System)　XIS 为从 CMX 子系统得到的数据(间隔5min 的典型数据)提供存储空间，并同时提供让用户创建历史报告及预测发展趋势的功能。XIS 基于商业数据库产品 Sybase，支持 SQL 及其他 4GL 的访问。

③ XOS 图形用户界面(eXtended Operator Station)　XOS 允许用户和系统之间能进行交互式的操作，其包括数据统计、动态图画、设备控制对话框和一个鼠标控制的命令接口。

④ XAP 应用软件平台(eXtend Application Platform)　XAP 提供运行第三方及 TELVENT 公司的各种应用软件环境。包括一个支持对 CMX 及 XIS 数据和功能进行访问的应用软件编程接口。XAP 支持实时态 Real Time Mode 和研究态 Study Mode 的应用软件。

⑤ OMS(OASyS 管理系统，OASyS Management System)　OMS 作为系统的一个部件支持管理员对系统进行管理。通过 OMS，系统管理员可以监视关键功能模块及控制系统的冗余参数。OMS 由系统性能检测系统组态及重配置工具等软件组成。系统安全机制中的系统口令、特权、责任区域等由 OMS 管理。

这套系统经应用及后来改造后，较好地满足了长输管线的控制要求，为我国油、气及其他各种介质长输的自动控制创造了典范。

除此之外，长输管线中用于流体输送的主要设备还是泵和压缩机，其基本控制方案与前述相同，不再赘述。

§10.2　传热设备的自动控制方案

工业生产过程中，用于进行热量交换的设备均称为传热设备。传热的方式主要有传导、对流和辐射。传热设备的类型很多，主要的传热设备归类如表 10-1 所示。

表 10-1　传热设备的类型

设备类型	传热方式	载热体(冷、热源)情况	有无相变
换热器	以对流为主	显热变化	两侧无相变
蒸汽加热器	以对流为主	蒸汽冷凝放热	一侧无相变
再沸器	以对流为主	蒸汽冷凝放热	两侧有相变
冷凝冷却器	以对流为主	冷剂升温或蒸发吸热	一侧无相变
加热炉	以辐射为主	燃烧放热	升温或汽化
锅炉	以辐射为主	燃烧放热	汽化并升温

表中前四类以对流传热为主要传热方式，有时把它们称为一般传热设备。

传热设备是工业生产中的重要设备，其传热的目的主要有三种：

① 将工艺介质加热或冷却到一定温度。

② 根据工艺过程的需要，使工艺介质改变相态，如汽化或冷凝。

③ 回收热量。

传热设备的控制主要是满足热量平衡的控制要求，某些传热设备也需要有约束条件的控制以保护生产设备。

10.2.1 传热设备的静态数学模型

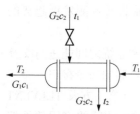

图 10-16　换热器示意图

如图 10-16 所示的换热器，G_1 为介质流量，G_2 为载热体流量，T_1、T_2 为介质入口和出口温度，t_1、t_2 为载热体入口和出口的温度，c_1、c_2 则是介质与载热体的比热容。该换热器的静态特性是指静态时主要输入变量 T_1、t_1、G_1、G_2 和输出变量 T_2 间的关系。用函数形式表示，即

$$T_2 = f(T_1, \ t_1, \ G_1, \ G_2) \tag{10-10}$$

静态特性的分析，可以作为控制系统控制变量选择和扰动分析的依据。

一般地，传热设备静态特性主要由以下两个基本方程式推导而来。

（1）热量平衡关系式

$$Q = G_1 c_1 (T_2 - T_1) = G_2 c_2 (t_2 - t_1) \tag{10-11}$$

式中，Q 为单位时间内传递的热量。就是说，在忽略热损失的情况下，热流体失去的热量等于冷流体吸收的热量。

（2）传热速率方程

$$Q = KF\Delta T_m \tag{10-12}$$

式中，K 是传热系数；F 是传热面积；ΔT_m 为两流体间的平均温差。不同情况下，ΔT_m 的计算方法不同。

将式(10-11)和式(10-12)联立，容易看出，输出变量 T_2 和 K、F、ΔT_m 都有关系，因此，传热设备的控制就围绕着 K、F、ΔT_m 的改变来设计和构成。

10.2.2 一般传热设备的控制

综上所述，K、F、ΔT_m 可以作为维持一般传热设备的温度恒定的手段，而 K、F、ΔT_m 的改变可以通过调节载热体流量、调节传热面积、改变载热体汽化温度等实现。因此不难理解，一般传热设备的控制方案就可以出口温度为被控变量，以载热体流量，或传热面积，或载热体汽化温度等作为操纵变量构成闭环控制系统即可。表 10-2 给出了常见的一般传热设备控制方案，并将各方案的原理、特点、适用场合总结于其中。

表 10-2　一般传热设备的常见控制方案

控制方式	调节载热体流量	改变载热体的汽化温度	工艺介质旁路	调节传热面积
控制方案	蒸汽 SP TC 101 θ	气氨 LC 201 液氨 TC 201	蒸汽 TC 301 θ	θ TC 401 SP 蒸汽

续表

控制方式	调节载热体流量	改变载热体的汽化温度	工艺介质旁路	调节传热面积
工作原理	改变载热体流量,引传热总系数 K 和平均温度差 ΔT_m 的变化从而控制冷流体出口温度	控制阀开度变化,气相压力变化,引起汽化温度变化,使平均温度差变化,控制出口温度	将热流体和冷流混合后温度作为被控变量,通过控制冷热液体流量配比,使混合后温度达到设定温度	改变冷凝液的积蓄量(液位)来调节传热面积,达到控制出口温度的目的
特点	①传热面积足够时,可有效控制出口温度; ②被控对象时间常数大,控制不够及时	①系统响应快,应用较广泛; ②控制阀安装在气氨出口管道上,要求氨冷器耐压	①动态响应快; ②需要载热体热量足够,经济性差	①控制阀安装在冷凝液管线,蒸汽压力可保证; ②被控过程具有积分和非线性特性,控制器参数整定困难; ③控制作用迟钝,性能不佳
适用场合	应用普遍,多用于载热体流量变化,对温度影响较灵敏的场合	气氨压力可以被控制的场合	介质流量允许变化的场合	介质流量较小的场合,可采用温度和液位的串级控制以加快响应速度

　　传热设备多可近似为具有时滞的多容对象,被控过程有较大的时间常数和时间滞后,所以在实施控制方案时,还应注意:

　　① 检测元件的安装应当注意尽量使测量滞后减到最小程度。

　　② 控制规律的选用上,适当引入微分是有益的,甚至有时是必要的。

10.2.3　加热炉的控制

　　加热炉是传热设备的一种,热辐射为其主要的传热方式。管式加热炉更是化工生产中较常见的加热炉。其传热过程是:炉膛中火焰燃烧,热量辐射给炉管,经热传导、对流再传给工艺介质。可见,加热炉具有较大的时间常数和滞后时间。

　　加热炉属于一种多容量被控对象,根据若干实验并进行简化后,其对象特性可用一阶加纯滞后特性来描述,即

$$G(s)=\frac{Ke^{-\tau s}}{Ts+1} \tag{10-13}$$

　　其时间常数和纯滞后时间与炉膛容量大小及工艺介质的停留时间有关,炉膛容量越大,停留时间越长,时间常数和纯滞后就会越大,反之亦然。

　　加热炉的出口温度的控制指标是相当严格的,不少加热炉出口温度的波动范围只有 $\pm(1\sim2)$℃。这是因为介质温度的高低直接影响后一工序的操作工况和产品质量。若炉子温度过高,物料就会在炉内分解,甚至造成结焦而烧坏炉管。

　　影响加热炉出口温度的因素有很多,其中主要扰动有:介质的进料温度、流量、组分;燃料油(或气)的压力、成分;燃料油的雾化情况;喷嘴的阻力等。在控制方案上,为了保证出口温度稳定,就要对可控的扰动采取必要措施,同时考虑容量滞后的影响。常见的加热炉控制方案有以下几种:

（1）简单控制方案

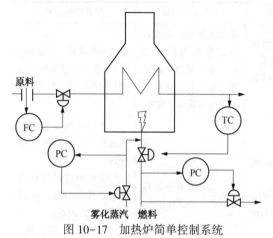

图 10-17　加热炉简单控制系统

图 10-17 是加热炉的简单控制系统，主要控制是以介质出口温度为被控变量，以燃料油流量为操纵变量的单回路控制系统。辅助控制系统包括介质入口流量控制、雾化蒸汽压力控制和燃油总压控制。

当燃油压力波动较大时，可采用燃油阀后压力与雾化蒸汽压力的差来控制雾化蒸汽量（图 10-17），或采用燃油阀后压力与雾化蒸汽压力的比值控制（图 10-18），来保证良好的雾化。

如前分析，因加热炉时间常数和滞后时间都较大，很多时候采用单回路，控制作用不够及时，因此单回路一般仅适用于以下情况：

① 对炉出口温度的控制要求不是很高；

② 炉膛容量相对较小；

③ 干扰不多，且幅度不大。

（2）加热炉的复杂控制

简单控制系统不能满足工艺要求时，常采用串级控制，因扰动情况不同，可选择不同的副变量。现将加热炉的主要串级控制方案对比如表 10-3。

表 10-3　加热炉的复杂控制系统

副变量选择	炉膛温度	燃油（气）流量	燃油（气）压力
控制方案			
特点	包含的干扰多，响应相对较慢，要求测温度元件耐高温	响应迅速，可以迅速消除燃油（气）流量的扰动	响应迅速
适用情况	干扰较多，较繁杂	燃料流量的小波动是外来主要扰动	燃油（气）流量测量较困难或燃料压力经常波动

可见，构成串级的副变量的选择，要视不同的主要扰动和具体情况而定。

（3）加热炉的安全联锁保护系统

为保证安全生产，防止事故发生，加热炉可设以下安全联锁保护系统，见图 10-18。

该系统主要实现的保护功能有：

① 防止进料过小或中断引起干烧，可在进料流量过小时切断燃料阀（图中 GL_2）；

② 防止燃料阀后压力过高造成脱火，可设阀后压力和出口温度的选择性控制（图中

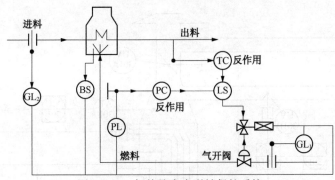

图 10-18　加热炉安全联锁保护系统

LS)，正常生产时用温度控制系统，阀后压力过高时则启用压力控制系统；

③ 防止燃料阀后压力过低造成回火，可在燃料阀后压力过小时切断燃料阀(图中 PL)；

④ 防止炉膛火焰熄灭造成燃烧室形成燃气-空气混合物引发爆炸，可设火焰检测器，火焰熄灭时切断燃料阀(图中 BS)。

10.2.4　传热设备控制应用举例

管式加热炉是炼油厂航煤加氢装置中的关键设备，该炉加热介质有三种：油气、蒸汽和空气。油气分四路从对流段进入加热炉，经对流和辐射段加热后，由辐射段出炉；蒸汽仅在对流段加热，也分四路，通过控制中间入口蒸汽量来保证蒸汽出口温度；空气则在热管式空气预热器中加热。

在对象特性上，由于其控制通道长，温度对象滞后较大，时间常数较长，调节反应缓慢。而加热炉的热负荷大，出口温度又直接影响到加氢反应的温度，故对该炉的控制有较高的要求。基于其特点，采用以下几种控制方案，见图 10-19。

(1) 加热炉燃烧控制

加热炉的燃料有瓦斯和燃料油两种，可根据不同的情况决定选用何种燃料或两种燃料混合燃烧。在控制上，采用两组控制器分别实现对应燃料的调节，以达到控制出口温度的目的。其中，燃料油的控制可用简单回路，既能达到控制要求又简便易行。对于瓦斯的控制，由于航煤加氢装置的公用工程依托原有的加氢精制系统，因此进装置的瓦斯压力波动较大，于是我们采用出口温度为主参数，以瓦斯压力为副参数，即用调节回路 TIC314 与控制回路 PIC313 组成串级控制回路，这样就可以充分发挥串级控制中副回路的优势，既保证了瓦斯流量基本不变，又能使瓦斯量在炉出口温度偏离给定值时作出相应的变化。而且在系统的特性上，也因为应用了串级控制而改善了对象特性，使调节过程加快，有效克服了滞后，起到了超前调节的作用，提高了加热炉出口温度的调节品质。

(2) 雾化蒸汽和燃料油压力的压差控制

由于现场燃料油也存在压力波动较大等原因，在燃料油进喷嘴调节阀后设一个压力检测回路，所测的燃料油阀后压力为主动量，以雾化蒸汽为从动量，构成一个单闭环比值调节系统，以便使加热炉在使用燃料油做燃料时能获得相对稳定的雾化效果。当主动量燃料油变化时，从动量雾化蒸汽能跟上主动量的变化，而当燃料油较稳定，雾化蒸汽发生波动时，构成的单闭环可以稳定蒸汽量。这种方案结构简单，能确保两流量的比值不变，在工业中得到广

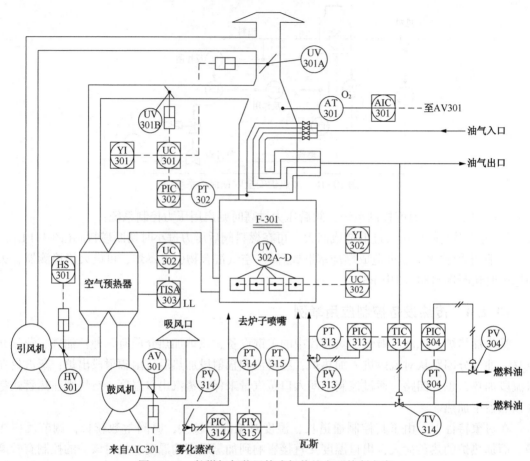

图 10-19　航煤加氢装置管式加热炉主要控制方案

泛应用。

（3）联锁与切换控制

与常规加热炉控制的联锁相比，本装置的加热炉新增了三处设备联锁，一是引风机运行状态与烟道挡板开启、烟囱挡板关闭切换的联锁；二是鼓风机运行状态与关闭炉底快开风门之间的联锁；三是预热器出口温度与停鼓风机、引风机之间的联锁。

① 加热炉压力对烟囱和烟道挡板的切换联锁　加热炉的通风状态有两种，开汽之初为自然通风状态，正常运行时为强制通风状态。待系统运行正常后，投入自动燃烧控制，以烟囱底部辐射转对流处负压值 PT302 控制挡板 UV301A 或挡板 UV301B 的开度。挡板 UV301A 和 UV301B 与引风机，快开风们与鼓风机均实现联锁控制。

② UC302 联锁逻辑控制　当预热器烟气出口温度降低到下限联锁值 170℃ 时，关闭引风机，联锁关闭烟道挡板 UV301B、打开烟囱挡板 UV301A，控制室同时输出信号关闭鼓风机、打开炉底环形风道上的快开风门，转入自然通风状态。

③ 氧含量控制　在加热炉燃烧控制方案上，将氧化锆分析仪投入到燃烧控制中，并在仪表选型上有针对性地选择普遍反映质量较好、性能较稳定的产品。

§10.3　化学反应器的控制

10.3.1　化学反应器的类型和控制要求

化学反应器是多种生产过程的重要设备，反应器控制的好坏，直接影响到生产的产量和质量，并和企业生产安全高度相关。但由于它很复杂，自动控制有时相当困难，故设计控制方案时要认真分析反应机理，总结以往操作经验。

（1）化学反应器的类型

化学反应器的种类很多，根据反应物料的聚集状态可分为均相反应器和非均相反应器两大类，均相是指反应器内所有物料处于一种状态；按反应器的进出料形式可以分为间歇式、半间歇式和连续式；从传热情况，可分为绝热式反应器和非绝热式反应器，绝热式反应器与外界不进行热量交换；从结构上可以分为釜式、管式、固定床、流化床、鼓泡床等多种形式，分别运用于不同的化学反应，过程特性和控制要求也各不相同。

（2）化学反应器的控制要求

通常，在设计化学反应器的自控方案时应从质量指标、物料平衡、约束条件三方面加以考虑。

① 质量指标　化学反应器的质量指标要求反应达到规定的转化率或反应生成物达到规定的浓度。显然，转化率或反应生成物的浓度应当是被控变量。但它们往往不能直接测量。因此，只好选取与它们相关的参数经过运算进行间接控制。由于化学反应过程总伴随有热效应，所以温度被广泛用作间接控制指标。出料浓度也常用来作为被控变量，如在合成氨生产中，可以取变换炉出口气体中的 CO 浓度作为被控变量。

② 物料和能量平衡　为了使反应器的操作能正常进行，必须维持整个反应器系统的物料平衡和能量平衡。为此，往往采用流量定值控制或比值控制维持物料平衡，采用温度控制维持能量平衡。另外，在有些反应系统中，为了维持浓度和物料平衡，需另设辅助控制系统自动放空或排放惰性气体。

③ 约束条件　与其他化工单元操作设备相比，反应器操作的安全性具有更重要的意义，这样就构成了反应器控制中的一系列约束条件。要防止反应器的工艺变量进入危险区域或不正常工况，应当配备一些报警、联锁装置或选择性控制系统，保证系统的安全。

由于反应器的结构、反应机理、传热情况等各不相同，适用场合、控制要求和控制难度也相差很大，因此反应器的控制方案不能一概而论，要具体情况具体分析。下面我们将围绕化学反应器几种控制指标介绍常见的反应器控制方案。

10.3.2　化学反应器的基本控制方案

温度是大多数反应器选用为间接反映质量指标的被控变量，这是因为温度和反应的转化率、收率、产量等密切相关，又容易测量，此外温度的控制还可使反应器的热量平衡。

值得一提的是，选取温度作为被控变量时，应当在其他许多参数，如物料的流量、进料浓度、反应压力等不变的条件下，才能正确反映质量指标。

（1）单回路温度控制系统

反应温度通常可以通过进料温度和载热体流量来控制。如图 10-20，釜式反应器经常通过调节进入预热器的热料温度来改变进入反应釜的物料温度，从而达到维持反应釜内温度恒定的目的。图 10-21 是通过调节冷却剂来稳定反应温度，冷却剂可采用强制循环，流量大、传热效果较好。单回路的温度控制方案结构简单易于实施，但控制通道较长，特别是聚合反应的大型反应器，传热慢，物料混合不均匀，控制效果不是特别理想。

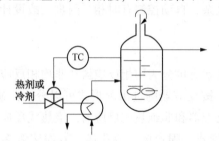
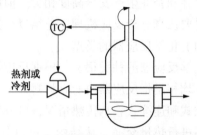

图 10-20　改变进料温度的单回路釜温控制　　　图 10-21　改变载热体流量的单回路釜温控制

（2）串级和前馈控制

反应器的温度控制通常采用载热体流量作为操纵变量，但它的控制通道大都比较长，串级控制和前馈的控制可以在此用于减少控制通道的时间常数和滞后。图 10-22 和图 10-23 分别是串级控制系统和前馈控制系统的控制方案。

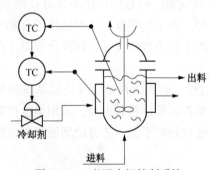
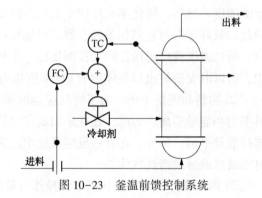

图 10-22　釜温串级控制系统　　　　　　图 10-23　釜温前馈控制系统

（3）比值控制系统

对某些放热反应，原料的浓度决定了化学反应的放热量，反应后温度越来越高。这时可以调节进料浓度来保证温度恒定，如硝酸生产中，进料氨气的浓度可以通过氨气和空气的单闭环比值控制来调节，控制方案见图 10-24。

（4）分程控制系统

有些反应过程，特别是间歇反应，在反应开始时需要用加热剂加热尽快达到反应温度，反应开始后放出大量热量，又需要用冷却剂把产生的热量移走以保证反应温度，这时采用分程控制最合适不过了。图 10-25 是分程控制方案，这种方案的缺点是加热到预定温度的过程较长，对反应热小的反应不大合适。

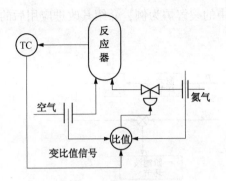

图 10-24 釜温比值控制系统

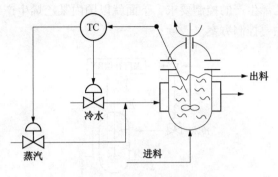

图 10-25 釜温分程控制系统

10.3.3 典型化学反应器控制应用举例

（1）聚氯乙烯反应器的自动控制

聚氯乙烯（polyvinyl chloride），简称 PVC，是世界上产量最大的塑料产品之一，价格便宜，应用广泛。它主要靠聚合反应完成，PVC 聚合反应机理复杂，是强放热反应，过程具有大滞后、大惯性、非线性等特点，聚合温度控制的效果将直接影响产品的质量及装置的正常运行，因此必须严格控制聚合釜温度，使其波动范围在指定温度的±0.2℃，以降低聚合度分散性。近年来，为降低成本，聚合反应釜的容积逐步向大型化发展，这也使得控制的时间常数和滞后不断加大。

某乙烯企业聚氯乙烯生产过程是这样的：冷搅拌 30min 后加热升温至反应所需温度，诱发聚合反应；通过改变循环水阀位开度来控制反应釜内温度到要求的范围内，反应釜压力低于出料压力（反应釜温度不变），方可出料。此处，循环水阀位开度调节的目的是为了带走放热反应的多余热量，控制反应釜内的温度。依据生产过程的特性，使用如图 10-26 的反应釜控制系统。以釜内温度作为主调变量，夹套水温作为副调变量构成串级控制系统，控制输出将调节循环水上水

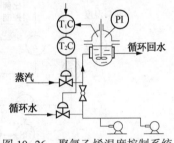

图 10-26 聚氯乙烯温度控制系统

阀的开度，循环水回水阀处于开启状态。同时，还应监控釜内压力的变化。系统中釜内温度是聚合釜上部与下部温度的平均值，夹套温度为夹套进口与出口温度的平均值。

有些企业，聚合釜容量特别大，热效应强，传热效果不够理想，加之 PVC 生产对釜内温度的要求特别高时，可采用具有压力补偿的温度控制，如图 10-27（a）所示。该系统用压力来补偿釜内温度，温度补偿环节 RY 的输入输出关系见图 10-27（b），若假设温度 T 与压力 p 呈线性关系，就可以用压力变化来预测温度的变化。此方案对大型聚合釜特别有效，可以快速跟踪反应不同阶段温度的变化。实际应用中，温度补偿可和单回路控制结合，也可和串级控制系统结合。

（2）乙烯裂解炉的自动控制

乙烯裂解炉是乙烯装置的核心部分，主要由热裂解部分、蒸汽系统和燃料气系统三大部分组成。裂解反应是高温吸热反应，常规的控制系统包括裂解气出口温度控制、原料流量控制和稀释蒸汽流量控制。原来大多数企业沿用的上述三个变量的单回路控制已不能满足大型

乙烯生产的控制要求，下面就以国内某乙烯生产装置中的裂解炉为例，介绍其改进应用后的主要控制方案。

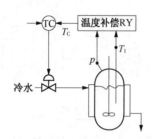

图 10-27(a) 具有压力被偿的釜温控制

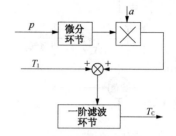

图 10-27(b) 压力被偿输入输出关系

图 10-28 为某乙烯裂解炉主要控制系统示意图，包含了以下几方面的控制。

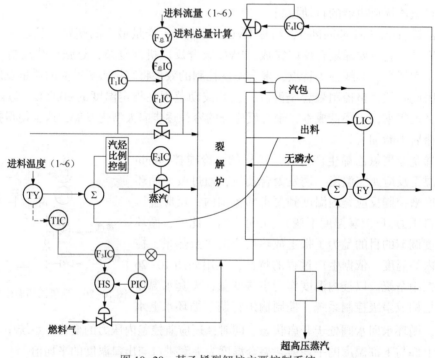

图 10-28　某乙烯裂解炉主要控制系统

① 进料流量控制　原料是通过 6 组炉管（图中只画了一组）分别进入裂解炉的，原料在裂解炉内被加热到热裂解的温度。6 组炉管出口的温度变送器，通过 TY 计算出 6 组炉管出口的平均温度 COT，与每组炉管的炉出口温度比较，其差值作为 T_1IC 的输入，再与原料进料管道的总量控制器 $F_总IC$ 相叠加去作为每组炉管进料流量控制器 F_1IC 的设定值。这种方案考虑到总进料量控制和单组炉管流量修正，保证所有炉管在同样的 COT 工况操作。COT 的输出和总进料流量控制器的输出一起作为单组炉管进料流量控制器的设定值，其中总进料流量控制器的输出值作为单组炉管进料流量控制器的设定值的主要因素。

② 稀释蒸汽比值控制　稀释蒸汽的加入可以减低烃分压并减少烃类原料在高温区的停留时间，有下述作用：

　　a. 稳定裂解温度，保护炉管防止过热；

　　b. 高温蒸汽的氧化性可以抑制原料中所含硫对炉管的腐蚀；

　　c. 蒸汽对铁和镍有氧化作用，可抑制它们对生炭反应的催化作用。

　　另外，汽/烃比值保持在设定值，可以减少炉管结焦，保证安全操作和经济合理地稀释蒸汽。每组炉管都设一套汽/烃比值控制，其控制系统如图 10-29 所示。

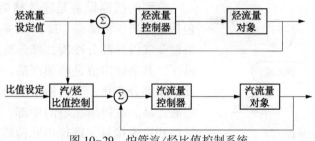

图 10-29　炉管汽/烃比值控制系统

　　③ COT& 燃烧超驰控制　COT 即平均炉出口温度控制，以 6 组炉管平均温度为基准，对每组炉管的流量控制器设定值进行再分配，使每组炉管与 COT 的差值最小，避免各种原因造成的各组炉管出口温度不均衡而出现"偏火"现象。在燃料气系统中，在燃料气总管上设置热值仪 QT，并设置压力超驰控制。在正常操作时，燃料气压力在正常范围内，自动选择流量控制；当燃料气压力低于正常范围时，自动选择压力控制，燃料气压力恢复到正常范围时，又自动选择流量控制。通过该控制，基本稳定了生产负荷。

　　④ 汽包液位控制　为了更好地回收裂解炉的燃料剩余热量，在每台裂解炉的顶部设有高压蒸汽包，锅炉给水通过进入裂解炉炉膛加热再进入高压蒸汽包。对于高压蒸汽包，无论是缺水还是满水，都会给生产和人身安全带来巨大损失，所以汽包液位的控制非常重要。汽包液位采用三冲量控制，三冲量是指汽包液位、锅炉给水量和出汽包的高压蒸汽量。三冲量控制实际是一个带前馈的串级控制。高压蒸汽量是前馈控制变量，它使锅炉给水流量控制阀超前动作减少了汽包液位的波动，使液位控制快速平稳。LIC 和 F_4IC 构成的串级可以快速克服由于锅炉给水量波动造成的汽包液位的波动。

　　裂解炉作为乙烯装置的关键设备，对后序装置的运行以及最终产品的质量和产量起着关键作用。裂解炉的控制中，大部分是复杂控制，各变量之间都有着一定的关联。如炉出口裂解气的温差影响着原料进量控制器的设定值，COT 控制器的输出又作为燃料气控制器的设定值。实际上，从前面的控制分析看，所有的控制都围绕着炉出口裂解气裂解深度这一关键控制变量，对延长裂解炉运行周期，提高乙烯产品的质量都有非常重要的意义。

§10.4　精馏塔的控制

10.4.1　概述

（1）精馏的原理

精馏是一种利用回流使液体混合物得到高纯度分离的一种传质过程，是工业上应用最广泛的液体混合物分离操作，广泛用于石油、化工、轻工、食品、冶金等部门。其主要原理是利用混合物中各组分挥发度的不同，使轻、重组分发生转移从而实现分离。

根据操作方式，精馏可分为连续精馏和间歇精馏；根据混合物的组分数，可分为二元精馏和多元精馏；根据是否在混合物中加入影响气液平衡的添加剂，可分为普通精馏和特殊精馏（包括萃取精馏、恒沸精馏和加盐精馏）。若精馏过程伴有化学反应，则称为反应精馏。

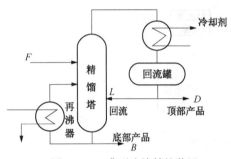

图 10-30　典型连续精馏装置

典型的精馏设备是连续精馏装置（图 10-30），包括精馏塔、再沸器、冷凝器等。位于塔顶的冷凝器使蒸气得到部分冷凝，部分凝液作为回流液返回塔顶，其余馏出液是塔顶产品。位于塔底的再沸器使液体部分汽化，蒸气沿塔上升，余下的液体作为塔底产品。进料加在塔的中部，整个精馏塔中，气液两相逆流接触，进行相际传质。进料口以上的塔段，把上升蒸气中易挥发组分进一步提浓，称为精馏段；进料口以下的塔段，从下降液体中提取易挥发组分，称为提馏段。两段操作的结合，使液体混合物中的两个组分较完全地分离，生产出所需纯度的两种产品。

精馏塔是精馏过程的关键设备，其对象通道多，内在机理复杂，动态响应迟缓，变量间耦合情况严重，而其控制的好坏直接影响到产品的产量、质量和能量消耗，因此精馏塔控制方案的确定一直受到人们的高度重视。

（2）精馏塔的控制要求

一般情况下　精馏塔的控制目标主要有以下几个方面：

① 产品质量指标控制　精馏塔塔顶或塔底产品之一应合乎规定的分离纯度，而另一端产品成分亦应维持在规定的范围内，以保证塔的稳定运行。在某些特定的条件下，也有要求塔顶和塔底产品均保证一定纯度的要求。因成分分析仪表的限制，目前仍多采用温度作为间接指标来控制产品质量。此外，在达到上述指标要求的前提下，尽量提高塔的生产率，节省能耗。

② 物料平衡控制　塔顶、塔底的平均采出量应等于平均进料量，而且这两个采出量的变动应该比较和缓，以维持塔的正常平稳操作，以及上下工序的协调工作。因此，精馏塔的控制方案中，必须对回流罐和塔釜液位进行控制，使其保持在规定范围之内。

③ 能量平衡控制　控制塔内压力恒定，对于维持塔内输入、输出能量的平衡，保证塔的平稳操作是非常必要的。

④ 约束条件控制　为保证精馏塔正常而安全地运行，必须使某些操作参数限制在约束的条件之内。如塔内气液两相流速控制在一定的范围内等。因此，针对不同的精馏塔，应选用不同的控制方案以满足工艺的要求。

（3）精馏塔的主要干扰因素

精馏塔的操作过程中，主要的干扰来自于以下几个方面：

① 进料　包括进料的流量、组分、温度及热焓。其中，进料的流量波动是不可避免的，直接影响产品质量，一般可采用进料量的定值单回路加以控制，或加装中间储罐或设置上一工序的均匀控制来减缓进料量的变化；进料组分的变化是不可控因素，由上一生产工序的生

产情况决定；进料温度及热焓的变化通常取决于进料的相态，可通过温度定值单回路使进料温度平稳，必要时可通过热焓控制维持恒定。

② 加热量和回流量的波动　蒸汽加热量和蒸汽速度与塔的经济性和效率密切相关，当加热剂压力波动引起加热量变化时，容易出现液泛。为此，如热剂是蒸汽，可在蒸汽总管设置压力控制系统，也可利用串级的副回路加以克服。对进入再沸器的蒸汽量，也可用流量单回路加以控制。

回流量的波动，会引起塔顶温度和塔顶组分含量变化，因此若非将回流量作为操纵变量，就希望它维持恒定。冷剂压力的波动会引起回流量变化，所以可对冷剂量做定值单回路控制。

③ 环境温度变化　当精馏塔的塔顶馏出物采用空冷的场合，环境温度的变化会使外回流液温度波动，从而影响塔的平稳操作。

精馏塔的控制系统设计应结合以上控制要求和主要干扰，具体情况具体分析，得到最适合的控制方案。

10.4.2　精馏塔的基本控制方案

精馏塔的控制目的是塔顶或塔底馏出物符合纯度要求，而因为成分分析仪表价格昂贵、反应缓慢、可靠性差、维护保养复杂，在使用上受到了一定限制。工业中，当塔压恒定时经常使用温度作为间接指标来控制质量，所以塔顶温度 T_D 和塔底温度 T_B 就成了被控变量之一。

此外，为维护全塔物料平衡，回流量 LD 和塔底液位 LB 也成为必须控制的变量。影响以上四个被控变量的主要因素：塔顶及塔底产品量 D 和 B、回流量 L 和塔底上升蒸气量 V 就成了操纵变量。塔压恒定并且在一定的简化条件下，精馏塔的控制问题如图 10-31 所示。其中，依据不同情况，温度的控制也常选为灵敏板温度控制。所谓灵敏板，是指受到干扰重新达到稳定状态后，温度变化最大的那块塔板。

在这些变量中，选定一种变量配对，就构成一种精馏塔的控制方案，在不同场合，不同要求下，精馏塔可以有非常多种控制方案，以下我们只介绍一些常见的原则方案。

（1）压力控制

需要再次强调的是，选用温度为质量控制指标，是在塔压恒定的条件下，此外，压力的变化还会引起塔顶气液平衡条件的变化从而导致塔内物料失衡。可见，压力恒定是保证物料平衡和产品质量的重要前提。精馏塔往往采用塔压为被控变量，冷凝器的冷剂量为操纵变量构成单回路来控制塔压恒定，如图 10-32 所示。

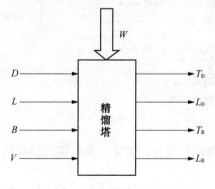

图 10-31　精馏塔控制问题描述

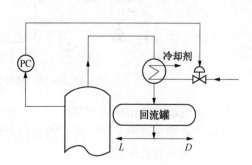

图 10-32　精馏塔压力控制

（2）精馏段质量指标的控制

若塔顶馏出液为主要产品，或全部为气相进料时，可用精馏段的温度为被控变量来控制精馏段产品质量，因为气相进料时，进料量的变化首先影响到塔顶组分，而提馏段温度不能很快反映质量的变化。即图 10-31 中，输出量 T_B（通常选灵敏板温度）为被控变量，L_D 和 L_B 则用以维持物料平衡。常见的方案有两种，一是如图 10-33 所示，在 L、D、B、V 四个输入中以回流量 L 为操纵变量控制产品质量，上升蒸气量 V 恒定，用 D 和 B 按回流罐和塔底物料平衡关系由液位控制器加以控制，同时保持进料流量稳定。该方案直接控制塔内能量平衡关系以控制分离精度，故也称为精馏段能量平衡控制方案。该方案的特点是控制作用滞后小，对进入精馏段的干扰能迅速克服。精馏段质量指标控制的另一方案，则是以 D 为操纵变量，用 L 和 B 控制液位，其他控制系统不变，方案见图 10-34。此方案通过调整全塔物料平衡关系以控制塔顶产品质量，又称为精馏段物料平衡控制方案。相对而言，该方案控制回路滞后较大，但有利于全塔的平稳操作。

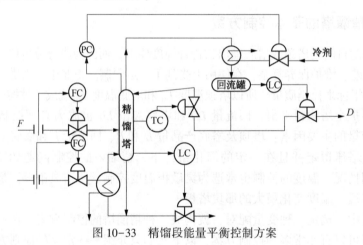

图 10-33 精馏段能量平衡控制方案

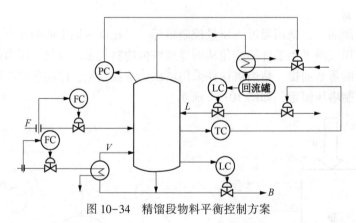

图 10-34 精馏段物料平衡控制方案

（3）提馏段质量指标的控制

若以塔底馏出液为主要产品，或进料为液相时，常用这类控制方案。和精馏段的控制类似，这类方案通常有两种。

其一，以提馏段塔板温度为被控变量，加热蒸汽量为操纵变量构成主要控制系统；回流量和进料量维持恒定；D 和 B 按回流罐和塔底物料平衡关系由液位控制器加以控制，控制系统见图 10-35。显然，这个方案通过控制加热蒸汽量直接调整塔内的能量平衡以控制产品纯度，又称提馏段能量平衡控制方案。由于蒸汽量对提馏段温度影响通道较短，所以此方案控制滞后较小，反应迅速，能较好克服进入提馏段的扰动。要注意的是，此时回流量采用定值控制且回流量应足够大。否则当塔的负荷变化时容易引起液泛，造成塔的异常操作。

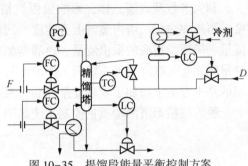

图 10-35 提馏段能量平衡控制方案

其二，以提馏段塔板温度为被控变量，塔底采出量 B 为操纵变量构成主要控制系统；回流量和进料量维持恒定；D 和 V 按回流罐和塔底物料平衡关系由液位控制器加以控制，控制系统见图 10-36，又称提馏段物料平衡控制方案。该方案的优点是当采出量 B 较少时，操作较平稳，采出量不符合要求时，会自动暂停出料，缺点是控制滞后较大。

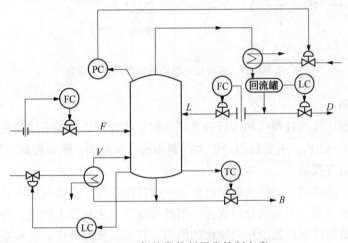

图 10-36 提馏段物料平衡控制方案

当精馏塔塔顶和塔底产品都需要符合一定质量要求时，可以分别采用精馏段和提馏段温度对质量指标加以控制。只用一端产品质量控制的方案，也可以使另一端产品符合要求，但此时回流比消耗较大，能量消耗和操作成本都增加。

10.4.3 精馏塔控制应用举例

某乙烯厂气分装置有脱丙烷精馏塔，其任务是通过塔内精馏传质过程，切割 C_3 和 C_4 混合馏分，塔顶关键组分是丙烷，塔釜关键组分是丁二烯，两端馏出产品分别达到规定的纯度并作为后续工序的进料。

脱丙烷塔的控制精度较高，一般要求两端组分的工艺操作指标为 99%，同时应当尽量提高产品的回收率，以获得较高的产量；尽量节约能源，使精馏过程中消耗的能源最少。因此，该精馏塔的控制目标总体上讲，是满足两端质量指标、物料平衡、约束条件及尽量节能。

和大多数精馏塔一样，影响脱丙烷精馏操作的主要因素有：进料流量、成分，进料温度，再沸加热量，塔内蒸汽上升速度，回流量，塔顶、塔底的采出量等。可操作变量有进料流量、塔顶及塔底的采出流量、再沸器加热量等。在实际生产过程中，进入塔的扰动较多，变量间相互关联并要考虑前后工序的统筹兼顾，且控制要求高，故该塔的控制方案在前述介绍的基本方案上增加了较多复杂控制，现对其采用的控制系统介绍如下。

脱丙烷精馏塔两端质量控制系统如图 10-37 所示。

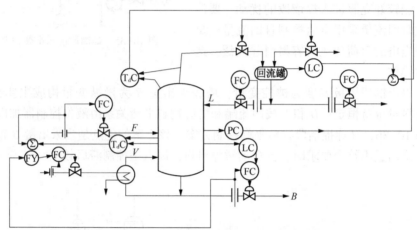

图 10-37　脱丙烷精馏塔两端质量控制系统

（1）塔压控制

塔压恒定是保证传质过程顺利进行的重要参数，此处塔压控制采用的是分程控制，压力控制器同时控制 V_1 和 V_2，主要目的是扩大控制阀的可调范围，改善控制品质。

（2）精馏段温度控制

为满足塔顶产品质量，同样选取温度作为间接控制变量，但此时由于对产品纯度要求很高，塔压的微小波动都会引起成分的变化，因此在这类精密精馏系统中，通常采用塔顶附近塔板和灵敏板的温差控制以抵消压力变化的影响。在操纵变量方面，选取塔顶流出量构成精馏段物料平衡控制系统。为更好克服采出量 D 的扰动，以 D 为副变量应用了温差和采出流量 D 的串级控制，同时引入回流罐液位作为前馈信号，它反映回流量和馏出量之和 $L+D$，组成前馈-串级系统。在控制器参数整定时，使该控制系统起到均匀控制的作用，同时达到控制精馏段产品质量和稳定下一工序输入量的作用。

（3）提馏段温度控制

类似地，提馏段的质量指标控制选取塔釜温差为主被控变量，以再沸器加热量为副变量，引入进料量 F 为前馈信号，构成前馈-串级控制系统，综合考虑了塔压、加热量和进料量等扰动对塔釜产品质量的影响，达到较好的控制效果。

（4）塔釜液位控制与节能控制

以塔釜液位为主被控变量，塔底采出量 B 为副变量组成串级均匀控制系统满足塔釜液位的控制要求。此外，将塔底温差和采出量、再沸器加热量通过 FY 计算构成变比值控制系统，可使精馏操作随着回流比和控制质量的变化调节蒸汽量和采出量之比，起到节能作用。

（5）其他控制系统

为保证进料稳定和物料平衡，对进料量和回流量分别采用简单控制系统加以控制。

该方案是两端产品指标的控制方案，投用后控制质量较好，两端产品均能达到 99% 的纯度要求。统计表明，由于回流比由原设计值下降 0.4 左右，加热蒸汽量与塔底采出量之比也下降了约 0.1，取得明显的节能效果。

§10.5　生化过程的控制

生化过程是由生物参与的各种反应、分离、纯化等制备和处理过程，它涉及生物学、生物化学、化学工程等学科，是一处众多学科交叉的领域。生物工程的许多成果，需要经过生化工业转化为工业产品，因此生化工业在国民生活和国民经济中占有越来越重要的地位。发酵是生物工程和生化工程的基础，尤其是在新的生化工程领域，如抗生素生产、废水生物处理以及酶制剂、食物蛋白的生产等，发展特别迅速。

生化过程机理复杂，其初期、中期、终止期的过程机理都不同，生化过程对外部环境要求较高，参数间互相关联，而控制要求通常又较高，控制起来难度比较大。生化过程中，有许多物流需要定量输送，如压缩空气、流加物料等，这就要求流量控制；随着微生物的生长会产生大量泡沫，从而降低反应器体积的利用率，这就需要进行消泡控制；生化反应的温度是生物生长成型的重要参数，所以就要有温度控制。这些用温度、流量、罐压、泡沫以及 pH 值、溶解氧等的控制，就构成了生化过程的主要控制系统。

10.5.1　生化过程的主要控制系统

（1）流量控制

流量控制系统是生化过程最常见的控制系统之一，包括进入空气流量、培养基流量和补料流量的控制。进入生化反应釜的空气流量一般可采用定值单回路控制；培养基流量控制一般采用定值控制或累积量计量控制；补料控制是单回路的流量控制，本身结构是比较简单的，但补料控制的设定值是随着发酵时间、生物生长和代谢情况而定的，是一条优化参考轨迹，并要根据发酵情况不断修正，因此补料控制对于缺乏经验的操作人员来说，较难获得较好的代谢产物。

（2）压力控制

主要是指发酵罐的压力控制，采用简单的定值控制即可。提高发酵罐压力有利于增大溶氧浓度，但也使二氧化碳浓度增大。要注意的是，发酵罐压力和罐内空气量的相互关联严重，这两个控制回路不宜同时使用。

（3）生化反应釜温度控制

对于特定的微生物，都有适宜的生长温度，所以生化反应釜（发酵罐）的温度是一个很重要的生物生长环境参数，在生化反应过程中是必须加以严格控制的。影响反应温度的主要因素有发酵热、冷却水温度变化及电机搅拌热等。控制方案上一般选反应温度为被控变量，冷水流量为控制变量，对于小型反应釜可采用单回路进行控制，如图 10-38 所示；对于大型生化反应器系统，则以夹套或盘管冷却水温度为副变量构成串级控制，如图 10-39 所示。

因该过程容量滞后较大，多数采用 PID 控制规律。

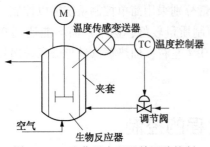

图 10-38　生化反应釜温单回路控制

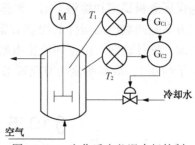

图 10-39　生化反应釜温串级控制

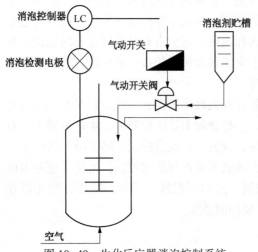

图 10-40　生化反应器消泡控制系统

（4）消泡控制

发酵过程中，由于通气、搅拌、代谢气体逸出等原因，会产生大量泡沫，给发酵造成困难，并易使泡沫夹带发酵液从排气管道溢出，形成"逃液"等不良后果。消泡的方法有机械消泡法和化学消泡法。机械消泡是用机械力破碎泡沫，化学消泡是加入消泡剂，是发酵生产中常用的一种方法。化学消泡剂在消泡的同时会产生一系列不良的副作用，因此必须控制加入量。消泡控制就是根据泡沫的多少（即泡沫液面的高低）控制消泡剂的加入量，实质是一个液位控制系统，详见图 10-40。消泡控制器通常采用双位式控制算法，其控制规律为：

$$u(t)=\begin{cases} u_{max}, & e(t)\geq e_{H} \\ u_{max}\text{或}\ u_{min}, & e_{L}<e(t)<e_{H} \\ u_{min}, & e(t)\leq e_{L} \end{cases} \tag{10-14}$$

式中，e_{H} 为偏差高限；e_{L} 为偏差低限。

双位控制是用于消泡控制的简单易行且行之有效的方法。控制中还可对加入的消泡剂进行计量，以便控制消泡剂总量和进行相关核算。

（5）pH 值控制

pH 值与代谢过程的进行和代谢产物的合成密切相关。工业生产上，当 pH 值偏低时可加入氨水，而 pH 值偏高时，反应初期，可适当增加糖的补加量，一般没有其他的控制手段。所以 pH 值的控制是以 pH 值为被控变量，加入的酸量或碱量为操纵变量，组成单回路控制，控制系统见图 10-41。

在 pH 控制中，要注意对 pH 值的监控并设定上、下限报警，以防止控制系统故障，如调节阀故障对生化反应的影响。

（6）溶氧浓度控制

在耗氧型生化反应中，必须保持一定的溶解氧浓度，若供氧不足会抑制微生物的生长和代谢的进行。溶氧浓度受耗氧和传氧双方面的影响。从耗氧上看，当溶氧浓度降低时，可减

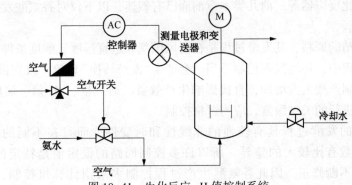

图 10-41　生化反应 pH 值控制系统

少补糖以适当降低生物生长速率，从这种意义上，溶氧浓度可作为补料控制的依据。从传氧角度来讲，影响溶解氧浓度的主要因素有供给的空气量、搅拌桨转速和反应器压力。在发酵罐压力有自动控制的情况下，可认为罐内压力恒定不变，故溶氧浓度可通过供给的空气量和搅拌速度来调节。

图 10-42 是采用串级控制，通过空气流量控制溶氧浓度。这种方法投资和运转成本较低，基本能满足控制要求。但在空气流速较大时效果不明显，且易产生泡沫、影响温度变化。

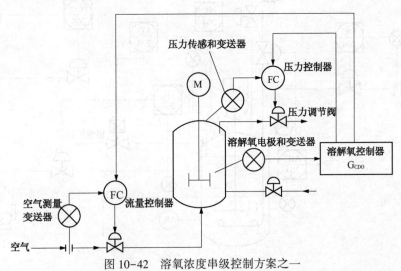

图 10-42　溶氧浓度串级控制方案之一

图 10-43 同样采用串级控制，但却通过改变搅拌转速来控制溶氧浓度。这种方法可使通入的气泡充分破碎，增大有效接触面积，提高了供氧能力，控制效果较好，也没有什么副作用。但调速机构成本较高，需视情况采用。

10.5.2　生化过程控制举例

生化过程的常见对象有各类换热器、精馏塔、流

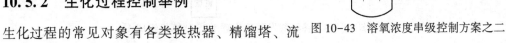

图 10-43　溶氧浓度串级控制方案之二

体输送设备和生化反应器等。前几类本章前面已有叙述，以下仅对谷氨酸发酵反应器的控制系统做简单介绍。

谷氨酸是味精的原料，其发酵过程是在通风供氧和适宜温度、酸度条件下缓慢进行的生化过程。发酵过程中，环境因素控制不当，会产生"发酵转换"现象，改变微生物代谢途径，导致产量锐减，副产酸大大增加，直接影响生产效益。通风量、pH 值、温度、适当的补糖是保证发酵正常进行的关键因素，应当严格控制。

由于谷氨酸的发酵过程具有较强的非线性和时变性，而且在不同的微生物生长期，所需要的环境参数有比较大的差异，所以许多控制回路的设定值是特定的时间函数并需要根据发酵情况不断修正。因此谷氨酸生产过程控制多采用计算机控制，以便更好地实现上述要求。

图 10-44 是某大型谷氨酸发酵反应罐的控制系统图，图中包含了前面介绍的六个控制系统，即空气流量控制（FIC）、pH 值控制（AIC）、罐压控制（PIC）、消泡控制（LC）、温度控制（TIC）和补料控制（FOC），均由单回路控制系统实现控制，并对罐内 pH 值进行实时记录。整个控制过程和数据采集与分析、自动改变设定值、最佳工况设置等均由 DCS 完成，并可实现对产酸的预测以及染菌状况的分析预报，其计算机组成简图如图 10-45 所示。

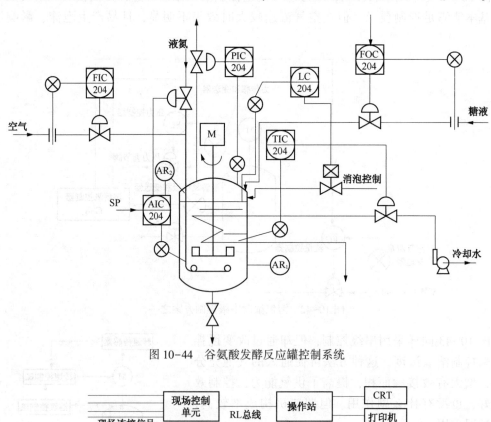

图 10-44 谷氨酸发酵反应罐控制系统

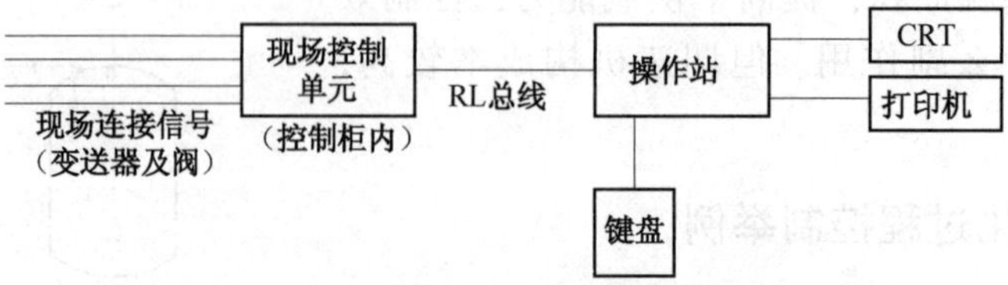

图 10-45 谷氨酸发酵反应罐 DCS 计算机组成图

习题与思考题

1. 离心泵的流量控制方案有哪几种？其特点和适用场合是什么？

2. 往复泵的控制方案有哪些？和离心泵有什么不同？

3. 什么是离心式压缩机的喘振现象？产生的原因是什么？

4. 简述离心式压缩机的两种防喘振控制方案，并比较其特点。

5. 长输管线的特点和类型是什么？

6. 传热的方式和工业生产的传热目的主要有哪些？

7. 一般传热设备的控制方案有哪些，比较其特点及适用场合。

8. 试根据以下情况分别设计加热炉出口温度控制系统，并绘制控制流程图。

(1) 原料的流量或压力波动较大；

(2) 燃料油管道压力波动较大；

(3) 燃料油入口温度波动较大。

9. 化学反应器的控制要求是什么？

10. 反应器的温度控制方案有哪些？都常用在什么地方？

11. 精馏塔的自动控制有哪些基本要求？

12. 精馏塔的主要干扰因素有哪些？什么时候要采用温差控制？

13. 精馏塔的质量指标控制方案有哪些？简述其适用场合。

14. 生化过程有什么特点？

15. 生化过程主要的控制系统有哪些？

附　录

附录1　压力单位换算表

压力单位	帕 Pa	工程大气压 kgf/cm²	物理大气压 atm	毫米汞柱 mmHg	毫米水柱 mmH₂O	巴 bar
帕 Pa	1	1.01197×10^{-5}	9.869×10^{-6}	7.501×10^{-3}	1.0197×10^{-1}	1×10^{-5}
工程大气压 kgf/cm²	9.807×10^{4}	1	0.96778	735.6	1×10^{4}	0.9807
物理大气压 atm	1.0133×10^{5}	1.0332	1	760	1.033×10^{4}	1.0133
毫米汞柱 mmHg	1.3332×10^{2}	1.3595×10^{-3}	1.3158×10^{-3}	1	13.595	1.3332×10^{-3}
毫米水柱 mmH₂O	9.806	1×10^{-4}	0.9678×10^{-4}	0.07355	1	0.9806×10^{-4}
巴 bar	1×10^{5}	1.0197	0.9869	750.1	1.0197×10^{4}	1

附录2　常用压力表规格型号

名　称	型　号	结　构	测量范围/MPa	精度等级
普通弹簧管压力表	Y-60	径向	$-0.1\sim0$, $0\sim0.1$, $0\sim0.25$, $0\sim0.4$, $0\sim0.6$, $0\sim1$, $0\sim1.6$, $0\sim2.5$, $0\sim4$, $0\sim6$	2.5
	Y-60T	径向带后边		
	Y-60Z	轴向无边		
	Y-60ZQ	轴向带前边		
	Y-100	径向	$-0.1\sim0$, $-0.1\sim0.06$, $-0.1\sim0.15$, $-0.1\sim0.3$, $-0.1\sim0.5$, $-0.1\sim0.9$, $-0.1\sim1.5$, $-0.1\sim2.4$, $0\sim0.1$, $0\sim0.16$, $0\sim0.25$, $0\sim0.4$, $0\sim0.6$, $0\sim1$, $0\sim1.6$, $0\sim2.5$, $0\sim4$, $0\sim6$	1.5
	Y-100T	径向带后边		
	Y-100TQ	轴向带前边		
	Y-150	径向		

续表

名　称	型　号	结　构	测量范围/MPa	精度等级
普通弹簧管压力表	Y-150T	径向带后边	同上	1.5
	Y-150TQ	轴向带前边		
	Y-100	径向	0~10, 0~16, 0~25, 0~40, 0~60	
	Y-100T	径向带后边		
	Y-100TQ	轴向带前边		
	Y-150	径向		
	Y-150T	径向带后边		
	Y-150TQ	轴向带前边		
电接点压力表	YX-150	径向	-0.1~0.1, -0.1~0.15, -0.1~0.3, -0.1~0.5, -0.1~0.9, -0.1~1.5, -0.1~2.4, 0~0.1, 0~0.16, 0~0.25, 0~0.4, 0~0.6, 0~1, 0~1.6, 0~2.5, 0~4, 0~6	1.5
	YX-150TQ	轴向带前边		
	YX-150A	径向	0~10, 0~16, 0~25, 0~40, 0~60	
活塞式压力计	YS-2.5	台式	-0.1~0.25	0.02 0.05
	YS-6	台式	0.04~0.6	
	YS-60	台式	0.1~6	
	YS-600	台式	0~60	

附录3　镍铬-镍硅(镍铬-镍铝)热电偶分度表

分度号 K　　　　　　　　　　　　　　　　　　　参考端温度为 0℃, E/mV

℃	0	1	2	3	4	5	6	7	8	9
-50	-1.889	-1.925	-1.961	-1.996	-2.032	-2.067	-2.102	-2.137	-2.173	-2.208
-40	-1.527	-1.563	-1.600	-1.636	-1.673	-1.709	-1.745	-1.781	-1.817	-1.853
-30	-1.156	-1.193	-1.231	-1.268	-1.305	-1.342	-1.379	-1.416	-1.453	-1.490
-20	-0.777	-0.816	-0.854	-0.892	-0.930	-0.968	-1.005	-1.043	-1.081	-1.118
-10	-0.392	-0.431	-0.469	-0.508	-0.547	-0.585	-0.624	-0.662	-0.701	-0.739
-0	0	-0.039	-0.079	0.118	-0.157	-0.197	0.236	-0.275	-0.314	-0.353
0	0	0.039	0.079	0.119	0.158	0.198	0.238	0.277	0.317	0.357
10	0.397	0.437	0.477	0.517	0.557	0.597	0.637	0.677	0.718	0.758
20	0.798	0.838	0.879	0.919	0.960	1.000	1.041	1.081	1.122	1.162
30	1.203	1.244	1.285	1.325	1.366	1.407	1.448	1.489	1.529	1.570
40	1.611	1.652	1.693	1.734	1.776	1.817	1.858	1.899	1.940	1.981
50	2.022	2.064	2.105	2.146	2.188	2.229	2.270	2.312	2.353	2.394

℃	0	1	2	3	4	5	6	7	8	9
60	2.436	2.477	2.519	2.560	2.601	2.643	2.684	2.726	2.767	2.809
70	2.850	2.892	2.933	2.875	3.016	3.058	3.100	3.141	3.183	3.224
80	3.266	3.307	3.349	3.390	3.432	3.473	3.515	3.556	3.598	3.639
90	3.681	3.722	3.764	3.805	3.847	3.888	3.930	3.971	4.012	4.054
100	4.095	4.137	4.178	4.219	4.261	4.302	4.343	4.384	4.426	4.467
110	4.508	4.549	4.590	4.632	4.673	4.714	4.755	4.796	4.837	4.878
120	4.919	4.960	5.001	5.042	5.083	5.124	5.164	5.205	5.246	5.287
130	5.327	5.368	5.409	5.450	5.490	5.531	5.571	5.612	5.652	5.693
140	5.733	5.774	5.814	5.855	5.895	5.936	5.976	6.016	6.057	6.097
150	6.137	6.177	6.218	6.258	6.298	6.338	6.378	6.419	6.459	6.499
160	6.539	6.579	6.619	6.659	6.699	6.739	6.779	6.819	6.859	6.899
170	6.939	6.979	7.019	7.059	7.099	7.139	7.179	7.219	7.259	7.299
180	7.338	7.378	7.418	7.458	7.498	7.538	7.578	7.618	7.658	7.697
190	7.737	7.777	7.817	7.857	7.897	7.937	7.977	8.017	8.057	8.097
200	8.137	8.177	8.216	8.256	8.296	8.336	8.376	8.416	8.456	8.497
210	8.537	8.577	8.617	8.657	8.697	8.737	8.777	8.817	8.857	8.898
220	8.938	8.978	9.018	9.058	9.099	9.139	9.179	9.220	9.260	9.300
230	9.341	9.381	9.421	9.462	9.502	9.543	9.583	9.624	9.664	9.705
240	9.745	9.786	9.826	9.867	9.907	9.948	9.989	10.029	10.070	10.111
250	10.151	10.192	10.233	10.274	10.315	10.355	10.396	10.437	10.478	10.519
260	10.560	10.600	10.641	10.882	10.723	10.764	10.805	10.848	10.887	10.928
270	10.969	11.010	11.051	11.093	11.134	11.175	11.216	11.257	11.298	11.339
280	11.381	11.422	11.463	11.504	11.545	11.587	11.628	11.669	11.711	11.752
290	11.793	11.835	11.876	11.918	11.959	12.000	12.042	12.083	12.125	12.166
300	12.207	12.249	12.290	12.332	12.373	12.415	12.456	12.498	12.539	12.581
310	12.623	12.664	12.706	12.747	12.789	12.831	12.872	12.914	12.955	12.997
320	13.039	13.080	13.122	13.164	13.205	13.247	13.289	13.331	13.372	13.414
330	13.456	13.497	13.539	13.581	13.623	13.665	13.706	13.748	13.790	13.832
340	13.874	13.915	13.957	13.999	14.041	14.083	14.125	14.167	14.208	14.250
350	14.292	14.334	14.376	14.418	14.460	14.502	14.544	14.586	14.628	14.670
360	14.712	14.754	14.796	14.838	14.880	14.922	14.964	15.006	15.048	15.090
370	15.132	15.174	15.216	15.258	15.300	15.342	15.394	15.426	15.468	15.510
380	15.552	15.594	15.636	15.679	15.721	15.763	15.805	15.847	15.889	15.931
390	15.974	16.016	16.058	16.100	16.142	16.184	16.227	16.269	16.311	16.353

续表

℃	0	1	2	3	4	5	6	7	8	9
400	16. 395	16. 438	16. 480	16. 522	16. 564	16. 607	16. 649	16. 691	16. 733	16. 776
410	16. 818	16. 860	16. 902	16. 945	16. 987	17. 029	17. 072	17. 114	17. 156	17. 199
420	17. 241	17. 283	17. 326	17. 368	17. 410	17. 453	17. 495	17. 537	17. 580	17. 622
430	17. 664	17. 707	17. 749	17. 792	17. 834	17. 876	17. 919	17. 961	18. 004	18. 046
440	18. 088	18. 131	18. 173	18. 216	18. 258	18. 301	18. 343	18. 385	18. 428	18. 470
450	18. 513	18. 555	18. 598	18. 640	18. 683	18. 725	18. 768	18. 810	18. 853	18. 896
460	18. 938	18. 980	19. 023	19. 065	19. 108	19. 150	19. 193	19. 235	19. 278	19. 320
470	19. 363	19. 405	19. 448	19. 490	19. 533	19. 576	19. 618	19. 661	19. 703	19. 746
480	19. 788	19. 831	19. 873	19. 916	19. 959	20. 001	20. 044	20. 086	20. 129	20. 172
490	20. 214	20. 257	20. 299	20. 342	20. 385	20. 427	20. 470	20. 512	20. 555	20. 598
500	20. 640	20. 683	20. 725	20. 768	20. 811	20. 853	20. 896	20. 938	20. 981	21. 024
510	21. 066	21. 109	21. 152	21. 194	21. 237	21. 280	21. 322	21. 365	21. 407	21. 450
520	21. 493	21. 535	21. 578	21. 621	21. 663	21. 706	21. 749	21. 791	21. 834	21. 876
530	21. 919	21. 962	22. 004	22. 047	22. 090	22. 132	22. 175	22. 218	22. 260	22. 303
540	22. 346	22. 388	22. 431	22. 473	22. 516	22. 559	22. 601	22. 644	22. 687	22. 729
550	22. 772	22. 815	22. 857	22. 900	22. 942	22. 985	23. 028	23. 070	23. 113	23. 156
560	23. 198	23. 241	23. 284	23. 326	23. 369	23. 411	23. 454	23. 497	23. 539	23. 582
570	23. 624	23. 667	23. 710	23. 752	23. 795	23. 837	23. 880	23. 923	23. 965	24. 008
580	24. 050	24. 093	24. 136	24. 178	24. 221	24. 263	24. 306	24. 348	24. 391	24. 434
590	24. 476	24. 519	24. 561	24. 604	24. 646	24. 689	24. 731	24. 774	24. 817	24. 859
600	24. 902	24. 944	24. 987	25. 029	25. 072	25. 114	25. 157	25. 199	25. 242	25. 284
610	25. 327	25. 369	25. 412	25. 454	25. 497	25. 539	25. 582	25. 624	25. 666	25. 709
620	25. 751	25. 794	25. 836	25. 879	25. 921	25. 964	26. 006	26. 048	26. 091	26. 133
630	26. 176	26. 218	26. 260	26. 303	26. 345	26. 387	26. 430	26. 472	26. 515	26. 557
640	26. 599	26. 642	26. 684	26. 726	26. 769	26. 811	26. 853	26. 896	26. 938	26. 980
650	27. 022	27. 065	27. 107	27. 149	27. 192	27. 234	27. 276	27. 318	27. 361	27. 403
660	27. 445	27. 487	27. 529	27. 572	27. 614	27. 656	27. 698	27. 740	27. 783	27. 825
670	27. 867	27. 909	27. 951	27. 993	28. 035	28. 078	28. 120	28. 162	28. 204	28. 246
680	28. 288	28. 330	28. 372	28. 414	28. 456	28. 498	28. 540	28. 583	28. 625	28. 667
690	28. 709	28. 751	28. 793	28. 835	28. 877	28. 919	28. 961	29. 002	29. 044	29. 086
700	29. 128	29. 170	29. 212	29. 264	29. 296	29. 338	29. 380	29. 422	29. 464	29. 505
710	29. 547	29. 589	29. 631	29. 673	29. 715	29. 756	29. 798	29. 840	29. 882	29. 924
720	29. 965	30. 007	30. 049	30. 091	30. 132	30. 174	30. 216	20. 257	30. 299	30. 341
730	30. 383	30. 424	30. 466	30. 508	30. 549	30. 591	30. 632	30. 674	30. 716	30. 757

℃	0	1	2	3	4	5	6	7	8	9
740	30.799	30.840	30.882	30.924	30.965	31.007	31.048	31.090	31.131	31.173
750	31.214	31.256	31.297	31.339	31.380	31.422	31.463	31.504	31.546	31.587
760	31.629	31.670	31.712	31.753	31.794	31.836	31.877	31.918	31.960	32.001
770	32.042	32.084	32.125	32.166	32.207	32.249	32.290	32.331	32.372	32.414
780	32.455	32.496	32.537	32.578	32.619	32.661	32.702	32.743	32.784	32.825
790	32.866	32.907	32.948	32.990	33.031	33.072	33.113	33.154	33.195	33.236
800	33.277	33.318	33.359	33.400	33.441	33.482	33.523	33.564	33.606	33.645
810	33.686	33.727	33.768	33.809	33.850	33.891	33.931	33.972	34.013	34.054
820	34.095	34.136	34.176	34.217	34.258	34.299	34.339	34.380	34.421	34.461
830	34.502	34.543	34.583	34.624	34.665	34.705	34.746	34.787	34.827	34.868
840	34.909	34.949	34.990	35.030	35.071	35.111	35.152	35.192	35.233	35.273
850	35.314	35.354	35.395	35.435	35.476	35.516	35.557	35.597	35.637	35.678
860	35.718	35.758	35.799	35.839	35.880	35.920	35.960	36.000	36.041	36.081
870	36.121	36.162	36.202	36.242	36.282	36.323	36.363	36.403	36.443	36.483
880	36.524	36.564	36.604	36.644	36.684	36.724	36.764	36.804	36.844	36.885
890	36.925	36.965	37.005	37.045	37.085	37.125	37.165	37.205	37.245	37.285
900	37.325	37.365	37.405	37.443	37.484	37.524	37.564	37.604	37.644	37.684
910	37.724	37.764	37.833	37.843	37.883	37.923	37.963	38.002	38.042	38.082
920	38.122	38.162	38.201	38.241	38.281	38.320	38.360	38.400	38.439	38.479
930	38.519	38.558	38.598	38.638	38.677	38.717	38.756	38.796	38.836	38.875
940	38.915	38.954	38.994	39.033	39.073	39.112	39.152	39.191	39.231	39.270
950	39.310	39.349	39.388	39.428	39.467	39.507	39.546	39.585	39.625	39.664
960	39.703	39.743	39.782	39.821	39.861	39.900	39.939	39.979	40.018	40.057
970	40.096	40.136	40.175	40.214	40.253	40.292	40.332	40.371	40.410	40.449
980	40.488	40.527	40.566	40.605	40.645	40.634	40.723	40.762	40.801	40.840
990	40.879	40.918	40.957	40.996	41.035	41.074	41.113	41.152	41.191	41.230
1000	41.269	41.308	41.347	41.385	41.424	41.463	41.502	41.541	41.580	41.619
1010	41.657	41.696	41.735	41.774	41.813	41.851	41.890	41.929	41.968	42.006
1020	42.045	42.084	42.123	42.161	42.200	42.239	42.277	42.316	42.355	42.393
1030	42.432	42.470	42.509	42.548	42.586	42.625	42.663	42.702	42.740	42.779
1040	42.817	42.856	42.894	42.933	42.971	43.010	43.048	43.087	43.125	43.164
1050	43.202	43.240	43.279	43.317	43.356	43.394	43.432	43.471	43.509	43.547
1060	43.585	43.624	43.662	43.700	43.739	43.777	43.815	43.853	43.891	43.930
1070	43.968	44.006	44.044	44.082	44.121	44.159	44.197	44.235	44.273	44.311

℃	0	1	2	3	4	5	6	7	8	9
1080	44.349	44.387	44.425	44.463	44.501	44.539	44.577	44.615	44.653	44.691
1090	44.729	44.767	44.805	44.843	44.881	44.919	44.957	44.995	45.033	45.070
1100	45.108	45.146	45.184	45.222	45.260	45.297	45.335	45.373	45.411	45.448
1110	45.486	45.524	45.561	45.599	45.637	45.675	45.712	45.750	45.787	45.825
1120	45.863	45.900	45.938	45.975	46.013	46.051	45.088	46.126	46.163	46.201
1130	46.238	46.275	46.313	46.350	46.388	46.425	46.463	46.500	46.537	46.575
1140	46.612	46.649	46.687	46.724	46.761	46.799	46.836	46.873	46.910	46.948
1150	46.985	47.022	47.059	47.096	47.134	47.171	47.208	47.245	47.282	47.319
1160	47.356	47.393	47.430	47.468	47.505	47.542	47.579	47.616	47.653	47.689
1170	47.726	47.7628	47.800	47.837	47.874	47.911	47.948	47.985	48.021	48.058
1180	48.095	48.132	48.169	48.205	48.242	48.279	48.316	48.352	48.389	48.426
1190	48.462	48.499	48.536	48.572	48.609	48.645	48.682	48.718	48.755	48.792
1200	48.828	48.865	48.901	48.937	48.974	49.010	49.047	49.083	49.120	49.156
1210	49.192	49.229	49.265	49.301	49.338	49.374	49.410	49.446	49.483	49.519
1220	49.555	49.591	49.627	49.663	49.700	49.736	49.772	49.808	49.844	49.880
1230	49.916	49.952	49.988	50.024	50.060	50.096	50.132	50.168	50.204	50.240
1240	50.276	50.311	50.347	50.383	50.419	50.455	50.491	50.526	50.562	50.598
1250	50.633	50.669	50.705	50.741	50.776	50.812	50.847	50.883	50.919	50.954
1260	50.990	51.025	51.061	51.096	51.132	51.167	51.203	51.238	51.274	51.309
1270	51.344	51.380	51.415	51.450	51.486	51.521	51.556	51.592	51.627	51.662
1280	51.697	51.733	51.768	51.803	51.836	51.873	51.908	51.943	51.979	52.014
1290	52.049	52.084	52.119	52.154	52.189	52.224	52.259	52.284	52.329	52.364

附录4　铂铑-铂热电偶分度表

分度号 S

参考端温度为 0℃，E/mV

℃	0	1	2	3	4	5	6	7	8	9
500	4.22	4.229	4.239	4.249	4.259	4.269	4.279	4.28	4.299	4.309
510	4.318	4.328	4.338	4.348	4.358	4.368	4.378	4.388	4.398	4.408
520	4.418	4.427	4.437	4.447	4.457	4.467	4.477	4.487	4.497	4.507
530	4.517	4.527	4.537	4.547	4.557	4.567	4.577	4.587	4.597	4.607
540	4.617	4.627	4.637	4.647	4.657	4.667	4.677	4.687	4.697	4.707
550	4.717	4.727	4.737	4.747	4.757	4.767	4.777	4.787	4.797	4.807

续表

℃	0	1	2	3	4	5	6	7	8	9
560	4.817	4.827	4.838	4.848	4.858	4.868	4.878	4.888	4.898	4.908
570	4.918	4.928	4.938	4.949	4.959	4.969	4.979	4.989	4.999	5.009
580	5.019	5.03	5.04	5.05	5.06	5.07	5.08	5.09	5.101	5.111
590	5.121	5.131	5.141	5.151	5.162	5.172	5.182	5.192	5.202	5.212
600	5.222	5.232	5.242	5.252	5.263	5.273	5.283	5.293	5.304	5.314
610	5.324	5.334	5.344	5.355	5.365	5.375	5.386	5.396	5.406	5.416
620	5.427	5.437	5.447	5.457	5.468	5.478	5.488	5.499	5.509	5.519
630	5.53	5.54	5.55	5.561	5.571	5.581	5.591	5.602	5.612	5.622
640	5.633	5.643	5.653	5.664	5.674	5.684	5.695	5.705	5.715	5.725
650	5.735	5.745	5.756	5.766	5.776	5.787	5.797	5.808	5.818	5.828
660	5.839	5.849	5.859	5.87	5.88	5.891	5.901	5.911	5.922	5.932
670	5.943	5.953	5.964	5.974	5.984	5.995	6.005	6.016	6.026	6.036
680	6.046	6.056	6.067	6.077	6.088	6.098	6.109	6.119	6.13	6.14
690	6.151	6.161	6.173	6.182	6.193	6.203	6.214	6.224	6.235	6.245
700	6.256	6.266	6.277	6.287	6.298	6.308	6.319	6.329	6.34	6.351
710	6.361	6.372	6.382	6.392	6.402	6.413	6.424	6.434	6.445	6.455
720	6.466	6.477	6.487	6.498	6.508	6.519	6.529	6.54	6.551	6.561
730	6.572	6.583	6.593	6.604	6.614	6.624	6.635	6.645	6.656	6.667
740	6.677	6.688	6.699	6.709	6.72	6.731	6.741	6.752	6.763	6.773
750	6.784	6.795	6.805	6.816	6.827	6.838	6.848	6.859	6.87	6.88
760	6.891	6.902	6.913	6.923	6.934	6.945	6.956	6.966	6.977	6.988
770	6.999	7.009	7.02	7.031	7.041	7.051	7.062	7.073	7.084	7.095
780	7.105	7.116	7.127	7.138	7.149	7.159	7.17	7.181	7.193	7.203
520	4.418	4.427	4.437	4.447	4.457	4.467	4.477	4.487	4.497	4.507
530	4.517	4.527	4.537	4.547	4.557	4.567	4.577	4.587	4.597	4.607
540	4.617	4.627	4.637	4.647	4.657	4.667	4.677	4.687	4.697	4.707
550	4.717	4.727	4.737	4.747	4.757	4.767	4.777	4.787	4.797	4.807
560	4.817	4.827	4.838	4.848	4.858	4.868	4.878	4.888	4.898	4.908
570	4.918	4.928	4.938	4.949	4.959	4.969	4.979	4.989	4.999	5.009
580	5.019	5.03	5.04	5.05	5.06	5.07	5.08	5.09	5.101	5.111
590	5.121	5.131	5.141	5.151	5.162	5.172	5.182	5.192	5.202	5.212
600	5.222	5.232	5.242	5.252	5.263	5.273	5.283	5.293	5.304	5.314
610	5.324	5.334	5.344	5.355	5.365	5.375	5.386	5.396	5.406	5.416

续表

℃	0	1	2	3	4	5	6	7	8	9
620	5.427	5.437	5.447	5.457	5.468	5.478	5.488	5.499	5.509	5.519
630	5.53	5.54	5.55	5.561	5.571	5.581	5.591	5.602	5.612	5.622
640	5.633	5.643	5.653	5.664	5.674	5.684	5.695	5.705	5.715	5.725
650	5.735	5.745	5.756	5.766	5.776	5.787	5.797	5.808	5.818	5.828
660	5.839	5.849	5.859	5.87	5.88	5.891	5.901	5.911	5.922	5.932
670	5.943	5.953	5.964	5.974	5.984	5.995	6.005	6.016	6.026	6.036
680	6.046	6.056	6.067	6.077	6.088	6.098	6.109	6.119	6.13	6.14
690	6.151	6.161	6.173	6.182	6.193	6.203	6.214	6.224	6.235	6.245
700	6.256	6.266	6.277	6.287	6.298	6.308	6.319	6.329	6.34	6.351
710	6.361	6.372	6.382	6.392	6.402	6.413	6.424	6.434	6.445	6.455
720	6.466	6.477	6.487	6.498	6.508	6.519	6.529	6.54	6.551	6.561
730	6.572	6.583	6.593	6.604	6.614	6.624	6.635	6.645	6.656	6.667
740	6.677	6.688	6.699	6.709	6.72	6.731	6.741	6.752	6.763	6.773
750	6.784	6.795	6.805	6.816	6.827	6.838	6.848	6.859	6.87	6.88
760	6.891	6.902	6.913	6.923	6.934	6.945	6.956	6.966	6.977	6.988
770	6.999	7.009	7.02	7.031	7.041	7.051	7.062	7.073	7.084	7.095
780	7.105	7.116	7.127	7.138	7.149	7.159	7.17	7.181	7.193	7.203
790	7.213	7.224	7.235	7.246	7.257	7.268	7.279	7.289	7.3	7.311
800	7.322	7.333	7.344	7.355	7.365	7.376	7.387	7.397	7.408	7.419
810	7.43	7.441	7.452	7.462	7.473	7.484	7.495	7.506	7.517	7.528
820	7.539	7.55	7.561	7.572	7.583	7.594	7.608	7.615	7.626	7.637
830	7.648	7.659	7.67	7.681	7.692	7.703	7.714	7.724	7.735	7.746
840	7.757	7.768	7.779	7.79	7.801	7.812	7.823	7.834	7.845	7.856
850	7.867	7.878	7.889	7.901	7.912	7.923	7.934	7.945	7.956	7.967
860	7.978	7.989	8	8.011	8.022	8.033	8.043	8.054	8.066	8.077
870	8.088	8.099	8.11	8.121	8.132	8.143	8.154	8.166	8.177	8.188
880	8.199	8.21	8.221	8.232	8.244	8.255	8.256	8.277	8.288	8.299
890	8.31	8.322	8.333	8.344	8.355	8.366	8.377	8.388	8.399	8.41
900	8.421	8.433	8.444	8.455	8.466	8.477	8.489	8.5	8.511	8.522
910	8.534	8.545	8.556	8.567	8.579	8.59	8.601	8.612	8.624	8.635
920	8.646	8.657	8.668	8.679	8.69	8.702	8.713	8.724	8.735	8.747
930	8.758	8.769	8.781	8.792	8.803	8.815	8.826	8.837	8.849	8.86
940	8.871	8.883	8.894	8.905	8.917	8.928	8.939	8.951	8.962	8.974

续表

℃	0	1	2	3	4	5	6	7	8	9
950	8.985	8.996	9.007	9.018	9.029	9.041	9.052	9.064	9.075	9.086
960	9.097	9.108	9.119	9.130	9.141	9.152	9.163	9.174	9.185	9.197
970	9.212	9.223	9.235	9.247	9.258	9.269	9.281	9.292	9.303	9.314
980	9.326	9.337	9.349	9.36	9.372	9.383	9.395	9.406	9.418	9.429
990	9.441	9.452	9.464	9.475	9.487	9.498	9.51	9.521	9.533	9.545
1000	9.556	9.568	9.579	9.591	9.602	9.613	9.624	9.636	9.648	9.659
1010	9.671	9.682	9.694	9.705	9.717	9.729	9.74	9.752	9.764	9.775
1020	9.787	9.798	9.81	9.822	9.833	9.845	9.856	9.868	9.88	9.891
1030	9.902	9.914	9.925	9.937	9.94	9.96	9.972	9.984	9.995	10.007
1040	10.019	10.03	10.042	10.054	10.066	10.077	10.089	10.101	10.112	10.124
1050	10.136	10.147	10.159	10.171	10.183	10.194	10.205	10.217	10.229	10.24
1060	10.252	10.264	10.276	10.287	10.299	10.311	10.323	10.334	10.346	10.358
1070	10.37	10.382	10.393	10.405	10.417	10.429	10.441	10.452	10.464	10.476
1080	10.488	10.5	10.511	10.523	10.535	10.547	10.559	10.57	10.582	10.594
1090	10.605	10.617	10.629	10.64	10.652	10.664	10.676	10.688	10.7	10.711
1100	10.723	10.735	10.747	10.759	10.771	10.783	10.794	10.806	10.818	10.83
1110	10.842	10.854	10.866	10.878	10.889	10.901	10.913	10.925	10.937	10.949
1120	10.961	10.973	10.985	10.996	11.008	11.02	11.032	11.044	11.056	11.068
1130	11.08	11.092	11.104	11.115	11.127	11.139	11.151	11.163	11.175	11.187
1140	11.198	11.21	11.222	11.234	11.246	11.258	11.27	11.281	11.293	11.305
1150	11.317	11.329	11.341	11.353	11.365	11.377	11.389	11.401	11.413	11.425
1160	11.437	11.449	11.461	11.473	11.485	11.497	11.509	11.521	11.533	11.545
1170	11.556	11.568	11.58	11.592	11.604	11.616	11.628	11.64	11.652	11.664
1180	11.676	11.688	11.699	11.711	11.723	11.735	11.747	11.759	11.771	11.783
1190	11.795	11.807	11.819	11.831	11.843	11.855	11.867	11.879	11.891	11.903
1200	11.915	11.927	11.939	11.951	11.963	11.975	11.987	11.999	12.011	12.023
1210	12.035	12.047	12.059	12.071	12.083	12.095	12.107	12.119	12.131	12.143
1220	12.155	12.167	12.18	12.192	12.204	12.216	12.228	12.24	12.252	12.263
1230	12.275	12.287	12.299	12.311	12.323	12.335	12.347	12.359	12.371	12.383
1240	12.395	12.407	12.419	12.431	12.443	12.455	12.467	12.479	12.491	12.503
1250	12.515	12.527	12.539	12.552	12.564	12.576	12.588	12.6	12.612	12.624
1260	12.636	12.648	12.66	12.672	12.684	12.696	12.708	12.72	12.732	12.744
1270	12.756	12.768	12.78	12.792	12.804	12.816	12.828	12.84	12.851	12.863

℃	0	1	2	3	4	5	6	7	8	9
1280	12.875	12.887	12.899	12.911	12.923	12.935	12.947	12.959	12.971	12.983
1290	12.996	13.008	13.02	13.032	13.044	13.056	13.068	13.08	13.092	13.104
1300	13.116	13.128	13.14	13.152	13.164	13.176	13.188	13.2	13.212	13.224
1310	13.236	13.248	13.26	13.272	13.284	13.296	13.308	13.32	13.332	13.344
1320	13.356	13.368	13.38	13.392	13.404	13.415	13.427	13.439	13.451	13.463
1330	13.475	13.487	13.499	13.511	13.523	13.535	13.547	13.559	13.571	13.583
1340	13.595	13.607	13.619	13.631	13.643	13.655	13.667	13.679	13.691	13.703
1350	13.715	13.727	13.739	13.751	13.768	13.775	13.787	13.799	13.811	13.823
1360	13.835	13.847	13.859	13.871	13.883	13.895	13.907	13.919	13.931	13.943
1370	13.955	13.967	13.979	13.99	14.002	14.014	14.026	14.038	14.05	14.062
1380	14.074	14.086	14.098	14.109	14.121	14.133	14.145	14.157	14.169	14.181
1390	14.193	14.205	14.217	14.229	14.241	14.253	14.265	14.277	14.289	14.301
1400	14.313	14.325	14.337	14.349	14.361	14.373	14.385	14.397	14.409	14.421
1410	14.432	14.445	14.457	14.469	14.48	14.492	14.504	14.516	14.528	14.54
1420	14.552	14.564	14.576	14.588	14.599	14.611	14.623	14.635	14.647	14.659
1430	14.671	14.683	14.695	14.707	14.719	14.73	14.742	14.754	14.766	14.778
1440	14.79	14.802	14.814	14.826	14.838	14.85	14.862	14.874	14.886	14.898
1450	14.91	14.921	14.933	14.945	14.957	14.969	14.981	14.993	15.005	15.017
1460	15.029	15.041	15.053	15.065	15.077	15.088	15.1	15.112	15.124	15.136
1470	15.148	15.16	15.172	15.184	15.195	15.207	15.219	15.23	15.242	15.254
1480	15.266	15.278	15.29	15.302	15.314	15.326	15.338	15.35	15.361	15.373
1490	15.385	15.397	15.409	15.421	15.433	15.445	15.457	15.469	15.481	15.492
1500	15.504	15.516	15.528	15.54	15.552	15.564	15.576	15.588	15.599	15.611
1510	15.623	15.635	15.647	15.659	15.671	15.683	15.695	15.706	15.718	15.73
1520	15.742	15.754	15.766	15.778	15.79	15.802	15.813	15.824	15.836	15.848
1530	15.86	15.872	15.884	15.895	15.907	15.919	15.931	15.943	15.955	15.967
1540	15.979	15.99	16.002	16.014	16.026	16.038	16.05	16.062	16.073	16.085
1550	16.097	16.109	16.121	16.133	16.144	16.156	16.168	16.18	16.192	16.204
1560	16.216	16.227	16.239	16.251	16.263	16.275	16.287	16.298	16.31	16.322
1570	16.334	16.346	16.358	16.369	16.381	16.393	16.404	16.416	16.428	16.439
1580	16.451	16.463	16.475	16.487	16.499	15.51	16.522	16.534	16.546	16.558
1590	16.569	16.581	16.593	16.605	16.617	16.629	16.64	16.652	16.664	16.676
1440	14.79	14.802	14.814	14.826	14.838	14.85	14.862	14.874	14.886	14.898

附录5　镍铬-铜镍热电偶分度表

分度号 E　　　　　　　　　　　　　　　　　　　　　　　　　　　　　　参考端温度为0℃，*E*/mV

℃	0	−1	−2	−3	−4	−5	−6	−7	−8	−9
0	0	−0.059	−0.117	−0.176	−0.234	−0.292	−0.35	−0.408	−0.466	−0.524
−10	−0.582	−0.639	−0.697	−0.754	−0.811	−0.868	−0.925	−0.982	−1.039	−1.095
−20	−1.152	−1.208	−1.264	−1.32	−1.376	−1.432	−1.488	−1.543	−1.599	−1.654

℃	0	1	2	3	4	5	6	7	8	9
0	0	0.059	0.118	0.176	0.235	0.294	0.354	0.413	0.472	0.532
10	0.591	0.651	0.711	0.77	0.83	0.89	0.95	1.01	1.071	1.131
20	1.192	1.252	1.313	1.373	1.434	1.495	1.556	1.617	1.678	1.74
30	1.801	1.862	1.924	1.986	2.047	2.109	2.171	2.233	2.295	2.357
40	2.42	2.482	2.545	2.607	2.67	2.733	2.795	2.858	2.921	2.984
50	3.048	3.111	3.174	3.238	3.301	3.365	3.429	3.492	3.556	3.62
60	3.685	3.749	3.813	3.877	3.942	4.006	4.071	4.136	4.2	4.265
70	4.33	4.395	4.46	4.526	4.591	4.656	4.722	4.788	4.853	4.919
80	4.985	5.051	5.117	5.183	5.249	5.315	5.382	5.448	5.514	5.581
90	5.648	5.714	5.781	5.848	5.915	5.982	6.049	6.117	6.184	6.251
100	6.319	36.386	6.454	6.522	6.59	6.658	6.725	6.794	6.862	6.93
110	6.998	7.066	7.135	7.203	7.272	7.341	7.409	7.478	7.547	7.616
120	7.685	7.754	7.823	7.892	7.962	8.031	8.101	8.17	8.24	8.309
130	8.379	8.449	8.519	8.589	8.659	8.729	8.799	8.869	8.94	9.01
140	9.081	9.151	9.222	9.292	9.363	9.434	9.505	9.576	9.647	9.718
150	9.789	9.86	9.931	10.003	10.074	10.145	10.217	10.288	10.36	10.432
160	10.503	10.575	10.647	10.719	10.791	10.863	10.935	11.007	11.08	11.152
170	11.224	11.297	11.369	11.442	11.514	11.587	11.66	11.733	11.805	11.878
180	11.951	12.024	12.097	12.17	12.243	12.317	12.39	12.463	12.537	12.61
190	12.684	12.757	12.831	12.904	12.978	13.052	13.126	13.199	13.273	13.347
200	13.421	13.495	13.569	13.644	13.718	13.792	13.866	13.941	14.015	14.09
210	14.164	14.239	14.313	14.388	14.463	14.537	14.612	14.687	14.762	14.837
220	14.912	14.987	15.062	15.137	15.212	15.287	15.362	15.438	15.513	15.588
230	15.664	15.739	15.815	15.89	15.966	16.041	16.117	16.193	16.269	16.344
240	16.42	16.496	16.572	16.648	16.724	16.8	16.876	16.952	17.028	17.104
250	17.181	17.257	17.333	17.409	17.486	17.562	17.639	17.715	17.792	17.868

续表

℃	0	1	2	3	4	5	6	7	8	9
260	17.945	18.021	18.098	18.175	18.252	18.328	18.405	18.482	18.559	18.636
270	18.713	18.79	18.867	18.944	19.021	19.098	19.175	19.252	19.33	19.407
280	19.484	19.561	19.639	19.716	19.794	19.871	19.948	20.026	20.103	20.181
290	20.259	20.336	20.414	20.492	20.569	20.647	20.725	20.803	20.88	20.958
300	21.036	21.114	21.192	21.27	21.348	21.426	21.504	21.582	21.66	21.739
310	21.817	21.895	21.973	22.051	55.13	22.208	22.286	22.365	22.443	22.522
320	22.6	22.678	22.757	22.835	22.914	22.993	23.071	23.15	23.228	23.307
330	23.386	23.464	23.543	23.622	23.701	23.78	23.858	23.937	24.016	24.095
340	24.174	24.253	24.332	24.411	24.49	24.569	24.648	24.727	24.806	24.885
350	24.964	25.044	25.123	25.202	25.281	25.36	25.44	25.519	25.598	25.678
360	25.757	25.836	25.916	25.995	26.075	26.154	26.233	26.313	26.392	26.472
370	26.552	26.631	26.711	26.79	26.87	26.95	27.029	27.109	27.189	27.268
380	27.348	27.428	27.507	27.587	27.667	27.747	27.827	27.907	27.986	28.066
390	28.146	28.226	28.306	28.386	28.466	28.546	28.626	28.706	28.786	28.866
400	28.946	29.026	29.106	29.186	29.266	29.346	29.427	29.507	29.587	29.667
410	29.747	29.827	29.908	29.988	30.068	30.148	30.229	30.309	30.389	30.47
420	30.55	30.63	30.711	30.791	30.871	30.952	31.032	31.112	31.193	31.273
430	31.354	31.434	31.515	31.595	31.676	31.756	31.837	31.917	31.998	32.078
440	32.159	32.239	32.32	32.4	32.481	32.562	32.642	32.723	32.803	32.884
450	32.965	33.045	33.126	33.027	33.287	33.368	33.449	33.529	33.61	33.691
460	33.772	33.852	33.933	34.014	34.095	37.175	34.256	34.337	34.418	34.498
470	34.579	34.66	34.741	34.822	34.902	34.983	35.064	35.145	35.226	35.307
480	35.387	35.468	35.549	35.63	35.711	35.792	35.873	35.954	36.034	36.115
490	36.196	36.277	36.358	36.439	36.52	36.601	36.682	36.763	36.843	36.924
500	37.005	37.086	37.167	37.248	37.329	37.41	37.491	37.572	37.653	67.734
510	37.815	37.896	37.977	38.058	38.139	38.22	38.3	38.381	38.462	38.543
520	38.624	38.705	38.786	38.867	38.948	39.029	39.11	39.191	39.272	39.353
530	39.434	39.515	39.596	39.677	39.758	39.839	39.92	40.001	40.082	40.163
540	40.243	40.324	40.405	40.486	40.567	40.648	40.729	40.81	40.891	40.972
550	41.053	41.134	41.215	41.296	41.377	41.457	41.538	41.619	41.7	41.781
560	41.862	41.943	42.024	42.105	42.185	42.266	42.347	42.428	42.509	42.59
570	42.671	42.751	42.832	42.913	42.994	43.075	43.156	43.236	43.317	43.398
580	43.479	43.56	43.64	43.721	43.802	43.883	43.963	44.044	44.125	44.206

续表

℃	0	1	2	3	4	5	6	7	8	9
590	44.286	44.367	44.448	44.529	44.609	44.69	44.771	44.851	44.932	45.013
600	45.093	45.174	45.255	45.335	45.416	45.497	45.577	45.658	45.738	45.819
610	45.9	45.98	46.061	46.141	46.222	46.302	46.383	46.463	46.544	46.624
620	46.705	46.785	46.866	46.946	47.027	47.107	47.188	47.268	47.349	47.429
630	47.509	47.59	47.67	47.751	47.831	47.911	47.992	48.072	48.152	48.233
640	48.313	48.393	48.474	48.554	48.634	48.715	48.795	48.875	48.955	49.035
650	49.116	49.196	49.276	49.356	49.436	49.517	49.597	49.677	49.757	49.837
660	49.917	49.997	50.077	50.157	50.238	50.318	50.398	50.478	50.558	50.638
670	50.718	50.798	50.878	50.958	51.038	51.118	51.197	51.277	51.357	51.437
680	51.517	51.597	51.677	51.757	51.837	51.916	51.996	52.076	52.156	52.236
690	52.315	52.395	52.475	52.555	52.634	52.714	52.794	52.873	52.953	53.033
700	53.112	53.192	53.272	53.351	53.431	53.51	53.59	53.67	53.749	53.829
710	53.908	53.988	54.067	54.147	54.226	54.306	54.385	54.465	54.544	54.624
720	54.703	54.782	54.862	54.941	55.021	55.1	55.179	55.259	55.338	55.417
730	55.497	55.576	55.655	55.734	55.814	55.893	55.972	56.051	56.131	56.21
740	56.289	56.368	56.447	56.526	56.606	56.685	56.764	56.843	56.922	57.001
750	57.08	57.159	57.238	57.317	57.396	57.475	57.554	57.633	57.712	57.791
760	57.87	57.949	58.028	58.107	58.186	58.265	58.343	58.422	58.501	58.58
770	58.659	58.738	58.816	58.895	58.974	59.053	59.131	59.21	59.289	59.367
780	59.446	59.525	59.604	59.682	59.761	59.839	59.918	59.997	60.075	60.154
790	60.232	60.311	60.39	60.468	60.547	60.625	60.704	60.782	60.86	60.939
800	61.017	61.096	61.174	61.253	61.331	61.409	61.488	61.566	61.644	61.723
810	61.801	61.879	61.958	62.036	62.114	62.192	62.271	62.349	62.427	62.505
820	62.583	62.662	62.74	62.818	62.896	62.974	63.052	63.13	63.208	63.286
830	63.364	63.442	63.52	63.598	63.676	63.754	63.832	63.91	63.988	64.066
840	64.144	64.222	64.3	64.377	64.455	64.533	64.611	64.689	64.766	64.844
850	64.922	65	65.077	65.155	65.233	65.31	65.388	65.465	65.543	65.621
860	65.698	65.776	65.853	65.931	66.008	66.086	66.163	66.241	66.318	66.396
870	66.473	66.55	66.628	66.705	66.782	66.86	66.937	67.014	67.092	67.169
880	67.246	67.323	67.4	67.478	67.555	67.632	67.709	67.786	67.863	67.94
890	68.017	68.094	68.171	68.248	68.325	68.402	68.479	68.556	68.633	68.71
900	68.787	68.863	68.94	69.017	69.094	69.171	69.247	69.324	69.401	69.477

附录6　铂电阻分度表

分度号 Pt100 $R_0 = 100\Omega$

℃	0	1	2	3	4	5	6	7	8	9
	电阻值(Ω)									
0	100.00	100.39	100.78	101.17	101.56	101.95	102.34	102.73	103.12	103.51
10	103.90	104.29	104.68	105.07	105.46	105.85	106.24	106.63	107.02	107.40
20	107.79	108.18	108.57	108.96	109.35	109.73	110.12	110.51	110.90	111.29
30	111.67	112.06	112.45	112.83	113.22	113.61	114.00	114.38	114.77	115.15
40	115.54	115.93	116.31	116.70	117.08	117.47	117.86	118.24	118.63	119.01
50	119.40	119.78	120.17	120.55	120.94	121.32	121.71	122.09	122.47	122.86
60	123.24	123.63	124.01	124.39	124.78	125.16	125.54	125.93	126.31	126.69
70	127.08	127.46	127.84	128.22	128.61	128.99	129.37	129.75	130.13	130.52
80	130.90	131.28	131.66	132.04	132.42	132.80	133.18	133.57	133.95	134.33
90	134.71	135.09	135.47	135.85	136.23	136.61	136.99	137.37	137.75	138.13
100	138.51	138.88	139.26	139.64	140.02	140.40	140.78	141.16	141.54	141.91
110	142.29	142.67	143.05	143.43	143.80	144.18	144.56	144.94	145.31	145.69
120	146.07	146.44	146.82	147.20	147.57	147.95	148.33	148.70	149.08	149.46
130	149.83	150.21	150.58	150.96	151.33	151.71	152.08	152.46	152.83	153.21
140	153.58	153.96	154.33	154.71	155.08	155.46	155.83	156.20	156.58	156.95
150	157.33	157.70	158.07	158.45	158.82	159.19	159.56	159.94	160.31	160.68
160	161.05	161.43	161.80	162.17	162.54	162.91	163.29	163.66	164.03	164.40
170	164.77	165.14	165.51	165.89	166.26	166.63	167.00	167.37	167.74	168.11
180	168.48	168.85	169.22	169.59	169.96	170.33	170.70	171.07	171.43	171.80
190	172.17	172.54	172.91	173.28	173.65	174.02	174.38	174.75	175.12	175.49
200	175.86	176.22	176.59	176.96	177.33	177.69	178.06	178.43	178.79	179.16
210	179.53	179.89	180.26	180.63	180.99	181.36	181.72	182.09	182.46	182.82
220	183.19	183.55	183.92	184.28	184.65	185.01	185.38	185.74	186.11	186.47
230	186.84	187.20	187.56	187.93	188.29	188.66	189.02	189.38	189.75	190.11
240	190.47	190.84	191.20	191.56	191.92	192.29	192.65	193.01	193.37	193.74
250	194.10	194.46	194.82	195.18	195.55	195.91	196.27	196.63	196.99	197.35
260	197.71	198.07	198.43	198.79	199.15	199.51	199.87	200.23	200.59	200.95
270	201.31	201.67	202.03	202.39	202.75	203.11	203.47	203.83	204.19	204.55
280	204.90	205.26	205.62	205.98	206.34	206.70	207.05	207.41	207.77	208.13
290	208.48	208.84	209.20	209.56	209.91	210.27	210.63	210.98	211.34	211.70

续表

℃	0	1	2	3	4	5	6	7	8	9
	电阻值(Ω)									
300	212.05	212.41	212.76	213.12	213.48	213.83	214.19	214.54	214.90	215.25
310	215.61	215.96	216.32	216.67	217.03	217.38	217.74	218.09	218.44	218.80
320	219.15	219.51	219.86	220.21	220.57	220.92	221.27	221.63	221.98	222.33
330	222.68	223.04	223.39	223.74	224.09	224.45	224.80	225.15	225.50	225.85
340	226.21	226.56	226.91	227.26	227.61	227.96	228.31	228.66	229.02	229.37
350	229.72	230.07	230.42	230.77	231.12	231.47	231.82	232.17	232.52	232.87
360	233.21	233.56	233.91	234.26	234.61	234.96	235.31	235.66	236.00	236.35
370	236.70	237.05	237.40	237.74	238.09	238.44	238.79	239.13	239.48	239.83
380	240.18	240.52	240.87	241.22	241.56	241.91	242.26	242.60	242.95	243.29
390	243.64	243.99	244.33	244.68	245.02	245.37	245.71	246.06	246.40	246.75
400	247.09	247.44	247.78	248.13	248.47	248.81	249.16	249.50	245.85	250.19
410	250.53	250.88	251.22	251.56	251.91	252.25	252.59	252.93	253.28	253.62
420	253.96	254.30	254.65	254.99	255.33	255.67	256.01	256.35	256.70	257.04
430	257.38	257.72	258.06	258.40	258.74	259.08	259.42	259.76	260.10	260.44
440	260.78	261.12	261.46	261.80	262.14	262.48	262.82	263.16	263.50	263.84
450	264.18	264.52	264.86	265.20	265.53	265.87	266.21	266.55	266.89	267.22
460	267.56	267.90	268.24	268.57	268.91	269.25	269.59	269.92	270.26	270.60
470	270.93	271.27	271.61	271.94	272.28	272.61	272.95	273.29	273.62	273.96
480	274.29	274.63	274.96	275.30	275.63	275.97	276.30	276.64	276.97	277.31
490	277.64	277.98	278.31	278.64	278.98	279.31	279.64	279.98	280.31	280.64
500	280.98	281.31	281.64	281.98	282.31	282.64	282.97	283.31	283.64	283.97
510	284.30	284.63	284.97	285.30	285.63	285.96	286.29	286.62	286.85	287.29
520	287.62	287.95	288.28	288.61	288.94	289.27	289.60	289.93	290.26	290.59
530	290.92	291.25	291.58	291.91	292.24	292.56	292.89	293.22	293.55	293.88
540	294.21	294.54	294.86	295.19	295.52	295.85	296.18	296.50	296.83	297.16
550	297.49	297.81	298.14	298.47	298.80	299.12	299.45	299.78	300.10	300.43
560	300.75	301.08	301.41	301.73	302.06	302.38	302.71	303.03	303.36	303.69
570	304.01	304.34	304.66	304.98	305.31	305.63	305.96	306.28	306.61	306.93
580	307.25	307.58	307.90	308.23	308.55	308.87	309.20	309.52	309.84	310.16
590	310.49	310.81	311.13	311.45	311.78	312.10	312.42	312.74	313.06	313.39
600	313.71	314.03	314.35	314.67	314.99	315.31	315.64	315.96	316.28	316.60
610	316.92	317.24	317.56	317.88	318.20	318.52	318.84	319.16	319.48	319.80
620	320.12	320.43	320.75	321.07	321.39	321.71	322.03	322.35	322.67	322.98
630	323.30	323.62	323.94	324.26	324.57	324.89	325.21	325.53	325.84	326.16
640	326.48	326.79	327.11	327.43	327.74	328.06	328.38	328.69	329.01	329.32
650	329.64	329.96	330.27	330.59	330.90	331.22	331.53	331.85	332.16	332.48
660	332.79									

附录7 铜电阻分度表

分度号 Cu50 $R_0 = 50\Omega$

℃	0	1	2	3	4	5	6	7	8	9
	电阻值(Ω)									
0	50.000	50.214	50.429	50.643	50.858	51.072	51.286	51.501	51.715	51.929
10	52.144	52.358	52.572	52.786	53.000	53.215	53.429	53.643	53.857	54.071
20	54.285	54.500	54.714	54.928	55.142	55.356	55.570	55.784	55.988	56.212
30	56.426	56.640	56.854	57.068	57.282	57.496	57.710	57.924	58.137	58.351
40	58.565	58.779	58.993	59.207	59.421	59.635	59.848	60.062	60.276	60.490
50	60.704	60.918	61.132	61.345	61.559	61.773	61.987	62.201	62.415	62.628
60	62.842	63.056	63.270	63.484	63.698	63.911	64.125	64.339	64.553	64.767
70	64.981	65.194	65.408	65.622	65.836	66.050	66.264	66.478	66.692	66.906
80	67.120	67.333	67.547	67.761	67.975	68.189	68.403	68.617	68.831	69.045
90	69.259	69.473	69.687	69.901	70.115	70.329	70.544	70.762	70.972	70.186
100	71.400	71.614	71.834	72.042	72.252	72.471	72.677	72.902	73.115	73.334
110	73.542	73.751	73.968	74.183	74.402	74.609	74.830	75.037	75.259	75.466
120	75.686	75.901	76.113	76.329	76.540	76.760	76.973	77.190	77.401	77.621
130	77.833	78.048	78.259	78.477	78.687	78.909	79.118	79.337	79.550	79.773
140	79.982	80.197	80.408	80.634	80.842	81.063	81.269	81.492	81.698	81,917

参考文献

[1] 厉玉鸣. 化工仪表及自动化. 第 5 版. 北京：化学工业出版社, 2011

[2] 俞金寿, 孙自强. 化工仪表及自动化. 上海：华东理工大学出版社, 2011

[3] 孙洪程, 翁维勤, 魏杰. 过程控制系统及工程. 北京：化学工业出版社, 2010

[4] 何衍庆, 黎冰, 黄海燕. 工业生产过程控制. 北京：化学工业出版社, 2010

[5] 俞金寿, 孙自强. 过程自动化及仪表. 北京：化学工业出版社, 2007

[6] 王树青. 工业过程控制工程. 北京：化学工业出版社, 2005

[7] 王树青. 生化过程自动化技术. 北京：化学工业出版社, 2001

[8] 王毅, 张早校. 过程装备控制技术及应用. 第 2 版. 北京：化学工业出版社, 2008

[9] 辛彦春. 油田上常用的加热炉控制系统. 山东：科技信息, 2012, (5)：138 ~139

[10] 董强. 浅谈精馏塔控制系统及优化. 中国石油和化工标准与质量, 2012, (10)：29

[11] 洪新艺. 先进控制技术在丙烯精馏塔控制中的应用. 乙烯工业, 2009, (2)：36~38

[12] 白亮. 乙烯裂解炉复杂控制系统的实现. 世界仪表与自动化, 2004, (8)：58~61

[13] F. G. Shinskey. 过程控制系统——应用、设计与整定. 萧德云译. 第 3 版, 北京：清华大学出版社, 2004

[14] 梁昭峰, 李兵, 裴旭东. 过程控制工程. 北京：北京理工大学出版社, 2010

[15] 王建华, 黄河清. 计算机控制技术. 北京：高等教育出版社, 2003

[16] 曲丽萍, 白晶. 集散控制系统及其应用实例. 北京：化学工业出版社, 2007

[17] 申忠宇, 赵瑾. 基于网络的新型集散控制系统. 北京：化学工业出版社, 2009

[18] 王化祥. 自动检测技术. 第 2 版. 北京：化学工业出版社, 2009

[19] 张宏建. 自动检测技术与装置. 第 2 版. 北京：化学工业出版社, 2010

[20] 周泽魁. 控制仪表与计算机控制装置. 北京：化学工业出版社, 2002

[21] 张志君, 于海晨, 宋彤. 现代检测与控制技术. 北京：化学工业出版社, 2007

[22] 唐文彦. 传感器. 第 4 版. 北京：机械工业出版社, 2011

[23] 王俊杰, 曹丽等. 传感器与检测技术. 北京：清华大学出版社, 2011

[24] 苏彦勋, 杨有涛. 流量检测技术. 北京：中国计量出版社, 2012

[25] 中国计量出版社. 流量计和流量装置：常用计量技术法规汇编. 北京：中国计量出版社, 2010

[26] 王池, 王自和, 张宝珠, 孙淮清. 流量测量技术全书(上册). 北京：化学工业出版社, 2012

[27] 王池, 王自和, 张宝珠, 孙淮清. 流量测量技术全书(下册). 北京：化学工业出版社, 2012

[28] 徐科军. 流量传感器信号建模、处理及实现. 北京：科学出版社, 2011

[29] 李魁. 生产过程自动化仪表识图与安装. 第 2 版. 北京：电子工业出版社, 2011

[30] 《石油化工仪表自动化培训教材》编写组. 集散控制系统及现场总线. 北京：中国石化出版社, 2010

[31] 教育部, 财政部, 曾周末等. 仪器仪表系统设计与应用. 北京：机械工业出版社, 2012

[32] 黄德先, 王京春, 金以慧. 过程控制系统. 北京：清华大学出版社, 2011

[33] 武平丽, 高国光等. 过程控制工程实施. 北京：电子工业出版社, 2011

[34] 刘文定. MATLAB/Simulink 与过程控制系统. 北京：机械工业出版社, 2012

[35] 王华忠. 监控与数据采集(SCADA)系统及其应用. 北京：电子工业出版社, 2009

［36］郭晓瑛，路艳斌，郑娟．国内外长输管道 SCADA 系统标准现状．油气储运，2011，（2）：156～159

［37］何彦．油品储运系统自动化设计技术分析．中国信息化，2019，（6）：44～46

［38］孔艺．原油长输管道 SCADA 系统在输油站的应用探讨．中小企业管理与科技，2019，（3）：170～171

［39］夏太武，齐安彬，唐柳怡．西南油气田城市燃气业务 SCADA 系统中一体化 RTU 应用研究．油气田地面工程，2019，（2）：77～82

［40］钟洋洋，王毅璇，王皓，傅一帆．跨平台 SCADA 的历史数据收集与存储设计．电子技术应用，2018，（12）：111～114

［41］马毛东，钟磊，谢登科．SCADA 系统在青阳岔—靖边工业园天然气管输工程中的应用．云南化工，2018，（12）：128～129

［42］顾向荣．嘉定水司供水 SCADA 系统的构建．供水技术，2018，（5）：40～42

［43］姜丽．SCADA 系统在原油码头及外输管线工程中的应用．化工管理，2019，（13）：202～205

［44］祁国成．油气管道 SCADA 系统软件关键技术研究．北京：石油工业出版社，2017

［45］肖建荣．工业控制系统信息安全．北京：电子工业出版社，2015

［46］饶志宏，兰昆，蒲石．工业 SCADA 系统信息安全技术．北京：国防工业出版社，2014

［47］王华忠．工业控制系统及应用：SCADA 系统篇．北京：电子工业出版社，2017

［48］王华忠．监控与数据采集(SCADA)系统及其应用(第 2 版)．北京：电子工业出版社，2012

［49］王常力，罗安．分布式控制系统(DCS)设计与应用实例(第 3 版)．北京：电子工业出版社，2016